21世纪高职高专规划教材

计算机基础教育系列

网页设计与制作

(Dreamweaver CS6+HTML 5+CSS 3版)

吴丰 编著

清华大学出版社

北京

内 容 简 介

本书并非大而全地介绍 HTML 5 和 CSS 3 的相关知识，而是将其融合在 Dreamweaver CS6 软件的讲解之中，深入浅出地介绍 Web 前端开发需要掌握的必备知识和技能。全书共分为 12 章，章节安排难度递进，必备知识无缝衔接，每章有理论，堂堂有案例，课后有实训。为了推动教学模式的改革，编者特别制作了全程的微课视频，方便教师采用"翻转课堂"等教学形式进行教育探索。

在理论知识方面，一方面讲解 Dreamweaver CS6 软件的使用方法，另一方面注重从 DIV＋CSS 思维模式到 HTML 5＋CSS 3 思维模式的知识迁移和知识对比，可以使教师授课方便连贯，学生学习理解透彻。

在实践操作方面，注重提高读者的手写代码能力，每章除了小型案例以外，还提供模仿案例和自主提高案例，使读者可不断强化所学知识。

在配套资源方面，本书提供全套源文件、微课视频、PPT 课件、课时授课计划和学期授课计划，为教师高效备课创造有利条件。

本书既可作为应用型本科、高职高专以及各层次院校计算机相关专业的教材，也可供希望从事网页设计的读者自学使用，还可作为 IT 类培训机构的网页设计培训教程。

图书在版编目（CIP）数据

网页设计与制作：Dreamweaver CS6＋HTML 5＋CSS 3 版/吴丰编著.--北京：清华大学出版社，2015(2022.1重印)

21 世纪高职高专规划教材.计算机基础教育系列

ISBN 978-7-302-40384-5

Ⅰ.①网… Ⅱ.①吴… Ⅲ.①网页制作工具－高等职业教育－教材 ②超文本标记语言－程序设计－高等职业教育－教材 Ⅳ.①TP393.092 ②TP312

中国版本图书馆 CIP 数据核字(2015)第 123243 号

责任编辑：孟毅新
封面设计：常雪影
责任校对：袁 芳
责任印制：沈 露

出版发行：清华大学出版社
　　网　址：http://www.tup.com.cn，http://www.wqbook.com
　　地　址：北京清华大学学研大厦 A 座　　**邮　编**：100084
　　社 总 机：010-62770175　　**邮　购**：010-62786544
　　投稿与读者服务：010-62776969，c-service@tup.tsinghua.edu.cn
　　质量反馈：010-62772015，zhiliang@tup.tsinghua.edu.cn
　　课件下载：http://www.tup.com.cn，010-83470410
印 装 者：三河市君旺印务有限公司
经　销：全国新华书店
开　本：185mm×260mm　　**印　张**：17.25　　**字　数**：395 千字
版　次：2015 年 12 月第 1 版　　**印　次**：2022 年 1月第10次印刷
定　价：49.00 元

产品编号：059684-02

前　言

就目前市场上“Web 前端开发”“移动互联网开发”“网页游戏开发”和“网页美工”等有关互联网类的岗位而言，其职位要求或多或少地包含“熟练使用 Dreamweaver”“精通 DIV＋CSS”“熟悉主流 Web 浏览器的开发模式和特性”“能够手写页面代码”“熟悉 HTML 5 和 CSS 3 者优先录用”等关键词。在紧密结合市场需求的前提下，本书延续已经成熟的 DIV＋CSS 网页制作模式，将 HTML 5 和 CSS 3 的基础知识融入 Dreamweaver CS6 软件的讲解之中，注重 HTML 5 特性与思维模式的迁移。

全书共分为 12 章，根据知识的难易程度和学习者的学习习惯，在 Dreamweaver CS6 软件的讲解中对 HTML 5 和 CSS 3 知识进行无缝衔接，使每章有理论，堂堂有案例，课后有实训。本书主要内容包括：网页设计基础，HTML 语言基础，Dreamweaver CS6 基础与 CSS 入门，文本与图像，浮动、定位和列表，表格与表单，框架、模板与 CSS 3 新增布局，行为与 Spry 构件，CSS 进阶提高，站点测试、上传与维护，综合案例解析——电子商务网站和实训指导。

本书具有以下特色。

- 微课视频：所有知识点均包含在许多短小的视频中，不受时空限制，读者可随时随地预习或复习。
- 贴近岗位：本书所涉及的内容均是互联网类岗位中必不可少的知识，通过学习读者能够达到岗位需求的基本要求。
- 精选案例：每章包含“过程指导”环节，通过精心挑选的实战案例，以及详略得当的过程指导，读者在学习过程中能够直观、清晰地看到操作过程和效果。
- 自主任务：每章包含“自主任务”环节，留出时间让读者参照“过程指导”进行实训练习。
- 配套资源：本书提供全套源文件、微课视频、PPT 课件、课时授课计划和学期授课计划，读者可以从清华大学出版社网站(http://www.tup.tsinghua.edu.cn)下载。

本书既可作为应用型本科、高职高专以及各层次院校计算机相关专业的教材，也可供希望从事网页设计的读者自学使用，还可作为 IT 类培训机构的网页设计培训教程。

本书的参考学时为 60 学时，为了方便教师教学，这里提供各章节任务的学时分配，详见下表。

序 号	章 节 内 容	学 时 分 配		
		理论	实践	小计
第 1 章	网页设计基础	1	1	2
第 2 章	HTML 语言基础	2	4	6
第 3 章	Dreamweaver CS6 基础与 CSS 入门	2	4	6
第 4 章	文本与图像	2	4	6
第 5 章	浮动、定位和列表	2	4	6
第 6 章	表格与表单	2	2	4
第 7 章	框架、模板与 CSS 3 新增布局	4	4	8
第 8 章	行为与 Spry 构件	1	1	2
第 9 章	CSS 进阶提高	2	4	6
第 10 章	站点测试、上传与维护	1	1	2
第 11 章	综合案例解析——电子商务网站	1	3	4
第 12 章	实训指导	0.5	7.5	8
合 计				60

本书由吴丰编写，在编写过程中，许多同人给予了很大的帮助和支持，提出了许多中肯的建议，在此表示感谢。同时，还要感谢清华大学出版社的所有编审人员为本书的出版所付出的辛勤劳动。最后，还要感谢家人的理解和支持。本书的成功出版是大家共同努力的结果，谢谢你们！

另外，由于时间仓促，水平有限，书中有不足之处，敬请广大读者批评、指正，以便修订时使之更加完善，诚心希望与读者共同交流、共同成长。

编者联系方式：wufeng1121@126.com。

编 者

2015 年 11 月

目 录

第 1 章

网页设计基础

【本章导读】

对于当前主流的“网站开发”“Web 前端工程师”等工作岗位来讲，精通 HTML、CSS，熟悉网页页面架构和布局已经成为任职资格的必备条件。本章在讲解最基本的网页设计基础知识以外，着重从思想方面引导读者理解网页制作的相关理念。

【学习目标】

- 了解 Web 标准的相关知识；
- 充分理解“结构与表现相分离”的重要思想，以及 HTML 5 的必要性；
- 了解有关网页制作的基本知识，熟知网站建设的基本流程。

1.1 Web 时代的重要理念

随着 HTML 5 的迅猛发展，各大浏览器开发商对 HTML 5 的支持越来越完善。从前端开发技术角度来看，互联网的发展经历了以 HTML 和 CSS 为主的 Web 1.0 时代，以 Ajax 应用为主的 Web 2.0 时代，正在迈进以 HTML 5 为主的崭新时代。

在此发展趋势下，学习 HTML 5 以及 CSS 3 技术无疑成为 Web 前端开发者的重要任务，本节首先从思想方面引导读者理解网页制作的相关理念。

1.1.1 Web 标准简介

Web 标准(Web Standards)即网站标准，它并非是某一个标准，而是一系列标准的集合。这些标准是由 W3C 和 ECMA 共同制定的，用来创建和规范网页的基本内容。按照这些标准制作的网页，能够体现“表现与结构相分离”这一核心理念。

具体地讲，Web 标准主要由三方面的标准构成，结构化标准语言(主要包括 HTML、XHTML 和 XML)、表现标准语言(主要包括 CSS)、行为标准(主要包括 DOM 和 ECMAScript 等)，这些标准共同组合起来称为 Web 标准，如图 1-1 所示。

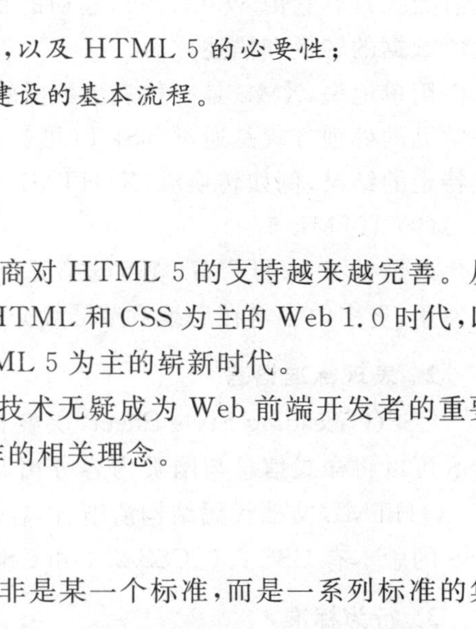

图 1-1 Web 标准示意图

1. 结构标准语言

(1) HTML 4.01

HTML(HyperText Markup Language,超文本置标语言)是构成网页文档的主要语言。HTML 文档包含了很多标签,其目的是为网页文档增加结构信息,告诉浏览器如何显示页面。浏览器在解析这些包含标题、段落等标签的文档后,用相应的表现形式即可将页面展现出来。

(2) XHTML 1.0

XHTML(The eXtensible HyperText Markup Language,可扩展超文本置标语言)实际上是将 HTML 根据 XML 规范进行重新定义,它的标签与 HTML 4.01 一致,而格式却严格遵循 XML 规范。

XHTML 有三种 DTD 定义:严格的(Strict)、过渡的(Transitional)和框架的(Frameset)。

(3) XML 1.0

XML(eXtensible Markup Language,可扩展置标语言)是当前处理结构化文档信息的有力工具。它由 W3C 发布,起初的目的是用来弥补 HTML 的不足,但后来逐渐用于网络数据的转换和描述方面。

简单地说,XML 是一种表示数据的方式,可以通过多种方法使用 XML 封装数据,一种常见的处理方式是通过 XSLT(可扩展样式表语言转换)对 XML 文档进行转换,以生成特定的结果,例如转换成(X)HTML 输出给浏览器使用等。

(4) HTML 5

HTML 5 是 HTML 规范的第五个版本,其中新增了多种标签,并且可以进行跨平台的使用,更多内容将在后续章节陆续介绍。

2. 表现标准语言

CSS(Cascading Style Sheet,层叠样式表)是一组用来控制网页外观的规则。通过 CSS 可以将样式信息与网页内容分离开来,不仅使站点外观维护变得更为简便,还可以使(X)HTML 文档代码结构清晰、内容简练,有利于缩短浏览器加载页面的时间。目前,CSS 的版本有 CSS 2.0、CSS 2.1 和 CSS 3.0。

3. 行为标准

(1) DOM

DOM(Document Object Model,文档对象模型)是 HTML 与 XML 的应用编程接口,它使脚本语言能够很容易地访问到整个文档的结构、内容和表现。

DOM 是 HTML 与 XML 文档的编程基础,它定义了处理执行文档的途径。编写者可以使用 DOM 增加文档、定位文档结构、添加修改删除文档元素,可以说 DOM 给了脚本语言(如 ECMAScript)无限发挥的能力。

(2) ECMAScript

ECMAScript 是 ECMA(European Computer Manufacturers Association,欧洲计算机厂商协会)制订的一种基于 Netscape JavaScript 的标准脚本语言。这种语言在互联网

上广泛应用，通过 DOM 可以操作网页上的任何对象。由于这些改变对象的操作十分容易，使得网页交互性大大增加。

1.1.2　表现与结构相分离

在 Web 标准中，经常会提到“表现与结构相分离”这句话，如何快速理解其含义呢？这里从网页的内容、结构、表现和行为四个方面进行阐述。

1. 内容

这里的“内容”指的是访问者需要获取的信息，它可以是数据、文字和图片等类型，不包含诸如装饰性图片在内的辅助信息。图 1-2 所示的是仅包含“内容”的页面，图 1-3 所示的是添加辅助信息后的页面。

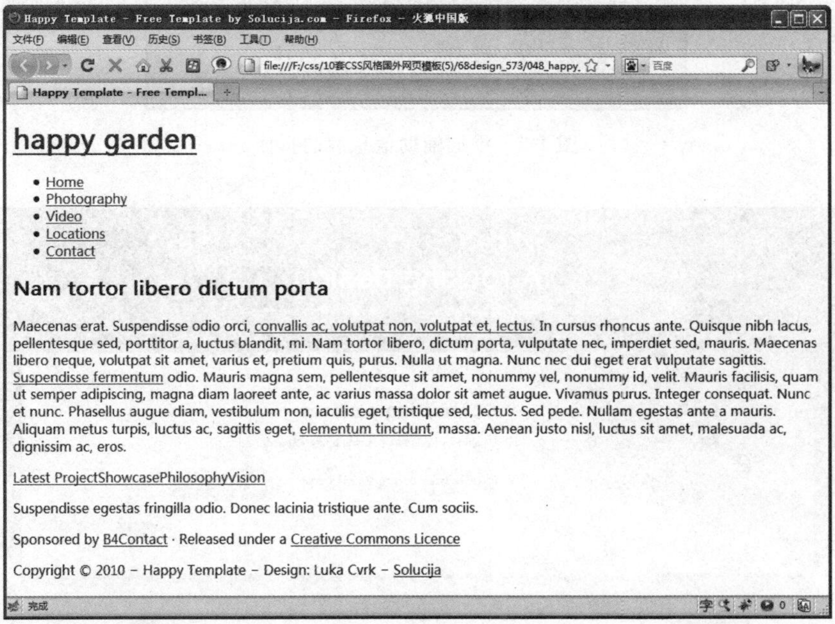

图 1-2　仅包含“内容”的页面

2. 结构(Structure)

“结构”指的是将内容按照一定的类别和层次进行有机排列和搭配的层次结构，该结构具有逻辑延续性。W3C 规范的结构化标准语言主要包括 HTML、XHTML 和 HTML 5，通过这些语言能够使页面内容具有逻辑性、易用性。

在 HTML 5 中包含许多语义化的、结构化的标签，如<section></section>、<article></article>和<header></header>等，这些标签的使用方法将在后续章节讲解。

3. 表现(Presentation)

用来改变内容外观的样式称为表现。W3C 创建表现语言 CSS 标准的目的就是希望 CSS 取代 HTML 中表格式布局的语言，最终实现表现与结构相分离，图 1-4 所示的就是

图 1-3 添加辅助信息后的页面

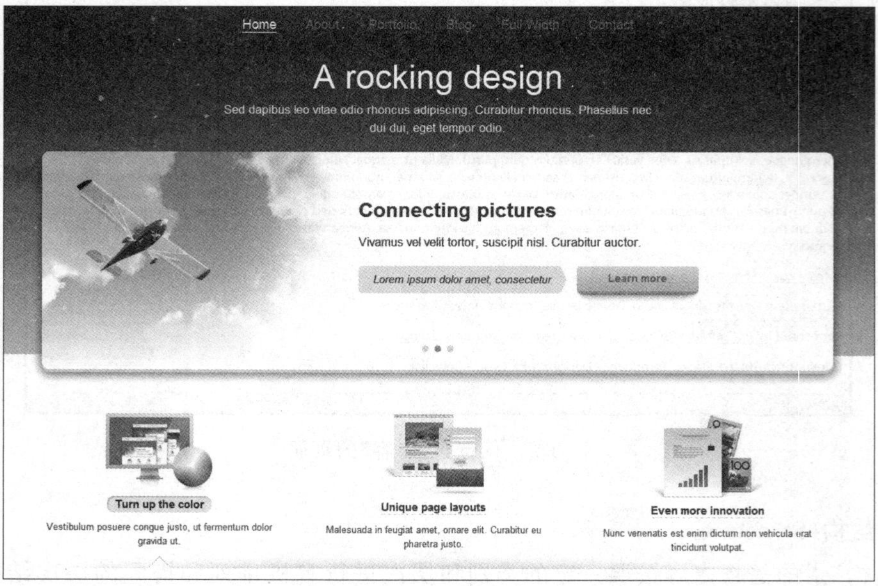

图 1-4 通过 CSS 样式实现外在表现的网站实例

通过 CSS 样式实现外在表现的网站实例。

4. 行为(Behavior)

行为指的是对内容的交互及其操作的效果。图 1-5 所示的是在网站注册用户时的场景,当在“账户名”中输入待注册的邮箱地址时,页面右侧会实时浮动提示框,实时提醒用户注册时需要注意的问题,这些页面中的变化都要归为 DOM 和 JavaScript 的作用,是它们把行为表现出来的。

图 1-5　行为的外在表现

综上所述，页面是由“结构”“表现”和“行为”这三方面组成的，内容是基础层，然后是附加上去结构层和表现层，最后再对其添加行为。刚开始理解结构和表现相分离可能有点困难，但是这一点确实非常重要。当结构和表现相分离后，用 CSS 文档控制表现就十分方便，例如要想让整个网站的字体增大点，只要简单地修改 CSS 文档中的一个定义就可以改变整个网站的字体大小，整站的维护显得更为容易。

所以，初学者刚开始学习就要养成将结构和表现放在不同的文件中，通过链接将 CSS 文档或 JavaScript 文档与 HTML 文件联系起来的习惯。

1.1.3　HTML 5 时代

HTML 5 从本质上改变了 Web 应用的运作模式，无论是桌面浏览器还是手机的移动应用，这种语言和标准正在极大程度地影响各种操作平台。HTML 5 的目标是为编写出更加有语义的 HTML 代码，以及创建更加简单的 Web 程序，为此他开发出许多新属性和新元素，并提供很多 API，为下一代 Web 平台提供了许多新功能，图 1-6 所示的是已经使用 HTML 5 构建页面的苹果公司官方网站页面。

图 1-6　使用 HTML 5 构建的页面

在 HTML 5 之前,诸如让文本框获得光标焦点的功能需要使用 JavaScript 等脚本语言才能实现,如果使用 HTML 5 则只须使用元素的属性标签即可完成。如此一来,整个页面显得非常简洁,容易理解。

此外,HTML 5 新增的语义化的属性标签,使得页面结构变得十分清晰,弱化了无语义的 DIV 标签,这种语义化的特征不仅提升了网页的质量和语义,并且大量减少了曾经代码中用于 CSS 必须调用的 Class 和 ID 属性,如图 1-7 和图 1-8 所示。

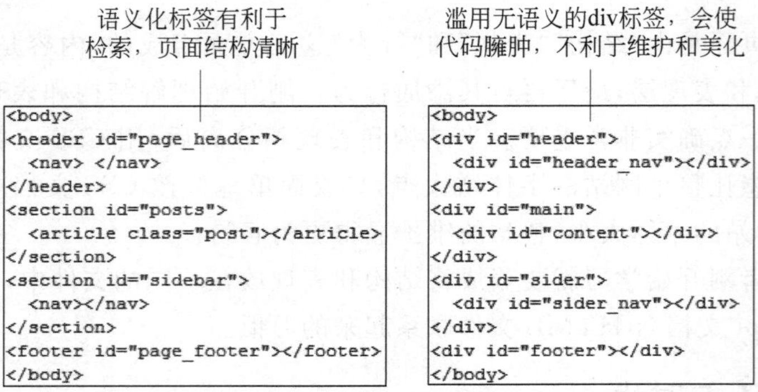

图 1-7 HTML 5 与 DIV+CSS 思维模式下代码对比

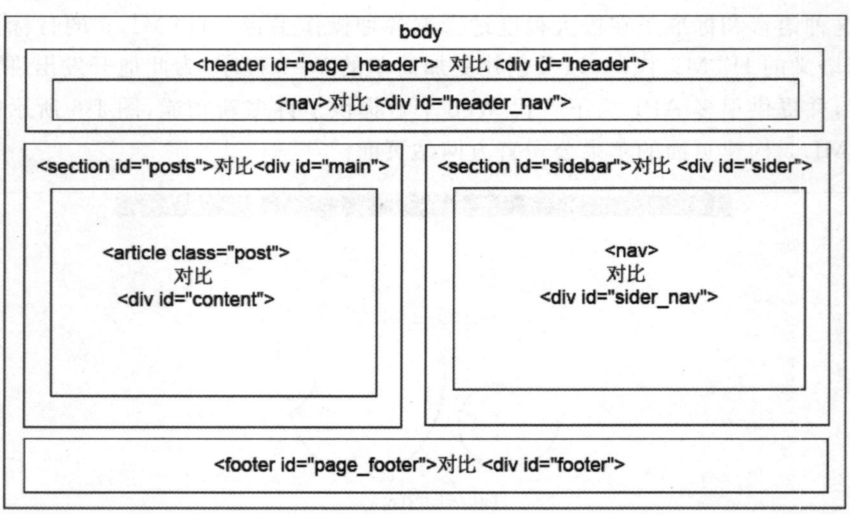

图 1-8 页面结构示意图

1.2 网站的入门知识

1.2.1 网页、网站及其构成元素

1. 网页

网页(Web Page)是一个文件,它存放在某一台与互联网相连的计算机中。

2. 网站

网站(Website)是用于展示特定内容的相关网页的集合,网站中各个网页是由超链接联系起来的。访问者进入某个网站后,看到的第一个页面称为首页,通常首页的文件名是 index 或 default 加上扩展名。

3. 网页的构成元素

在互联网中,网页的外观多种多样,但构成网页的基本元素却是大体相同的,一般包括文本、图像、超链接、表单、视频和音频,如图 1-9 所示。此外,某些宣传类网站还采用纯 Flash 动画展现网站内容。

图 1-9　网页的构成元素

对于网页中包含的各类元素,读者需要了解以下知识。

(1) 文本和图像

文本和图像是网页中最基本的构成元素。对于文本,设计者可以使用不同的字体来美化文本内容;对于图像,一般使用 Photoshop 预先进行处理,然后输出合适的图像,网页中使用最多是 JPEG、PNG 和 GIF 图像格式。

(2) 超链接

超链接是指超文本内由一文件连接至另一文件的链接。当用户单击超链接时,其指向的目标内容将显示在用户的浏览器中。

默认情况下,浏览器会用一些特殊的方式来显示超链接,如鼠标悬停时的颜色、触发超链接时的颜色等,而要想改变这些显示属性需要在 CSS 中修改。

(3) 表单

表单通常用来收集信息或实现一定的交互效果，其主要功能是收集用户在浏览器中输入的信息，然后将这些信息发送到目的端。

(4) 动画

目前，在网页中插入 Flash 动画的做法越来越少，通常设计者会使用 jQuery、JavaScript、CSS 和 HTML 5 制作精美动画，而对于广告类的动画一般采用技术含量较低的 GIF 动画进行展示。

(5) 音频和视频

音频和视频并非网站必需的元素(以音乐和视频为主题的网站除外)，因为未经访问者许可自动播放的音频和视频，可能会给访问者带来不便。常见的音频格式为 MP3，视频格式为 FLV。

1.2.2 网页设计的原则、风格和潮流

用户体验良好的网页交互设计，不在于使用了何种先进的技术，而是取决于对整个页面主题、风格、整体布局和制作水平的精确把握。

1. 网站设计的基本原则

网站外观设计的精美程度直接关系到门户网站的外在形象和访问者的使用效率，以下是网站设计中应注意的几点基本原则。

(1) 明确网站目标和用户需求。网站建立的目的无非是展现目标形象、产品或服务，并给浏览者提供所需的信息，因此必须针对不同的客户群体、针对访问者的需求、市场环境以及自身情况等因素进行综合分析，明确网站的目标和用户的需求。网页设计的中心始终是访问者，而不能完全以视觉效果为中心。

(2) 主题鲜明。在明确目标的基础上，通过具体的功能去实现网站的主题。设计功能时要根据不同的服务对象采用不同的形式，可以调动多种创造手法充分表现网站特点，做到主题鲜明，要点明确。网站可以顾及多个层次的对象，但必须有一个主体对象，要用简单明确的语言和画面体现站点的主题。

(3) 注重布局设计。网页设计以科学技术和视觉艺术为基础，追求网页编排、功能和布局的协调美观。网页的布局设计通过文字和图像等元素的空间组合，表达出网页和谐的美，也使浏览者有一个流畅的视觉体验。

(4) 避免滥用技术。网页技术多种多样，有些网页设计人员喜欢使用多种网页技术丰富自己的设计，殊不知运用恰当的技术能使网页栩栩如生，如果技术使用不当，则会适得其反。因此，使用网页技术时最好不要太过复杂。

(5) 及时更新维护。访问者总是希望看到新鲜的信息内容，所以网站建立后要不断地更新内容，保证信息的时效性，这是一项非常重要的工作。

2. 颜色与风格

(1) 颜色

颜色作为网页视觉元素的一种，具有不可估量的作用。颜色搭配是网页设计人员需

要慎重考虑的问题，良好的色彩搭配能使网页内容重点突出，风格统一，易于浏览，大大强化网页的视觉张力。网页中的颜色搭配可以从以下几方面进行考虑。

① 颜色种类。在网页中使用的颜色尽量不要超过 4 种，颜色太多会使浏览者感觉没有重点。当主题颜色确定后，可以考虑调整透明度或饱和度，以得到一系列的颜色，这样能使页面看起来具有层次感。

② 总体统一，局部反差。网页的总体色调应该是统一的，在某些局部或小范围内可以使用一些强烈的色彩对比，这样能起到锦上添花的效果。此外，色彩还受文化、传统、地域等因素的影响，充分运用这些特性，可以使页面具有深刻的文化底蕴。

③ 文字与背景色的对比。网页背景色的深浅要运用合理。一般的，深色背景要搭配浅色文字，浅色背景要搭配深色文字。但是色彩的明度反差不能过大，否则屏幕上的亮度反差太强，会使访问者眼睛感到不适。

(2) 风格

风格即网站的特点，指的是浏览者对网站内容和形式的直观感受，所透露出来的是设计者的文化品位。

有价值的内容是网站风格的基础，而创意则是风格的灵魂。从访问者接受信息的顺序来看，起初网站的外观是吸引访问者的关键，随着浏览者不断深入了解，会逐渐增加对网站内容的各种感受，为此网站的风格定位可从以下几方面考虑。

① 确保网页界面有较强的一致性，使网站形成统一的风格界面，这里的一致性包括字体、标题、图像、背景颜色和注脚等。这些构成网页的基本元素形成统一的整体，具有自身特色风格，会使访问者获得更深层次的感性认识。

② 确保网页界面美观、简洁，易于访问。

③ 合理安排网页元素，要让访问者在浏览网页过程中体验到视觉的秩序感、节奏感和新奇感。

一般地，在实际应用中政府类的网站表现出庄严、严谨的风格；公司企业类的网站具有主题突出、风格简约的特点；娱乐类网站则以活泼、时尚、生动为主要风格；个人网站则注重突出个性化的特点。

3. 网站赏析

由于不同类型的网站在定位目标群体时存在差异，因此出现不同类型和风格的页面。下面从流行设计趋势角度向读者介绍一些经典网站设计。

(1) 扁平化设计类网站

扁平化设计的核心是放弃一切装饰效果，诸如阴影、透视、纹理和渐变等，所有元素的边界干净利落，没有任何羽化、渐变或阴影，如图 1-10 所示。

(2) 全屏背景类网站

目前，越来越多的设计师青睐全屏背景的设计，他们大多采用大图、视频、精致的背景、纹理吸引用户的眼球，如图 1-11 所示。

(3) 网格布局类网站

"网格"属于平面构成的设计方法，鉴于目前很多网站布局排版过于单调，设计师将网格理念应用于网站，呈现出与众不同的效果，如图 1-12 所示。

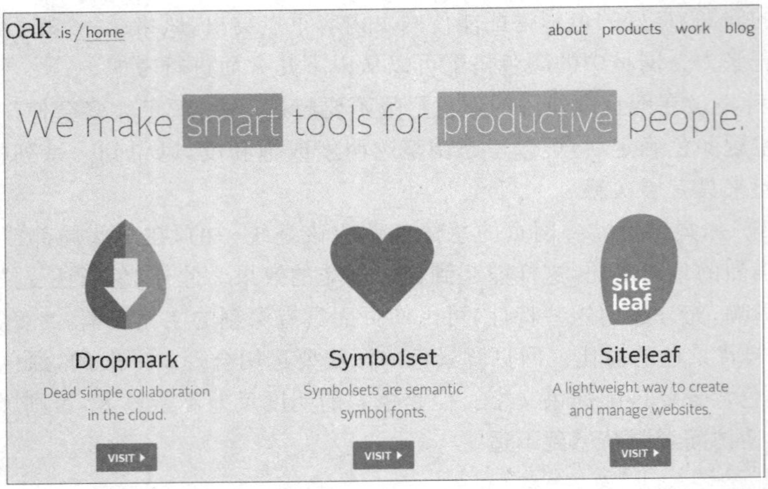

图 1-10 扁平化设计类网站

图 1-11 全屏背景类网站

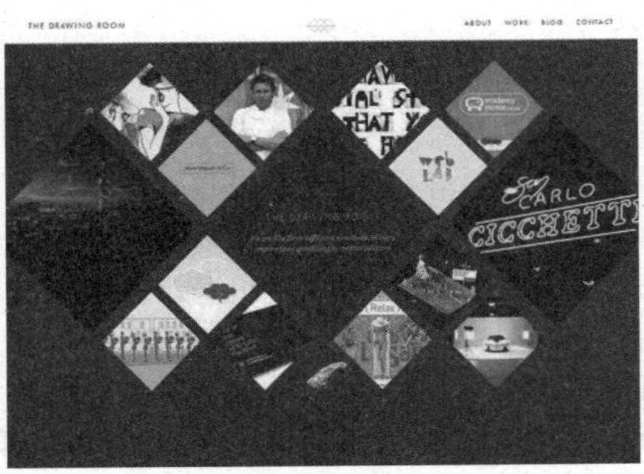

图 1-12 网格布局类网站

(4) 卡通插画风格类网站

令人愉悦的卡通人物和妙趣横生的图像极富娱乐性,设计师通过艺术风格为网页加入一些趣味性的元素，这也使网页不再循规蹈矩，如图 1-13 所示。

图 1-13　卡通插画风格类网站

(5) 背景虚化类网站

背景虚化能够引导访问者将焦点放在需要突出表现的内容上面。选择什么样的背景作虚化，对整个画面效果将产生很重要的影响，一般虚化用的背景以暗面居多，如图 1-14 所示。

图 1-14　背景虚化类网站

(6) 大字体类网站

在网页设计中，大字体设计是一个很好的展示网站特色的方法，它可以一目了然地向用户传达网站的信息，并给人留下深刻的印象。通常，这些大字体指的是网站的 Logo、标语或口号，如图 1-15 所示。

1.2.3　网站建设的基本流程

网站建设前期除了与客户保持良好的沟通和交流外，更重要的是要遵循网站建设的基本流程，如图 1-16 所示。只有这样，才能做到既不浪费时间又能提高网页制作人员的工作效率，同时还能保证网站的科学性和严谨性。

1. 前期——调研与策划

网站前期的调研与策划是网站能够成功运作的重要环节。在此环节中主要对市场进

图 1-15　大字体类网站

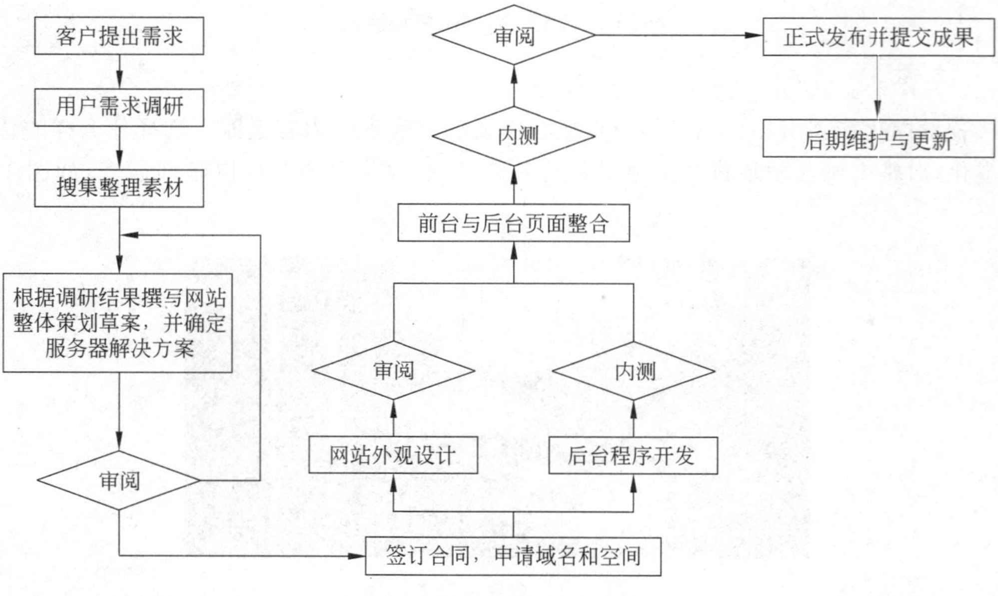

图 1-16　网站建设的基本流程图

行分析，充分与客户沟通，掌握其真实需求，确定网站的目标、核心功能、风格定位等内容。一般的网站前期调研与规划主要涉及以下几个方面。

(1) 用户需求调研

网站建设的团队要与客户进行充分交流，正确引导客户将自己的实际需求表达出来，以明确建设网站的目的和具体要求。必要时还要请客户提供他们所欣赏的网站实例，进一步确定用户的理想目标和功能需求。在充分了解客户的所有要求后，结合网站的技术特点，提出网站的设计草案，与客户反复商讨，以得到客户的认可。

(2) 搜集整理素材

明确了网站的主题后，就要围绕网站主题搜集素材。客户提供的各种资料是非常重要的素材之一，此外还需要详细搜集与主题相关的图片、文字、音频、视频和动画等内容。

(3) 网站策划

网站策划的好坏将直接影响网站的整体效果，而且是网站发布后能否成功运行的重要因素。网站策划所涉及的方面很多，主要包括网站的整体结构、主题定位、风格设计、色彩搭配、版面布局、文字与图片的运用以及网站策划书的撰写等。只有在网页具体制作前把这些方面都考虑全面了，制作出来的网页才具有吸引力。可以说网站策划对整个网站建设具有指导和定位的作用。

(4) 选择服务器解决方案

一般地，服务器的解决方案有自备主机、租用虚拟主机、主机托管等，具体情况要根据客户的实际需要确定。

2. 中期——实施与细化

此环节是网站建设的具体实施与细化阶段，在前期策划得到客户认可后，需要将整个网站建设细化为两大部分进行，一是前台页面设计与制作，二是后台程序的功能开发与实现。具体内容主要涉及以下几个方面。

(1) 网站外观设计

网站的外观设计将直接影响访问者的兴趣，精心策划的网站建设方案最终是要通过网页表现出来，因此必须在页面制作风格上有一个明确的定位，使网站的基本格调符合客户的要求。网站的外观设计主要包括 Logo 设计、标准字、标准色、布局、Banner、图标和菜单等，一般地，需要设计多套不同风格的样稿交客户讨论并提出修改意见，直到客户认可。

(2) 页面制作

在网站外观设计完成后，就要将其制作成 HTML 页面，供后台程序开发人员将程序整合在页面中。制作页面时，首先要对设计稿的布局和配色有整体认识，然后根据规划要求对设计稿进行切片，最后使用 CSS 布局的方式将网页制作出来。

(3) 后台程序开发

后台程序主要实现后台数据库的事务处理，同时负责数据库与前台页面间的连接。程序开发人员在编写 Web 程序时，需要选择合适的解决方案将页面文件与事务逻辑结合在一起。

(4) 网站测试

网站制作是一个非常复杂的过程，需要经过反复的测试、审核和修改，待确定无误后才能正式发布。测试的项目一般包括文字内容的正确性、各链接的有效性、浏览器兼容性、功能模块的正确性。在测试过程中，需要反复听取各方意见和建议，不断完善功能，直到客户满意。

3. 后期——维护与更新

网站建设完成交付给客户后，还涉及后期维护与更新的问题，由于网站维护具有专业性和长期性，这些维护服务应在前期策划时与客户商定清楚。一般地，网站维护与更新主要有以下几个方面需要注意。

(1) 定期检查网络和计算机的工作状态，对网站运行状况进行监控，发现问题及时解决。在保证网站运行状态下，根据客户需要对网页网站内容进行增加、删除和修改。

(2) 维护数据库后台的正常运行，并及时备份数据库内容。

(3) 采取有效的安全防范措施，防止黑客入侵，造成数据损坏，泄露机密等。

(4) 建立系统安全管理和计算机使用管理制度。

1.2.4 开发与调试工具

对于网站前端页面的开发来说，常用的软件主要有以下几种。

1. 文本编辑器

任何一种文本编辑器都可以编写 HTML，比如记事本、写字板和 Word 等，但有些文本编辑器(如 EditPlus、NotePad ++ 和 UltraEdit 等)提供网页制作及程序设计等许多有用的功能，支持 HTML、CSS、PHP、ASP、C/C ++ 、Java、JavaScript、VBScript 等多种语法的着色显示。

2. Dreamweaver

Dreamweaver 是最广泛的网页编辑工具之一，它采用多种先进技术，能够快速高效地创建极具表现力和动感效果的网页，使网页创作过程变得非常简单。

3. Photoshop

Photoshop 在网站效果设计、图像编辑、婚纱摄影等各领域广泛应用，它已成为许多涉及图像处理的行业的事实标准。此外，除了位图编辑工具 Photoshop 之外，还有 Illustrator、CorelDraw、博硕网页设计师等其他第三方工具能够作为辅助工具对网页进行设计。

4. Visual Studio

Visual Studio 是一个基本完整的开发工具集，它包括了整个软件生命周期中所需要的大部分工具，可帮助用户为 Microsoft 平台和其他平台创建各种各样的应用程序。

5. 浏览器

不同的浏览器对 HTML 5 的支持程度不同，这就造成了浏览器在解析 HTML 文档后，页面显示的效果不同，这种浏览器兼容性问题是网页前端开发人员经常遇到的且必须解决的问题。

在为桌面浏览器做 HTML 5 应用开发或网站开发的过程中，综合各种情况，这里推荐使用谷歌的 Chrome 浏览器和 360 安全浏览器(所用内核与 Chrome 浏览器相同)。

(1) Chrome 浏览器

Chrome 浏览器是目前 HTML 5 支持程度最高的浏览器，在学习 HTML 5 和 CSS 3 过程中，为了能预览到最终效果，Chrome 浏览器是最好的选择。

(2) 360 安全浏览器

目前，对 HTML 5 支持较好的浏览器除了 Chrome 之外，还有 Maxthon、Opera、360 安全浏览器和 Firefox 等。此外，某些浏览器还为开发者提供插件，例如，360 安全浏览器在打开任意网页时，按 F12 键，即可进入开发人员模式，开发者可以详细查看当前页面的

HTML 文档和对应的 CSS 样式，如图 1-17 所示。

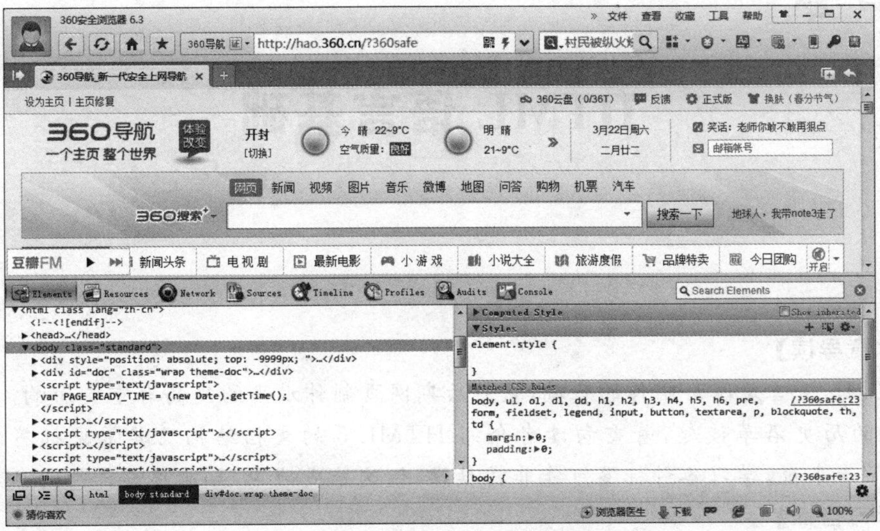

图 1-17　360 安全浏览器开发者环境

1.3　习题

1. 什么是 Web 标准？
2. 如何正确理解“表现与结构相分离”？
3. 网页构成的元素包含哪些？请举例说明。
4. 访问 HTML 5 测试网站（http://html 5test.com/），查看当前浏览器测试后的 HTML 5 分数（分数越高说明对 HTML 5 的支持度越好）。
5. 网站设计的基本原则有哪些？
6. 概述网站建设的基本流程。

第 2 章

HTML 语言基础

【本章导读】

HTML 语言是网页制作的基础，它对后期网页制作水平的提高有重要影响。本章从 HTML 的历史沿革谈起，着重向读者介绍 HTML 5 的文档结构及其常见标签的含义。对于初学者来说，学习各种标签可能非常枯燥，但这是成为 Web 前端设计师的必经阶段。

【学习目标】

- 了解 HTML 4.01 到 HTML 5 的发展历史；
- 掌握 HTML 5 的文档结构和编写规范，并熟知与(X)HTML 的区别；
- 理解 HTML 5 中常见元素的含义，并重点认知 HTML 5 主体结构类元素的含义；
- 能够使用记事本编写页面布局简单的 HTML 5 文档。

2.1 HTML 的历史沿革

HTML 通过标签来标记要显示在网页中的各个部分。浏览器在解析网页文件时，根据不同标签来解释和显示其标记的内容，这样浏览者才能在浏览器中看到真实的网页。

2.1.1 HTML 4.01 到 XHTML

HTML 早在 20 世纪 80 年代末由科学家蒂姆·伯纳斯·李创建，后来 IETF(互联网工程任务组)用简化的 SGML(标准通用标记语言)进一步发展 HTML 并成为国际标准，最后由万维网联盟(W3C)维护。

其实，HTML 1.0 并不存在，HTML 发布的第一个官方版本就是由 IETF 在 1995 年推出的 HTML 2.0 版本。随后，HTML 有了较大幅度的发展，1996 年推出 HTML 3.2 版本，1997 年推出 HTML 4.0 版本，1999 年推出 HTML 4.01 版本。随着 HTML 的发展，W3C 取代 IETF 的角色，掌握了对 HTML 规范的控制权。

在快速发布了多个版本之后，业界普遍认为 HTML 已经到了穷途末路的阶段，对 Web 标准的焦点也开始转移到了 XML 和 XHTML 上。

2.1.2 从 XHTML 到 HTML 5

HTML 在 HTML 4.01 之后的第一个修订版本便是 XHTML 1.0，这里 X 代表

extensible，即“可扩展”。由于 XHTML 1.0 是基于 HTML 4.01 的，所以并没有引入任何新标签或属性，唯一区别就是语法的严谨程度，HTML 的语法要求比较宽松，而 XHTML 则要求相对严格。

从本质上讲，XHTML 是一个过渡技术，结合了部分 XML 的强大功能及大多数 HTML 的简单特性。

2002 年第一份 XHTML 2.0 标准草案发布，但它的完成度很低，而且此后的工作进展迟缓，所以在 2004 年的时候，业界联合热心的投资人、浏览器厂商、网页设计师，自立门户成立了名为 WHATWG(Web HyperText Application Technology Working Group)的组织，并致力于开发 HTML 5。

2006 年 W3C 决定停止 XHTML 的工作，转而开始与 WHATWG 合作，重新介入 HTML，并于 2008 年发布了 HTML 5 的工作草案。2012 年 7 月 W3C 和 WHATWG 已经结束其联合开发的标准，同年 W3C 发布了首个 nightly 草案，计划在 2014 年发布完整的 HTML 5 标准。

此外，通过对主流新闻的观察，也能够感受到 HTML 5 正在被逐渐重视，并广泛推广和使用。

- 2010 年 1 月，YouTube 提供 HTML 5 视频播放器。
- 2010 年 4 月，乔布斯公开封杀 Flash，这使得更多公司开始关注 HTML 5。
- 2010 年 11 月，使用 HTML 5 技术的 Chrome Web Store 应用商店发布。
- 2011 年 5 月，迪士尼收购 HTML 5 游戏引擎。
- 2011 年 8 月，亚马逊推出采用 HTML 5 技术的云阅读器。
- 2011 年 11 月，Adobe 停止为移动设备开发 Flash 播放器，转而专注于 HTML 5 工具。
- 2012 年 6 月，Linkedln 推出基于 HTML 5 的原生态 iPad 应用。
- 2013 年 1 月，市场调研机构 Strategy Analytics 表示，全球市场拥有超过 10 亿部支持 HTML 5 技术的手机。

通过以上对 HTML 历史发展的了解，基本上可以让人放心、大胆地使用 HTML 5 了。

2.1.3 HTML 5 要解决的问题

HTML 5 技术被各种终端、操作系统、厂商广泛支持，它具有跨平台特性，拥有海量的内容资源，庞大的开发者群体，被公认为是未来最重要的应用开发技术之一。目前，HTML 5 要解决的问题主要有以下两个方面。

1. 文档结构方面的问题

在之前的 HTML 版本中，文档的结构不够清晰、明确。一般地，页面都采用 div 元素，再配合 id 属性或 class 属性进行布局，但对于搜索引擎或屏幕阅读器等程序来说，过多的 div 元素很难分清楚哪些是文章的正文，而在 HTML 5 中，新增了很多与结构相关的元素,能够解决此类问题。

2. Web 应用程序功能限制方面的问题

HTML 与 Web 应用程序的关系十分薄弱。Web 应用程序的特征是先从网络下载,然后忠实运行,因此应该对会威胁到用户安全的功能进行限制。为了弥补这方面的不足,HTML 5 已经开始提供各种各样 Web 应用上的新 API,各浏览器也在快速地封装着这些 API,HTML 5 已经使富 Web 应用的实现变为可能。

2.2 文档结构

既然网页的本质是超文本置标语言编辑后的文档内容,那么从结构上讲,就应该符合某种结构形式,本节主要向读者介绍 HTML 5 的文档结构。为了更好地理解,这里给出一份简单的 HTML 5 文档代码。

【案例 2-1】 HTML 5 文档结构。

```
<!doctype html>
<html>
<head>
    <meta charset="utf-8">
    <title>HTML 5 文档结构</title>
</head>

<body>
<header id="page_header">这里是页面头部区域</header>
<nav id="page_nav">这里是页面的导航部分</nav>
<section>
    <article>
        <h1>文章的标题</h1>
        <p>这里是文章的正文</p>
    </article>
</section>
<aside>这里是页面的侧边栏</aside>
<footer id="page_footer">这里是页面的底部区域</footer>
</body>
</html>
```

为了让读者更加容易地理解文档结构及其各种标签的含义,下面将对其内容分别讲解。另外,由于 Chrome 浏览器对 HTML 5 和 CSS 3 支持程度较高,这里约定本书所有案例均采用 Chrome 浏览器进行预览和调试。

2.2.1 标签、元素、属性和值

1. 什么是标签

HTML 标签由一对尖括号“＜”和“＞”,以及标签名组成。标签分为“起始标签”和“结束标签”两种,如图 2-1 所示。这里 footer 为标签名称,＜footer＞为起始标签,

</footer>为结束标签。

网页中每个标签都有特定的描述功能，HTML 文档就是通过不同功能的标签来控制 Web 页面内容的。

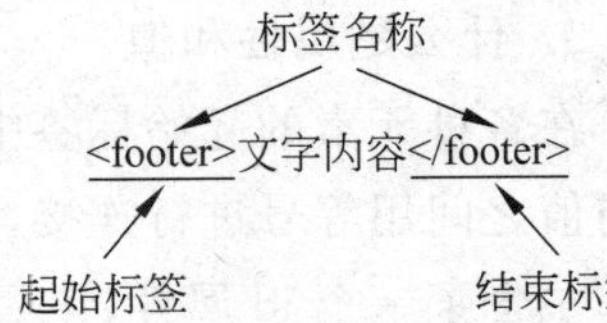

图 2-1　标签

2. 什么是元素

HTML 元素是组成 HTML 文档的最基本的部件，例如在案例 2-1 中 html、head、header、section、h1 和 p 等均为 HTML 元素，只是它们的功能各有不同而已。

按照有无内容来划分，可以分为“有内容的元素”和“空元素”；按照元素排列状态划分可以分为“块级元素”和“内联元素”。

“块级元素”是从一个新行开始显示的，其后面的元素也需要另起一行进行显示。例如：

```
<body>
    <p>(1)p 元素是块级元素,其后面的元素需要另起一行进行显示。</p>
    <p>(2)p 元素是块级元素,其后面的元素需要另起一行进行显示。</p>
</body>
```

在浏览器中预览的效果如图 2-2 所示。此外，标题、列表、表格、div 和 body 等元素都是“块级元素”。

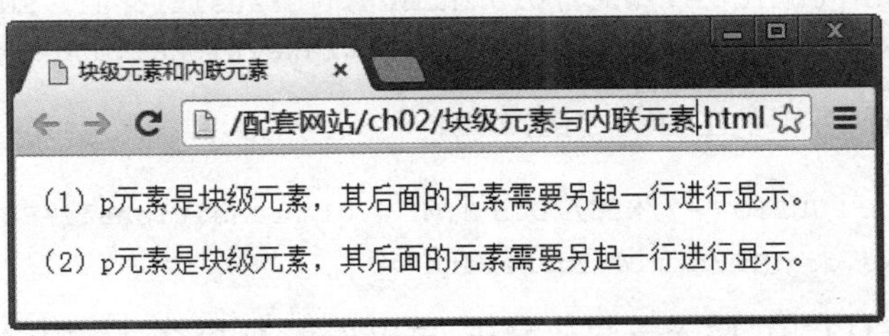

图 2-2　块级元素 p 的网页预览效果

“内联元素”不需要另起一行进行显示，其后面的元素也不需要另起一行进行显示。例如：

```
<body>
    <a href="#">(1)a 元素是内联元素,其后面的元素不需要另起一行进行显示。</a>
    <a href="#">(2)a 元素是内联元素,其后面的元素不需要另起一行进行显示。</a>
</body>
```

在浏览器中预览的效果如图 2-3 所示。此外，a、em、span 等元素都是内联元素。

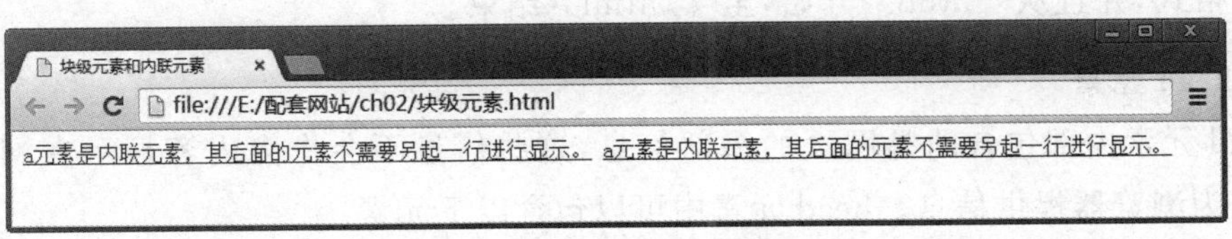

图 2-3　内联元素 a 的网页预览效果

3. 什么是属性和值

在各种元素的起始标签中，还可以添加一个或多个“属性”来表示元素的其他特性，属性与值之间用等号进行连接，其值用双引号进行标注，例如在案例 2-1 中＜header＞标签内部包含了一个 id 属性，该属性的值是"page_header"。

2.2.2 DOCTYPE 声明

DOCTYPE 是 document type(文档类型)的简写，在 Web 设计中用来说明当前的 XHTML 或 HTML 是什么版本。该标签必须以感叹号(!)开始，而且要放在文档的开始处，其他所有标签之前。要建立符合标准的网页，DOCTYPE 声明是必不可少的关键组成部分，否则页面的 CSS 会失效或半失效，也就是说如果没有这个 DOCTYPE 声明，将会导致 CSS 失效，特别是没有声明或声明不正确的时候，浏览器则会认为当前页面有些“古怪”，其显示内容将不再正确。

以下是 HTML 5 的 DOCTYPE 声明：

```
<!doctype html>
```

以下是 XHTML 的 DOCTYPE 声明：

```
<!DOCTYPE html PUBLIC "-//W3C//DTD XHTML 1.0 Transitional//EN"
"http://www.w3.org/TR/xhtml1/DTD/xhtml1-transitional.dtd">
```

以下是 HTML 4.01 的 DOCTYPE 声明：

```
<!DOCTYPE HTML PUBLIC "-//W3C//DTD HTML 4.01 Transitional//EN"
"http://www.w3.org/TR/html4/loose.dtd">
```

通过上述多个 HTML 版本之间的对比，可以发现 HTML 5 版本中 DOCTYPE 声明最为简洁，记忆起来也最为方便。

2.2.3 html 元素、head 元素与 body 元素

对于任何网页文档来讲，基本结构元素都主要有 3 个，分别是 html 元素、head 元素和 body 元素。这些元素均出现在每个网页上，而且只能出现一次。

1. html 元素

html 元素是包含网页文件最外围的一对标签，其作用是告诉浏览器整个文件是 HTML 格式，并且从＜html＞开始，至＜/html＞结束。

2. head 元素

head 元素内部包含的是网页的头部信息，这些信息不会作为内容显示在网页正文中，而是为浏览器提供信息。head 元素中可以包含以下元素。

➢ title 元素：＜title＞标签的内容将出现在浏览器的左上角。其目的在于告诉访问者本网站的主题。

➢ meta 元素：＜meta＞标签内部不包含任何内容，其属性定义了与文档相关的值，这些信息常被搜索引擎用于检索网页。

➢ link 元素：＜link＞标签的内容用于链接外部 CSS 和 JavaScript 等文件。

➢ style 元素：在＜style＞标签内部可以书写作用于本页面的 CSS 规则。

3. body 元素

body 元素为文件主题内容最上层元素，页面中所有元素均应放置其中。

【案例 2-2】 认知文档的基本结构。

① 打开记事本，并在其中输入以下代码。

```
<!doctype html>
<html>
<head>
    <meta charset="utf-8" name="keywords" content="这里是网站的关键字">
    <meta name="description" content="这里是网站的描述">
    <title>认知文档的基本结构</title>
    <style type="text/css">
    body {
        color: blue;
    }
    </style>
</head>
<body>
    页面中所有字体均为蓝色!
</body>
</html>
```

② 执行记事本菜单栏中的“文件”→“另存为”命令，在弹出的对话框中输入准备保存的网页文件名，如“2-2 认知文档的基本结构. html”。

③ 保存为网页文件后通过浏览器解析，显示效果如图 2-4 所示。

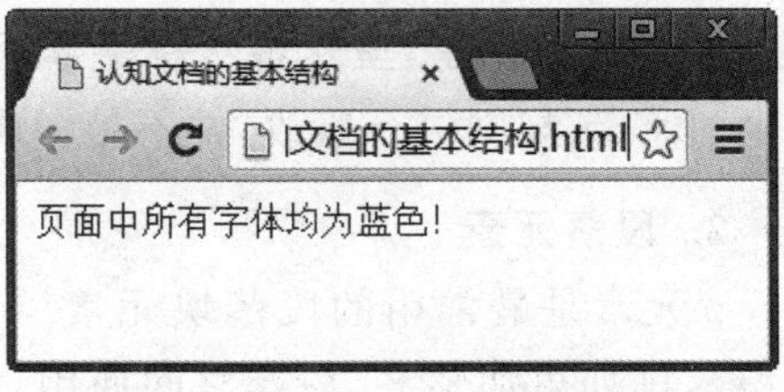

图 2-4　案例 2-2 的预览效果

通过本例可知，＜title＞标签的内容出现在浏览器的左上角；＜meta＞标签的内容没有显示在页面中；＜style＞标签内部的规则作用于本页面，使得所有网页文字变为蓝色。

2.3　HTML 5 中常见的元素

HTML 元素有很多，在不断的发展过程中，某些元素可能会被取消，也可能新增一些元素。本节对工作中经常使用的元素加以介绍。

2.3.1 块级元素

1. 标题类元素

标题类元素主要有 h1、h2、h3、h4、h5 和 h6。这里“h”是 header 单词的第一个字母,数字 1～6 代表标题的级别,h1 代表顶级的标题,字号最大;h6 标题级别最小,字号最小。

【案例 2-3】 标题类元素。

① 打开记事本,并输入以下代码。

```
<!doctype html>
<html>
<head>
    <meta charset="utf-8">
    <title>标题类元素</title>
</head>
<body>
    <h1>我是一级标题</h1>
    <h2>我是二级标题</h2>
    <h3>我是三级标题</h3>
    <h4>我是四级标题</h4>
    <h5>我是五级标题</h5>
    <h6>我是六级标题</h6>
</body>
</html>
```

② 执行记事本菜单栏中的“文件”→“另存为”命令,在弹出的对话框中输入准备保存的网页文件名,如“2-3 标题类元素. html”。

③ 保存为网页文件后通过浏览器解析,显示效果如图 2-5 所示。

需要说明的是,虽然各级标题字号大小不同,但可以通过 CSS 规则进行修改,并不是一成不变的。

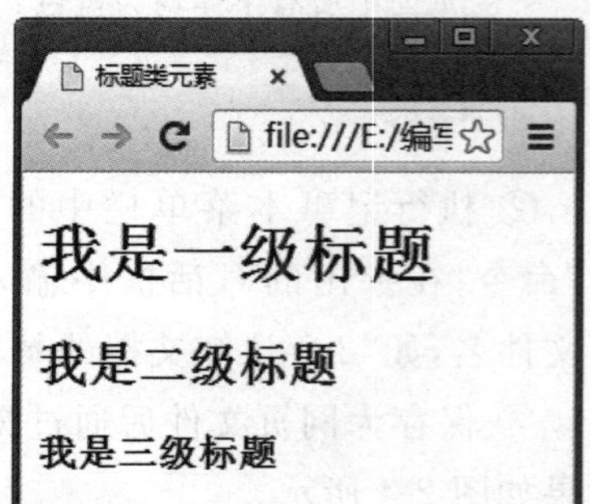

图 2-5 标题类元素网页效果

2. 段落元素

p 元素是最常用的段落块元素。为使网页正文文字段落排列更加整齐,段落之间使用<p>和</p>标签定义段落,但并非所有内容都要放到<p>标签中。

【案例 2-4】 段落元素。

① 打开记事本,并在其中输入以下代码。

```
<!doctype html>
<html>
<head>
    <meta charset="utf-8">
    <title>段落元素</title>
</head>
<body>
```

```
        <h2>八阵图</h2>
        <p>功盖三分国,</p>
        <p>名成八阵图。</p>
        <p>江流石不转,</p>
        <p>遗恨失吞吴。</p>
        <p>作品赏析:作者赞颂了诸葛亮的丰功伟绩,尤其称颂他在军事上的才能和建树。在内容
            上,既是怀古,又是抒怀,情中有情,言外有意,在绝句中别具一格。</p>
</body>
</html>
```

② 保存为网页文件后通过浏览器解析,显示效果如图 2-6 所示。

③ 再次用记事本打开网页,将诗词主体代码进行修改,修改内容如下。

```
…
<p>功盖三分国,<br/>
    名成八阵图。<br/>
    江流石不转,<br/>
    遗恨失吞吴。<br/>
</p>
…
```

④ 保存后刷新浏览器,显示效果如图 2-7 所示。

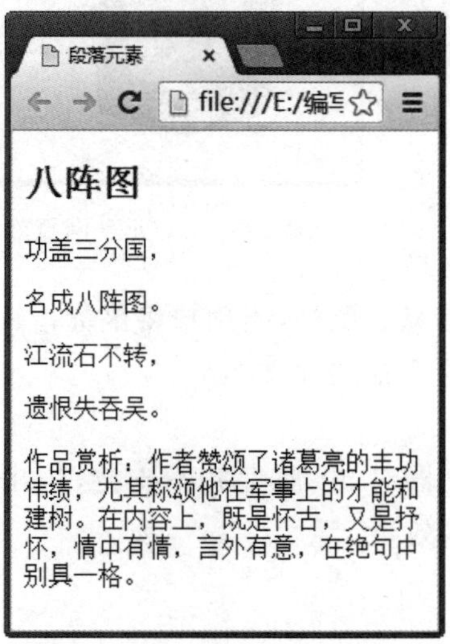

图 2-6　段落元素 p 网页效果

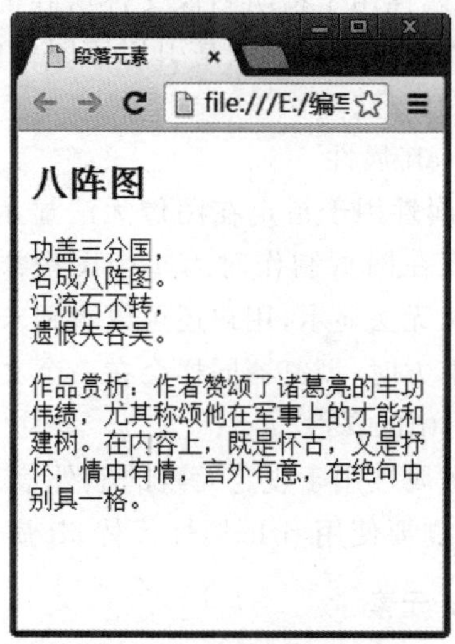

图 2-7　修改后的网页效果

从本例预览的不同效果可以看出,p 元素是段落元素,使用该标签分割诗词内容时会产生较大的行距,这是因为浏览器将诗词的每行当作段落处理,而段落本身存在段前、段后距离,所以显示较大行距,而增加
标签后行间距恢复正常,间接说明换行符
标签的作用。

2.3.2　内联元素

之前已经介绍过,内联元素与块元素最大的区别在于其前后的元素能够保持在同一

行之中。在实际工作中,常见的内联元素有 img(图像)元素、a(超链接)元素和 span(通用行)元素等。

1. img 元素

img 元素可以向网页中嵌入一幅图像,<img>标签创建的是被引用图像的占位空间。<img>标签除了可以包含 HTML 的通用属性以外,还必须包含两个属性:src 属性和 alt 属性。

【案例 2-5】 img 元素。

① 打开记事本,并在其中输入必要信息,主要的代码片段如下。

```
<body>
    <img src="2-5.png" width="205" height="205" alt="HTML 5" title="HTML 5">
</body>
```

② 保存为网页文件后通过浏览器解析,显示效果如图 2-8 所示。

图 2-8 img 元素网页效果

本例中需要掌握 src 属性、alt 属性和 title 属性的含义。

(1) src 属性

src 属性用于指明图像文件所在的位置,它的值是图像文件的 URL,也就是引用该图像的文件的绝对路径或相对路径。

(2) alt 属性

alt 属性用于指定在图像无法显示时的替代文本。这里建议在网页制作时为每个图像添加该属性,这样即使图像无法显示,用户还可以看到未显示的图像信息。此外,当用户将鼠标指针移动到该图像上方时,浏览器同样会在一个文本框中显示这个描述性文本。

(3) title 属性

title 属性用于规定元素的额外信息。某些浏览器对 alt 属性并不支持,当出现此种情况时,需要使用 title 属性代替 alt 属性实现同样的效果。

2. a 元素

通过<a>标签的 href 属性可以在网页中定义链接,主要分为普通网页链接、电子邮件链接和锚点链接。

【案例 2-6】 a 元素。

① 打开记事本,并在其中输入必要信息,主要的代码片段如下。

```
<body>
    <p><a href="/index.html">单击这里</a>将指向本网站中的一个页面的链接</p>
    <p><a href="mailto:wuyuze@126.com">单击这里</a>将打开默认的 Outlook
        Express</p>
    <p><a href="https://www.alipay.com/">单击这里</a>将打开互联网上的某个页面</p>
```

```
    <p><a href="#bottom">单击这里</a>将指向本页面中的一个锚点链接</p>
    <p><a name="bottom" id="bottom"></a>这里设置了一个名为 bottom 的锚点</p>
</body>
```

② 保存为网页文件后通过浏览器解析，显示效果如图 2-9 所示，读者可以单击其中的链接加以测试。

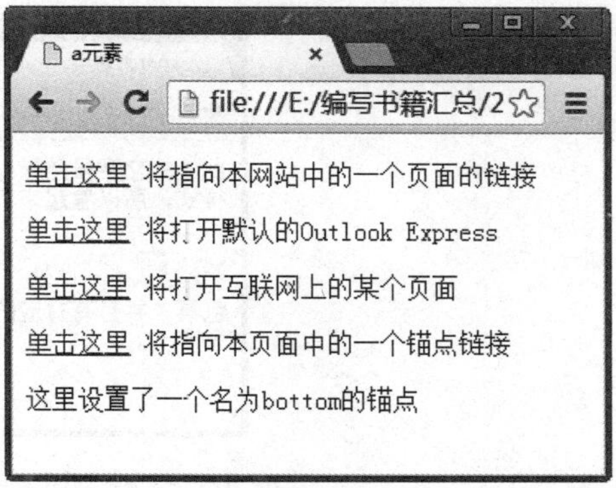

图 2-9　a 元素网页效果

本例中所包含的多种链接的含义如下。

- 内部链接：这种链接的目标是本站点中的其他文档。利用这种链接，可以在本站点内的页面中相互跳转。
- 邮件链接：这种链接可以启动电子邮件程序书写邮件，并发送到指定地址。
- 外部链接：这种链接目标是互联网中的某个页面。利用这种链接，可以跳转到其他的网站上。
- 锚点链接：这种链接的目标是文档中的命名锚记。利用这种链接，可以跳转到当前文档或其他文档的某一指定位置。

需要说明的是，href 属性如果是外部链接，则网址前面必须增加“http://”。另外，超链接的外观样式和颜色均可以通过 CSS 中的伪类进行美化，后续章节将会详细讲解。

3. span 元素

span 元素经常被用于网页的文字格式排版中，该元素没有固定的格式表现，只有对它应用样式，它才会产生视觉上的变化。

【案例 2-7】　span 元素。

① 打开记事本，并在其中输入必要信息，代码如下。

```
<!doctype html>
<html>
<head>
<meta charset="utf-8">
<title>span 元素</title>
<style type="text/css">
    p span {
        color: #F00;
        font-size: 30px;
    }/* 此处对 p 标签中的 span 标签定义样式 */
</style>
</head>
<body>
    <span>此处的文字虽然被 span 标签包裹，但没有对应的样式，所以看起来与其他文字一模
    一样。</span>
        <p><span>注意:</span>此处“注意”二字由于被 span 标签包裹，并且有对应的样式，
            故呈现出红色，且字号变大。</p>
</body>
```

```
</html>
```

② 保存为网页文件后通过浏览器解析,显示效果如图 2-10 所示。

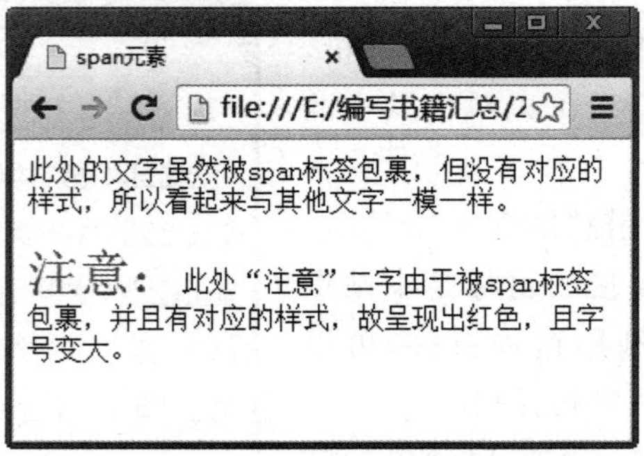

图 2-10 span 元素网页效果

2.3.3 列表类元素

HTML 中常见的列表元素有 ul 元素(无序列表)、ol 元素(有序列表)、dl 元素(自定义列表)和 li 元素(列表项)。这些元素结合后面学习的 CSS 能够实现导航栏、新闻列表等页面效果,使用范围非常广泛。

1. ul 元素

无序列表 ul 元素所包含的列表项将以粗点方式显示,且没有特定的顺序。在实际工作中,经常使用 ul 元素和 li 元素制作导航栏。

【案例 2-8】 ul 元素。

① 打开记事本,并在其中输入必要信息,主要的代码片段如下。

```
<body>
<h3>ul 元素</h3>
<ul>
    <li><a href="#">我的主页</a></li>
    <li><a href="#">最新电影</a></li>
    <li><a href="#">小说大全</a></li>
    <li><a href="#">旅游度假</a></li>
    <li><a href="#">今日团购</a></li>
    <li><a href="#">品牌特卖</a></li>
</ul>
</body>
```

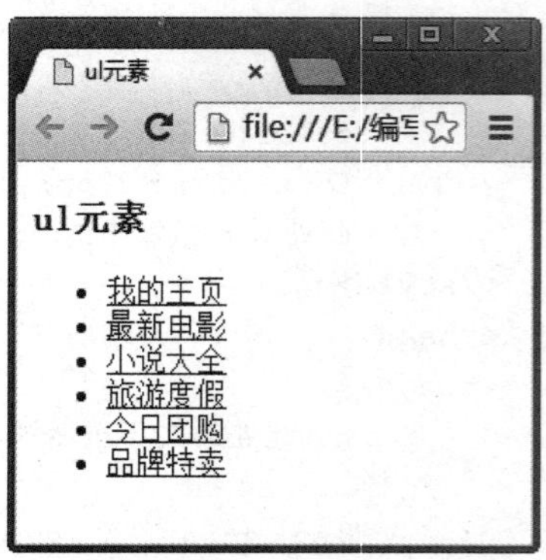

图 2-11 ul 元素网页效果

② 保存为网页文件后通过浏览器解析,显示效果如图 2-11 所示。

从本例可以看出,浏览器在对无序列表解析时,由于列表项 li 元素的存在,会自动添加一个项目符号,并且缩进一定的距离。需要注意的是,li 元素仅能作为列表条目包含于无序列表和有序列表之中,不能单独使用。

此外，默认状态下列表的项目是纵向排列的，如果需要横向排列形成网站的导航栏，则需要使用 CSS 的浮动属性，后续章节将会详细讲解。

2. ol 元素

有序列表 ol 元素同无序列表类似，只不过所包含的列表项将以数字顺序方式显示。

【案例 2-9】 ol 元素。

① 打开记事本，并在其中输入必要信息，主要的代码片段如下。

```
<body>
<h3>ol 元素</h3>
<ul>
    <li>网络类
        <ol>
            <li>《网页设计与制作》</li>
            <li>《网络工程》</li>
        </ol>
    </li>
    <li>多媒体类
        <ol>
            <li>《Illustrator CS6 设计与制作》</li>
            <li>《Photoshop CS6 图像处理技术》</li>
        </ol>
    </li>
</ul>
</body>
```

② 保存为网页文件后通过浏览器解析，显示效果如图 2-12 所示。

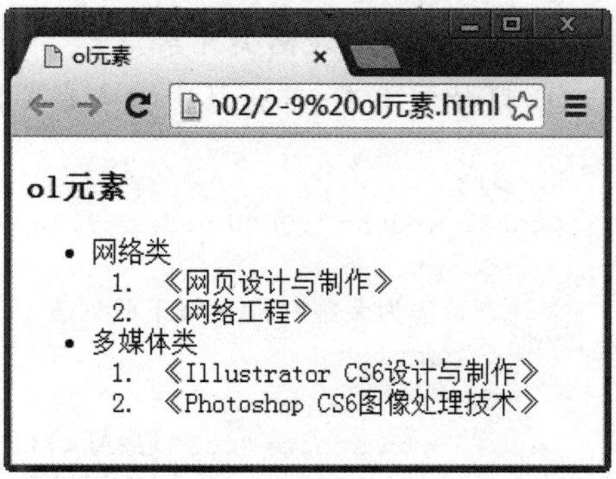

图 2-12　ol 元素网页效果

本例中使用了列表的相互嵌套，ol 元素被嵌套在 ul 元素的某个列表项中。此外，ol 元素内的列表项自动从 1 开始对有序条目进行编号，而不是项目符号。

3. dl 元素

自定义列表不仅仅是一列项目，而且是项目及其注释的组合。自定义列表以<dl>标签开始，其中每个自定义列表项以<dt>开始，每个注释以<dd>开始。

【案例 2-10】 dl 元素。

① 打开记事本，并在其中输入必要信息，主要的代码片段如下。

```
<body>
<h3>dl 元素</h3>
<dl>
    <dt>无序列表</dt>
    <dd>无序列表是一个项目的列表，此列项目使用粗体圆点(典型的小黑圆圈)进行标记。</dd>
```

```
    <dt>有序列表</dt>
    <dd>有序列表也是一列项目,列表项目使用数字进行标记。</dd>
    <dt>自定义列表 </dt>
    <dd>自定义列表不仅仅是一列项目,还是项目及其注释的组合。</dd>
</dl>
</body>
```

② 保存为网页文件后通过浏览器解析,显示效果如图 2-13 所示。

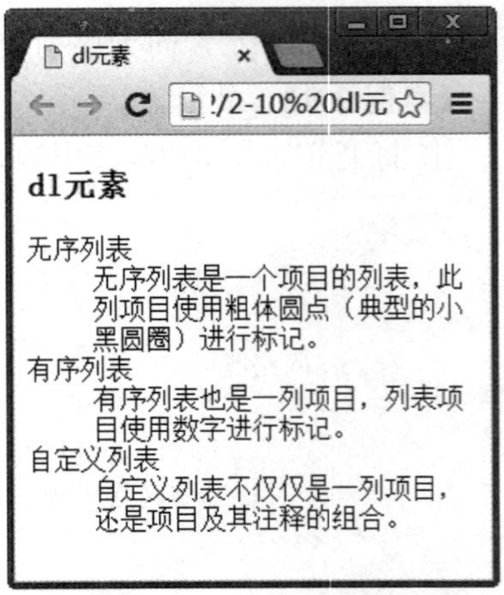

图 2-13 dl 元素网页效果

本例中,在<dl>、<dt>和<dd>三个标签组合中,<dt>是标题,<dd>是内容,<dl>可以看作承载它们的容器,当出现很多组的时候尽量使用一个<dt>标签配合一个<dd>标签的方法。如果<dd>标签中内容很多,可以嵌套<p>标签使用。

2.3.4 表格类元素

HTML 中常见的表格元素有 table(表格)元素、tr(表格行)元素、th(表头)元素和 td(单元格)元素,这些元素组成了表格的基本结构。

可以将其他元素放入表格中,如图像、表单,甚至另一个表格。“表格”在页面中的作用仅是数据存储,并且让数据看起来更有条理,不再承担页面布局的任务。

【案例 2-11】 表格类元素。

① 打开记事本,并在其中输入必要信息,主要的代码如下。

```
<body>
<table width="300" border="1">
    <caption>
        华为荣耀刷机 ROM 下载列表
    </caption>
    <tr>
        <th scope="col">序号</th>
        <th scope="col">适用机型</th>
        <th scope="col">下载</th>
    </tr>
    <tr>
        <td>1</td>
        <td>荣耀 3c 联通版</td>
        <td><a href="#">下载</a></td>
    </tr>
    <tr>
        <td>2</td>
        <td>荣耀 3x 移动版</td>
        <td><a href="#">下载</a></td>
    </tr>
</table>
```

```
</body>
```

② 保存为网页文件后通过浏览器解析，显示效果如图 2-14 所示。

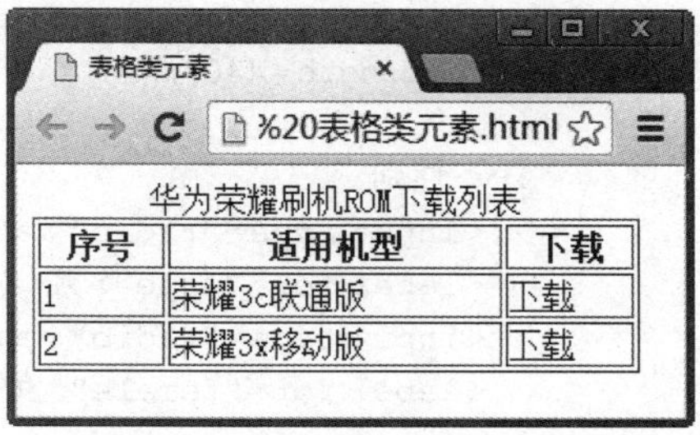

图 2-14　表格类元素网页效果

本例中，除了组建表格的基本元素外还有其他元素和属性。

(1) border 属性。border 属性用于规定表格边框的宽度，该属性是可选属性，默认情况下是没有边框的。本例中 border 属性设置为 10，表示在整个表格外环绕 10 像素宽度的边框。

(2) caption 元素。caption 元素用于定义表格的标题。＜caption＞标签必须紧随＜table＞标签之后，且只能对每个表格定义一个标题。

(3) scope 属性。scope 属性可以将数据单元格与表头单元格联系起来。指定属性值为"row"时，会将当前行的所有单元格和表头单元格联系起来；指定属性值为"col"时，会将当前列的所有单元格和表头单元格绑定起来。

2.3.5　表单类元素

表单元素 form 能够收集用户输入的信息，然后将这些信息传送到它的 action 属性所表示的程序中进行处理，最后生成个性化的回应，在电子商务网站应用方面，表单具有无限的潜能。

除了传统的＜input type＝"button"＞(普通按钮)、＜input type＝"checkbox"＞(复选框)、＜input type＝"text"＞(单行文本框)、＜input type＝"password"＞(密码输入框)和＜input type＝"submit"＞(提交按钮)外，还有＜input type＝"email"＞电子邮件输入域、＜input type＝"tel"＞电话号码输入域、＜input type＝"range"＞滑块和＜input type＝"date"＞日期选择域等。在 HTML 5 中新增了几种输入类型，开发者可以更为精确地描述用户输入数据的类型。浏览器能够基于这些新的表单域类型为用户渲染出效果更好的控件，而且这个过程不需要编写任何 JavaScript 代码。

下面来制作一个简单的例子，对表单中的一些常见的标签进行讲解，看一看表单是如何整合在一起的。

【案例 2-12】 表单元素。

① 打开记事本，并在其中输入必要信息，主要的片段代码如下。

```
<body>
<h2>用户注册</h2>
<form id="wf_1"    method="post" action="/example/form_action_1.asp">
    <div>
        <label for="usename">姓名:</label>
        <input type="text" name="usename" id="usename" size="20" maxlength="40"/>
    </div>
    <div>
```

```
            <label for="password">密码:</label>
            <input type="password" name="password" id="password" size="20"
            maxlength="40"/>
        </div>
        <div>性别:
            <input type="radio" name="sex" value="M" id="male" />
            <label for="male">男</label>
            <input type="radio" name="sex" value="F" id="female" />
            <label for="female">女</label>
        </div>
        <div>学历:
            <select name="degree" id="degree">
                <option value="college">大专</option>
                <option value="undergraduate">本科</option>
                <option value="master">硕士研究生</option>
                <option value="Dr">博士研究生</option>
            </select>
        </div>
    </form>
    <form id="wf_2" method="post" action="/example/form_action_2.asp"></form>
    <div>备注:
        <textarea form="wf_2" name="note" cols="30" rows="5"></textarea>
    </div>
    <div>
        <input form="wf_2" type="submit" name="button_1" id="button_1" value="提交" />
    </div>
    </body>
```

此处<form>标签中没有内容

新增的form属性

② 保存为网页文件后通过浏览器解析，显示效果如图 2-15 所示。本例中需要掌握的知识点有以下几个方面。

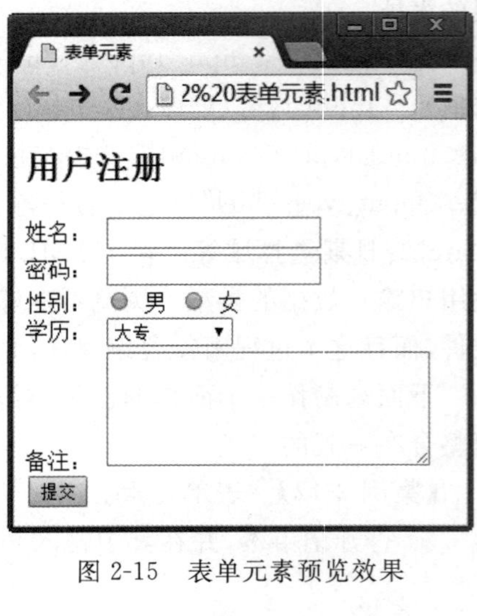

图 2-15 表单元素预览效果

1. <form>标签

<form>标签用于为用户输入创建 HTML 表单。在文档主体中，表单可以被放置于任何位置。

(1) form 属性

form 属性是 HTML 5 的新增属性。在 HTML 4.01 中表单内的从属元素必须书写在<form>与</form>之间，但在 HTML 5 中，可以把它们书写在任何地方，只需为该元素指定 form 属性，属性值与该表单的 id 属性值相对应即可。

例如，<form id="wf_2" method="post" action="/example/form_action_2. asp"></form>中并没有任何从属元素，但是其外部有<textarea form="wf_2" name="note" cols="30" rows="5"></textarea>，这就说明该 textarea 元素从属 wf_2 表单。

(2) action 属性

action 属性说明了接收和处理表单数据的应用程序的 URL。本例中 action 属性值为"/example/form_action_1.asp"，这表示该表单提交后，将调用 form_action_1.asp 程序进行处理。

(3) method 属性

method 属性用于规定使用何种方法发送表单数据，共有 POST 和 GET 两种方法。

(4) label 元素

label 元素的作用是，当用户选择该标签时，浏览器就会自动将焦点转到和标签相关的表单控件上。例如，在网页中单击“姓名”，光标就会自动在其右侧文本框中定位，这是因为 label 元素内的 for＝"usename"与 input 元素内的 id＝"usename"相对应。

(5) select 元素

select 元素用于创建下拉菜单或滚动列表。与其他标签一样，name 属性是必须存在的。当提交表单时，浏览器会提交选定的项目，或者收集用逗号分隔的多个选项，将其合成一个单独的参数列表。

(6) option 元素

可以定义一个＜select＞表单控件中的条目。浏览器将＜option＞标签中的内容作为＜select＞标签的菜单或是滚动列表中的一个元素进行显示。

2. ＜input＞标签

＜input＞标签用于定义表单控件，根据其不同 type 的属性值，输入的字段可以拥有很多种形式。在 HTML 5 中，input 元素的种类有了大幅度改良，可以实现之前那些需要使用 JavaScript 才能实现的功能。

对于每个元素来说，只有 type 和 name 属性是必需的，＜input＞标签中 type 属性用来选择控件类型，name 属性用来为字段命名。以下是 type 属性常见值的含义。

(1) type＝"text"(单行文本输入框)

文本框是一种让访问者自己输入内容的表单对象，通常用来填写用户名以及简单的回答，如图 2-16 所示。

(2) type＝"password"(密码输入框)

当用户在此类型的输入框中输入任何文字时，文字会被“•”代替，从而起到保密的作用，如图 2-17 所示。

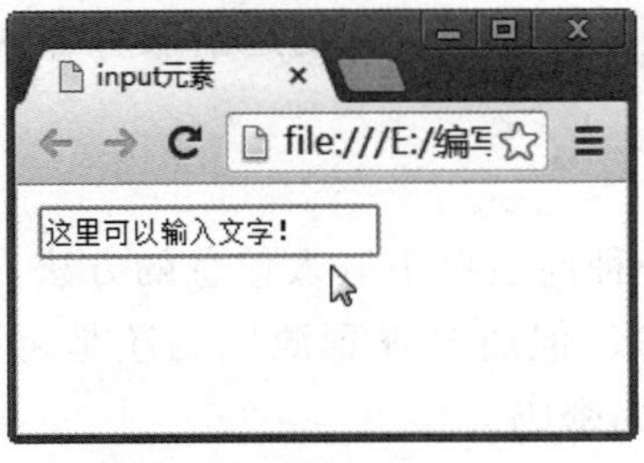

图 2-16　单行文本输入框

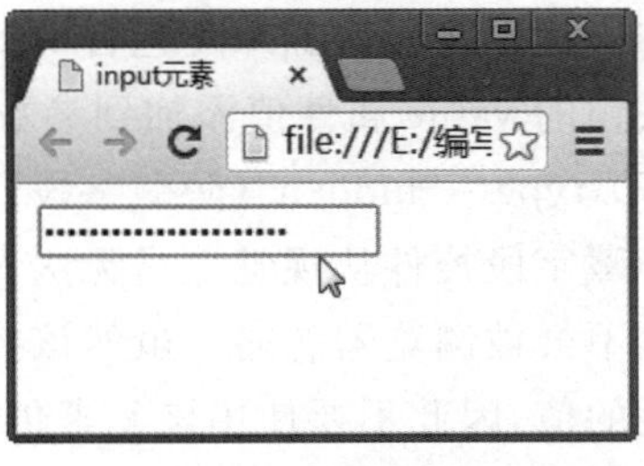

图 2-17　密码输入框

(3) type＝"checkbox"(复选框)

复选框控件为用户提供了一种在表单中选择或取消选择某个条目的快捷方法。复选框可以集中在一起产生一组选择,用户可以选择或取消选择组中的每个选项,如图 2-18 所示。

(4) type＝"radio"(单选按钮)

单选按钮表单控件与复选框的行为非常相似,唯一不同的是浏览者在待选项中只能选择其中一个,如图 2-19 所示。

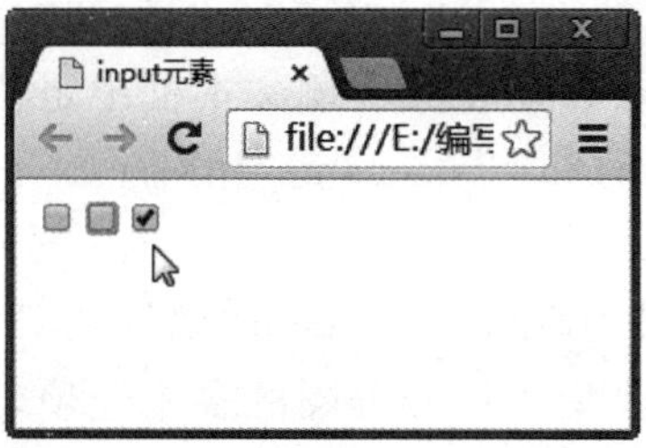

图 2-18　复选框

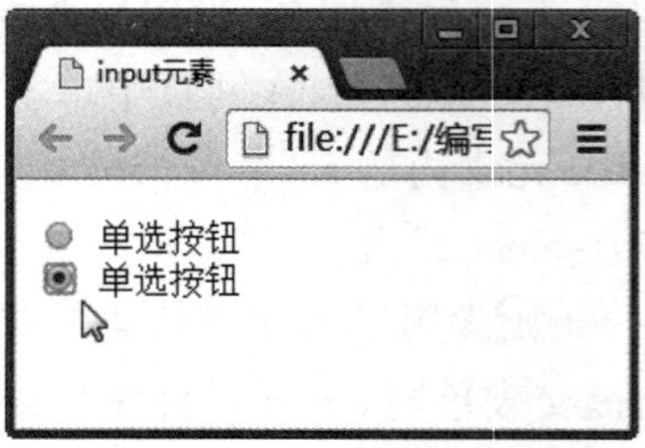

图 2-19　单选按钮

(5) type＝"file"(文件域)

文件域主要用于文件的上传,如图 2-20 所示。

(6) type＝"submit"(提交按钮)

表单中 input 元素的 type 属性可以定义为提交按钮(submit),并且允许一个表单中包含多个提交按钮,它的作用就是把表单数据发送到服务器,如图 2-21 所示。

图 2-20　文件域

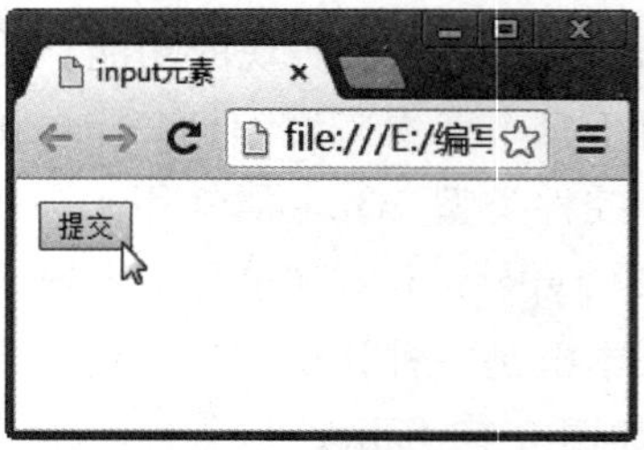

图 2-21　提交按钮

对于最简单的提交按钮(按钮不包含 name 属性或 value 属性),浏览器将显示一个长方形按钮,上面有默认标记“submit(提交)”。其他情况下,浏览器会在 value 属性中设置的文本来标记按钮。如果还包含 name 属性,当浏览器将表单信息发送给服务器时,会将提交按钮的 value 属性值添加到参数列表中。

(7) type＝"hidden"(隐藏字段)

隐藏字段控件从视觉上是无法看到的,它只是一种向表单中嵌入信息的方法,以便这些信息不会被浏览器忽略。虽然该控件不会显示出来,但通过查看源代码还是可以看到该属性的值,因此不要使用该元素传递敏感信息,例如密码。

(8) type＝"date"(日期控件)

日期控件可以帮助用户快速输入各类日期,其使用方法如下。

```
<input name="date" type="date" value="2015-05-17">
```

这里可以通过 value 属性设置日期控件的默认起始日期，预览效果如图 2-22 所示。

(9) type="range"(滑块控件)

滑块控件可以方便用户快速且直观地增减数值，其使用方法如下。

```
<input name="range" type="range" min="5" max="30" value="5">
```

这里 min="5"是最小值，max="30"是最大值，value="5"是初始值为 5，预览效果如图 2-23 所示。

图 2-22　日期控件

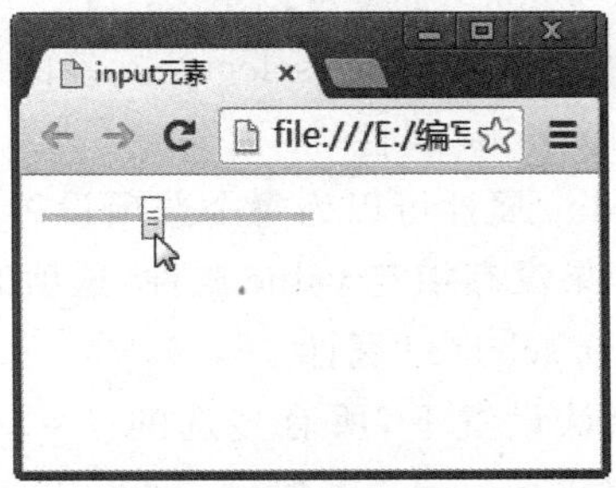

图 2-23　滑块控件

(10) type="color"(颜色选择器控件)

颜色选择器控件可以帮助用户选择某种颜色，其使用方法如下。

```
<input name="color" type="color">
```

预览时，当用户单击该控件时，会弹出颜色选择器，如图 2-24 所示。

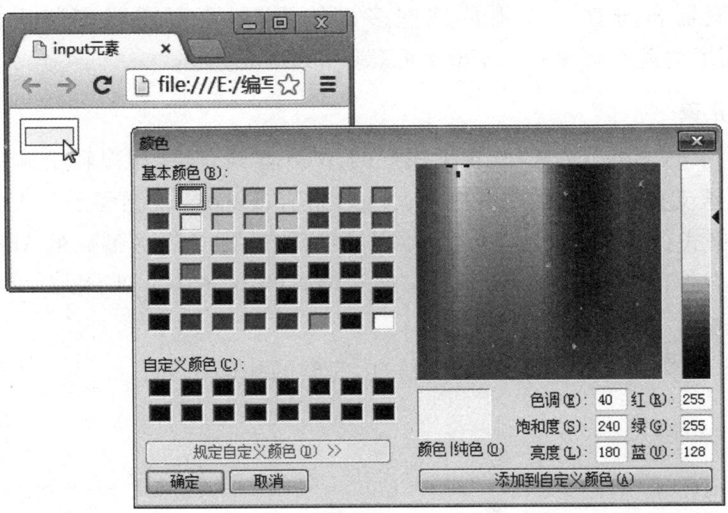

图 2-24　颜色选择器控件

3. ＜label＞标签

＜label＞标签用于为 input 元素定义标签。虽然 label 元素不会向用户呈现任何特殊效果,但用户选择该标签时,浏览器就会自动将焦点转到和标签相关的表单控件上。此外,＜label＞标签的 for 属性应当与相关元素的 id 属性相同。

4. ＜select＞标签

＜select＞标签用于创建下拉菜单或滚动列表。与其他标签一样,name 属性是必须存在的。当提交表单时,浏览器会提交选定的项目,或者收集用逗号分隔的多个选项,将其合成一个单独的参数列表。此外,用户如果希望一次选择多个选项,可以在＜select＞标签中添加 multiple 属性。

5. ＜option＞标签

＜option＞标签可以定义一个＜select＞表单控件中的每个条目。浏览器将＜option＞标签中的内容作为＜select＞标签的菜单或是滚动列表中的一个元素进行显示。

(1) value 属性

value 属性可以为每个选项设置一个值,当表单被提交时这个值将被发送到服务器端。如果没有指定 value 属性,选项的值将设置为＜option＞标签中的内容。

(2) selected 属性

默认设置下,所有多选的＜select＞标签中选项都是未选中状态。当＜select＞标签中包含 selected 属性后,就可以实现一个或多个选项在初始状态时就处于被选中状态。

2.3.6 多媒体类元素

HTML 5 之前,在网页中展示的视频、动画和音频等多媒体素材,一般使用第三方开发的播放器或者使用 Flash 进行展示,但这种方法需要在浏览器中安装各种插件才能完成。自从 HTML 5 出现后这种局面得到一定的改观,目前 HTML 5 提供统一的视频和音频接口,浏览器自身就可以播放这些多媒体素材,不再需要安装插件。本节介绍 HTML 5 中新增的两个元素——video 元素和 audio 元素。

1. video 元素

HTML 5 中的 video 元素,改善了用户的 Web 体验,能让用户轻松愉快地观看视频。目前,video 元素支持的视频格式有三种:Ogg(带有 Theora 视频编码和 Vorbis 音频编码的 Ogg 文件)格式;MPEG 4(带有 H.264 视频编码和 AAC 音频编码的 MPEG 4 文件)格式;WebM(带有 VP8 视频编码和 Vorbis 音频编码的 WebM 文件)格式。

【案例 2-13】 video 元素。

① 打开记事本,并在其中输入必要信息,完整的代码如下。

```
<!doctype html>
<html>
<head>
    <meta charset="utf-8">
```

```
        <title>video 元素</title>
    </head>

    <body>
        <video width="320" height="240" controls>
        <source src="video_wf.ogg" type="video/ogg">
        对不起！您的浏览器不支持 video 标签。</video>
    </body>
    </html>
```

② 保存为网页文件后通过不同的浏览器解析，显示效果如图 2-25 和图 2-26 所示。

图 2-25　Chrome 浏览器预览 video 元素时效果

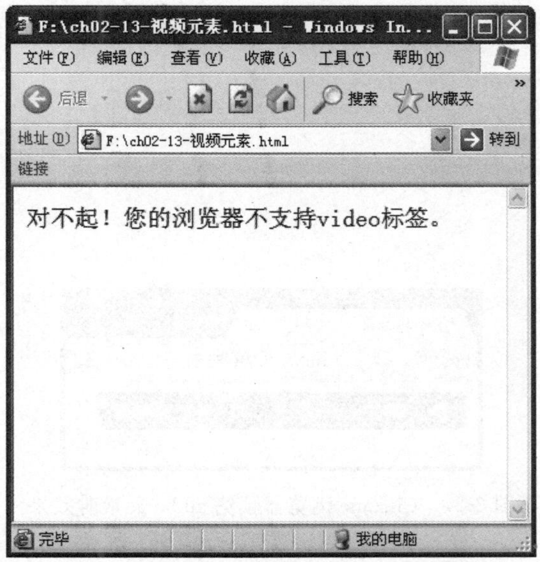

图 2-26　低版本 IE 浏览器预览 video 元素时效果

本例中，controls 提供了播放、暂停和音量控件，方便用户对视频进行控制；width 属性和 height 属性定义了视频显示的范围；＜video＞标签中的文字内容用于在不支持 video 元素的浏览器中显示提示信息。

2. audio 元素

audio 元素能够播放声音文件或者音频流，其使用方法与 video 元素类似。audio 元素支持三种音频格式，即 Ogg Vorbis、MP3 和 WAV 格式。

【案例 2-14】　audio 元素。

① 打开记事本，并在其中输入必要信息，完整的代码如下。

```
<!doctype html>
<html>
<head>
    <meta charset="utf-8">
    <title>audio 元素</title>
```

```
</head>

<body>
    <audio controls>
    <source src="audio_dx.ogg"type="audio/ogg">
    对不起！您的浏览器不支持 audio 标签。</audio>
</body>
</html>
```

② 保存为网页文件后通过不同的浏览器解析，显示效果如图 2-27 和图 2-28 所示。

图 2-27　Chrome 浏览器预览 audio 元素时效果

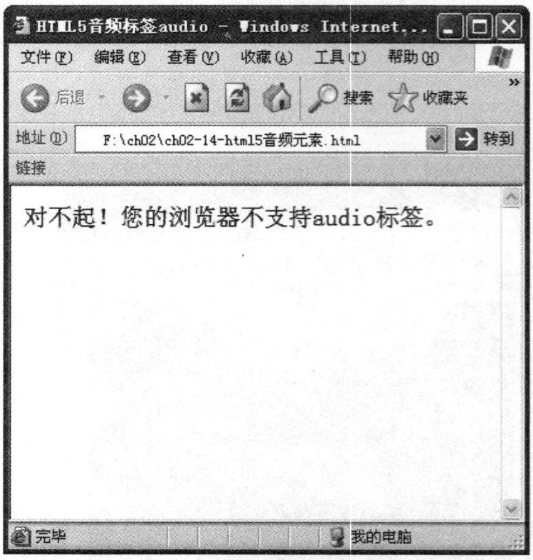

图 2-28　低版本 IE 浏览器预览 audio 元素时效果

2.3.7 HTML 5 新增的结构类元素

在 HTML 5 中，为了使文档层次更加清晰，新增了几个与页眉、内容区块和页脚等文档结构相关的结构元素。下面依托一个简单的实例向读者讲解结构类元素的具体含义。

【案例 2-15】 HTML 5 结构类元素。

① 打开记事本，并在其中输入必要信息，完整的代码如下。

```
<!doctype html>
<html>
<head>
    <meta charset="utf-8">
    <title>HTML 5 结构类元素</title>
</head>

<body>
<header id="page_header">
    <h1>这里是网页内容的区块标题</h1>
    <nav>
        <ul>
```

```
            <li><a href="#">导航 1</a></li>
            <li><a href="#">导航 2</a></li>
            <li><a href="#">导航 3</a></li>
        </ul>
    </nav>
</header>
<section id="post">
    <article>
        <header id="post_header">
            <h2>这里是文章的标题</h2>
            <p>文章作者
                <time datetime="2015-05-17">发布时间</time>
            </p>
        </header>
        <aside>
            <p>当前文章的附属信息</p>
        </aside>
        <footer>
            <p>区块内容的脚注</p>
        </footer>
    </article>
</section>
<footer id="page_footer">
    <p>&copy; 2015 宇泽互联</p>
</footer>
</body>
</html>
```

② 上述代码由于没有添加 CSS 内容，所以使用浏览器预览时各种结构显示的并不明确，这里给出上述代码的结构示意图，如图 2-29 所示。通过上述代码结构分析，需要学习以下内容。

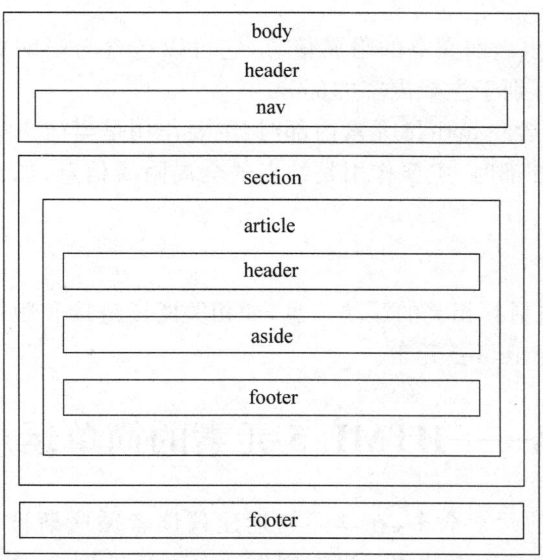

图 2-29　结构示意图

1. header 元素

header 元素用于定义文档的页眉，是一种具有引导作用的结构元素，一般用来放置整个页面或某个区块的标题。需要说明的是，HTML 5 并未限制使用 header 元素的个数，例如本例中为整个页面头部定义了 id＝"page_header"的 header 元素，也为文章内容的标题部分定义了 id＝"post_header"的 header 元素。

2. nav 元素

nav 元素用于定义导航链接的部分，一个页面可以包含多个 nav 元素，作为页面整体或者不同部分的导航。

3. section 元素

section 元素用于对网站中的内容进行分块，当需要描述页面逻辑区域时，可以使用 section 元素代替之前滥用的 div 标签。

4. article 元素

article 元素用于定义独立的、完整的、可以单独被外部引用的内容。该元素所包含的内容可以是一篇文章、一段独立的用户评论或者一篇独立的论坛帖子。

article 元素通常拥有它自己的标题(该标题一般使用 header 元素进行包裹)，有时还有自己的脚注(该脚注一般使用 aside 元素进行包裹)。

注意：在 HTML 5 中 section 元素与 article 元素的侧重点不同，section 元素强调的是分块，而 article 元素强调的是独立性。例如，section 元素就像报纸中的娱乐版和体育版，而 article 元素就像某个版块中的一篇文章。

section 元素有以下几点禁忌。

(1) 不要将没有标题的内容区块使用 section 元素。

(2) 不要将 section 元素用作设置页面的容器，请使用 div 元素。

(3) 如果 article 元素更符合使用条件，尽量不要使用 section 元素。

5. aside 元素

aside 元素用来表示当前文章的附属信息，它可以包含与当前页面相关的引用、侧边栏、导航条，以及其他有别于主要内容的部分。

当 aside 元素被包含在 article 元素内部时，主要作用是当前文章的附属信息；当 aside 元素处在 article 元素外部时，主要作用是站点的全局附属信息，如友情链接、其他文章列表和广告列表等。

6. footer 元素

footer 元素通常包括其相关的区块信息，如相关阅读链接和版权等，设计者可以在文档的多个地方使用多个 footer 元素。

2.4 过程指导——HTML 5 元素的简单运用

HTML 5 所包含的元素众多，在学习初期建议读者循序渐进地记忆各种标签的含义。本节在之前学习的基础上使用记事本创建一个简单的网页，其目的是通过该环节的练习加强对某些元素的认识。具体实现过程如下。

(1) 打开记事本,并在其中输入必要信息,代码如下。

```
<!doctype html>
<html>
<head>
    <meta charset="utf-8">
    <title>HTML 5 元素的简单运用</title>
</head>

<body>
<header><img src="html5logo.png" width="220" height="220"></header>
<article>
    <header>
        <h2>HTML 5 发展前景</h2>
        <p>作者:宇泽互联   发布日期:
            <time datetime="2015-05-17">2015-05-17</time>
        </p>
    </header>
    <hr />
    <p>"HTML 5 是开放的 Web 网络平台的奠基石。HTML 5 以及 JavaScript 和 CSS 相关技术
        能够让开发者在任何设备上都运行开发丰富的网页应用,并且会有越来越多的企业加入
        到 HTML 5 的大平台上来。</p>
    <h3>HTML 5 的特点</h3>
    <p>HTML 5 有两大特点:首先,强化了 Web 网页的表现性能。其次,追加了本地数据库等 Web
        应用的功能。广义论及 HTML 5 时,实际指的是包括 HTML、CSS 和 JavaScript 在内的一
        套技术组合。它希望能够减少浏览器对于需要插件的网络应用服务(RIA),如 Adobe
        Flash、Microsoft Silverlight 与 Oracle JavaFX 的需求,并且提供更多能有效增
        强网络应用的标准集。</p>
    <ul>
        <li>支持视频的播放/录音功能</li>
        <li>支持音频的播放/录音功能</li>
        <li>允许 Web 页面运行应用</li>
        <li>支持丰富的 2D 图片</li>
        <li>支持即时通信功能</li>
    </ul>
</article>
<footer>Copyright &copy; <a href="mailto:wufeng1121@ 126.com">宇泽互联</a>
2014-2016,All Rights Reserved.</footer>
</body>
</html>
```

(2) 在记事本的菜单栏中执行"文件"→"保存"命令,此时弹出"另存为"对话框,并在"文件名"文本框中输入 index.html,将文档进行保存。

(3) 启动浏览器,预览刚才保存的文档,此时读者会发现页面并不美观。为了解决这个问题,需要为页面添加部分 CSS 规则,来规范页面中的元素。将下面的代码片段添加到记事本中,其位置在<head>和</head>之间。

```
<style type="text/css">
```

```
body {
    background: url(bg.png) repeat;
}/*载入网页背景图像,并设置为平铺效果*/
h2 {
    text-align: center;
}/*设置 h2 标签内部文字居中*/
header {
    text-align: center;
}/*设置 header 元素内的内容居中*/
article p {
    text-indent: 2em;
}/*设置文章正文中段落缩进 2 个汉字的距离*/
footer {
    font-size: 12px;
    text-align: center;
}/*设置版权区域文字大小和居中位置*/
</style>
```

(4) 再次保存和预览,其效果如图 2-30 所示。

图 2-30　HTML 5 元素简单应用的预览效果

需要说明的是,读者在制作案例的过程中,肯定觉得使用“记事本”制作网页十分麻烦和枯燥,笔者的用意在于让读者熟悉这些标签元素的含义,至于工作中如何制作网页,后续章节将结合 HTML 5 和 CSS 的知识重点讲解 Dreamweaver CS6。

2.5　自主任务——使用记事本创建简单页面

根据 2.4 节的案例制作，读者应该了解和掌握文本标记语言中常见标签的含义及使用方法。本节再次通过实训的方式，进一步加强各种标签的认知，页面最终效果如图 2-31 所示，请读者结合对标签的理解实现该页面。

图 2-31　最终效果图

2.6　习题

1. HTML、XHTML 和 HTML 5 是什么？它们之间有什么联系？
2. 举例说明，什么是块元素？什么是内联元素？
3. 在 HTML 5 新增的结构类元素中，section 元素与 article 元素的区别是什么？
4. header 元素能否在页面中多次出现？
5. 使用列表元素制作如图 2-32 所示的嵌套列表。

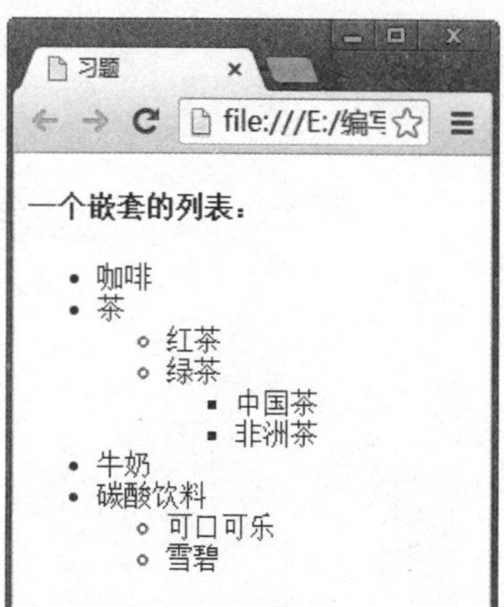

图 2-32　嵌套列表

6. 使用表单元素制作“调查问卷”,如图 2-33 所示。

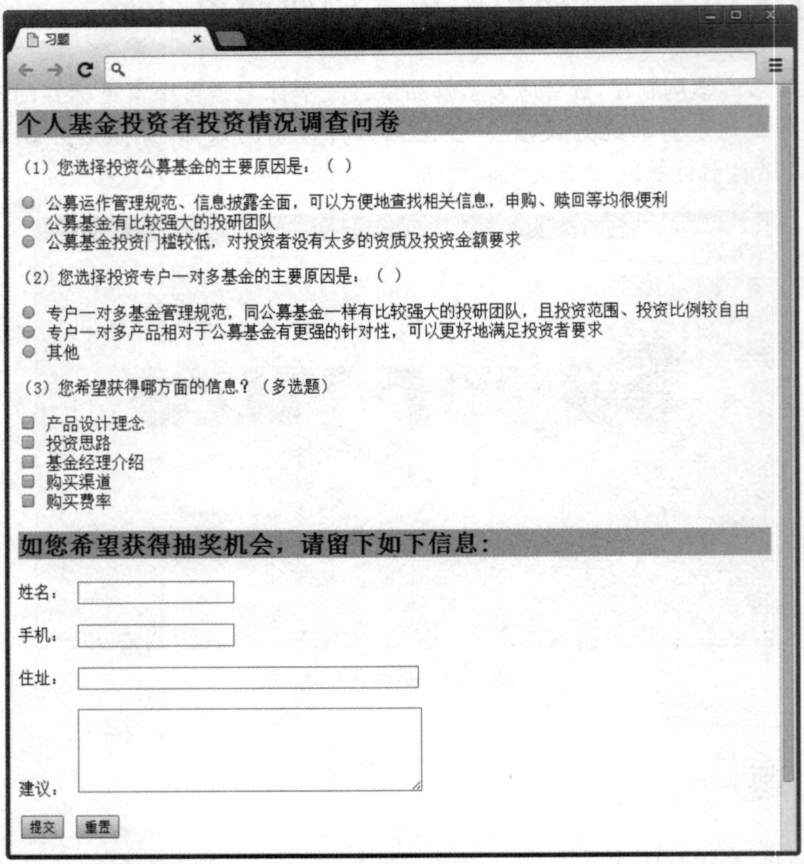

图 2-33　调查问卷

第 3 章

Dreamweaver CS6 基础与 CSS 入门

【本章导读】

在工作中，常用 Adobe Dreamweaver 工具软件构建网站和应用程序，该工具提供可视化布局功能，开发者能够快速创建站点。本章除了介绍该款软件的使用方法，还将向读者详细介绍工作中必不可少的 CSS 内容。

【学习目标】

- 熟悉 Dreamweaver 的工作环境；
- 了解站点及其相关知识，能够使用 Dreamweaver 创建和管理站点；
- 掌握 CSS 的基本语法，理解盒模型的内涵；
- 熟练掌握常用的 CSS 选择器，能够通过选择器修改指定对象的 CSS 规则。

3.1 工作环境

Adobe Dreamweaver CS6 是一个全面的专业工具集，可用于设计并部署极具吸引力的网站和 Web 应用程序。在编辑文档的状态下，Dreamweaver CS6 的工作环境如图 3-1 所示，其中常用的区域含义如下。

- 文档工具栏：该工具栏提供各种文档窗口视图，以及各种查看选项和方法。
- 代码视图：用于编辑和查看当前编辑状态下的网页源代码。
- 设计视图：该视图用于可视化页面布局、可视化编辑和快速应用程序开发的设计环境。在该视图中，Dreamweaver 显示的文档内容类似于在浏览器中查看页面时的效果。
- 属性面板：用于查看和更改所选对象或文本的各种属性，每种对象都具有不同的属性，默认状态下该面板是折叠状态。
- 标签选择器：用于显示环绕当前选定内容所在标签的层次结构。单击该层次结构中的任何标签，可以选择该标签及其全部内容。
- 文件面板：用于管理当前站点和本地的文件，类似于 Windows 资源管理器。
- CSS 样式面板：用于管理和编辑选定对象的 CSS 样式规则。

3.1.1 文档和编码工具栏

Dreamweaver CS6 包含了四种工具栏：样式呈现、文档、标准、编码。用户可以通过

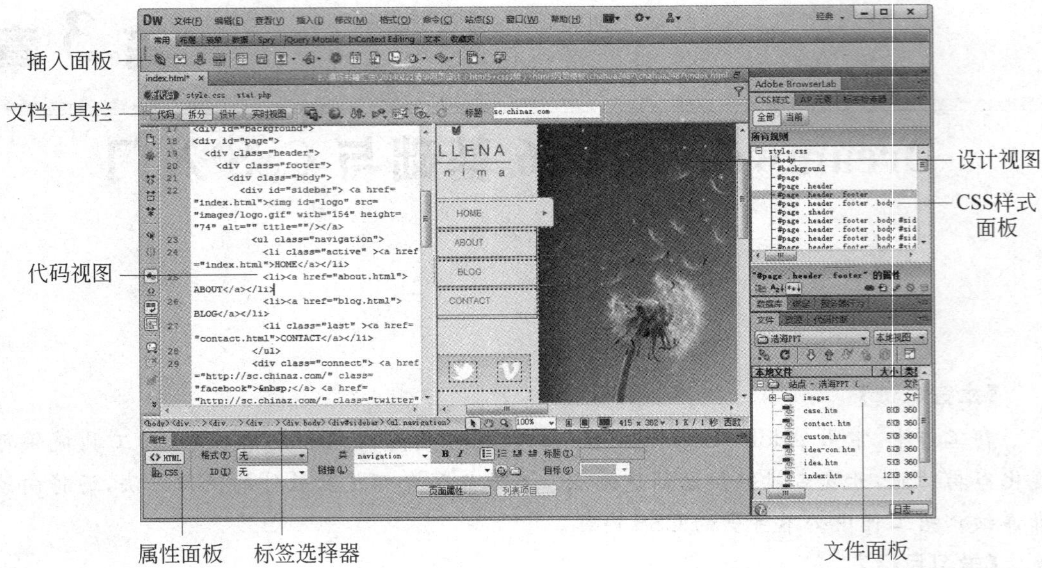

图 3-1　工作环境

执行“查看”→“工具栏”命令，打开或关闭某个工具栏。这里文档和编码工具栏较为常用，下面进行简单介绍。

1. 文档工具栏

使用文档工具栏所包含的按钮可以在文档的不同视图之间快速切换。工具栏中还包含一些与查看文档、在本地和远程站点间传输文档有关的常用命令和选项，如图 3-2 所示。

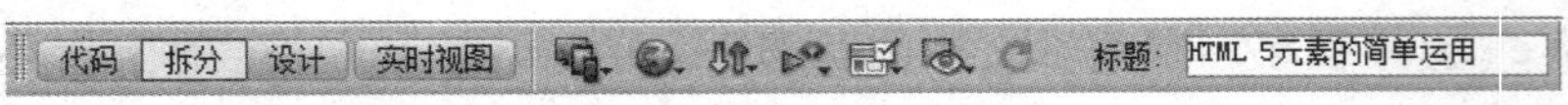

图 3-2　文档工具栏

代码(显示代码视图)：单击该按钮后，文档窗口中仅显示页面的代码。

拆分(显示代码和设计视图)：单击该按钮后，将文档窗口拆分为代码视图和设计视图。

设计(显示设计视图)：单击该按钮后，文档窗口中仅显示页面的设计界面，用户可以在此窗口中对网页元素直接编辑。

实时视图(实时视图)：显示不可编辑的、交互式的、基于浏览器的文档视图。

(多屏幕)：可以使设计师在多个设备屏幕大小不同的状态下预览当前页面。

(浏览器调试/预览)：在浏览器中预览或调试文档。

(文件管理)：弹出文件管理菜单。

(W3C 验证)：方便设计师对当前页面在线验证是否符合 W3C 的标准。

(检查浏览器兼容性)：用于检查用户的 CSS 是否对于各种浏览器均兼容。

(可视化助理)：可以使用各种可视化助理来设计页面。

(刷新设计视图)：在代码视图中对文档进行更改后刷新文档的设计视图，可以使更改内容显示在设计视图中。

标题: HTML 5元素的简单运用 (文档标题)：在此输入的文字内容，将会作为网站标题出现在浏览器左上角。

2. 编码工具栏

编码工具栏垂直显示在文档窗口的左侧，它包含可用于执行多种标准编码操作的按钮，如图 3-3 所示。

图 3-3　编码工具栏

(打开文档)：显示当前打开的文档。

(显示代码导航)：显示代码导航器。

(折叠整个标签)：折叠一组标签之间的内容。

(折叠所选)：折叠所选代码。

(扩展全部)：还原所有折叠的代码。

(选择父标签)：选择当前标签的父标签。

(选取当前代码段)：选取当前代码段。

(行号)：显示或隐藏代码的行号。

(高亮无效代码)：用黄色显示无效代码。

(自动换行)：自动换行。

(语法错误警报)：启用或禁用语法错误警报。

(应用注释)：在所选代码两侧添加注释标签。

(删除注释)：删除注释。

(环绕标签)：在所选代码两侧自动添加某个标签。

(最近的代码片段)：从“代码片段”面板中插入代码。

(移动或转换 CSS)：移动 CSS 位置，或转换 CSS 类别。

(缩进代码)：将选定内容向右移动。

(凸出代码)：将选定内容向左移动。

(格式化源代码)：将代码赋予标准格式。

3.1.2　属性面板

显示属性面板的快捷键是 Ctrl+F3，用户可以通过该面板检查和编辑当前选定页面元素(如文本和插入的对象)最常用的属性。根据选定元素的不同，属性面板所呈现的属性也不尽相同，如图 3-4 和图 3-5 所示。

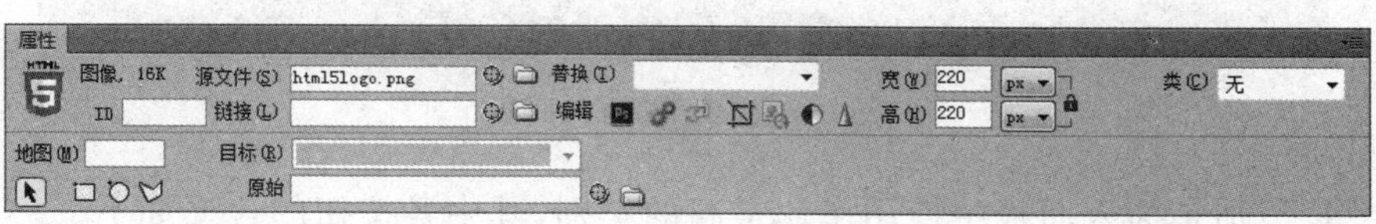

图 3-4　属性面板(选定对象为图像)

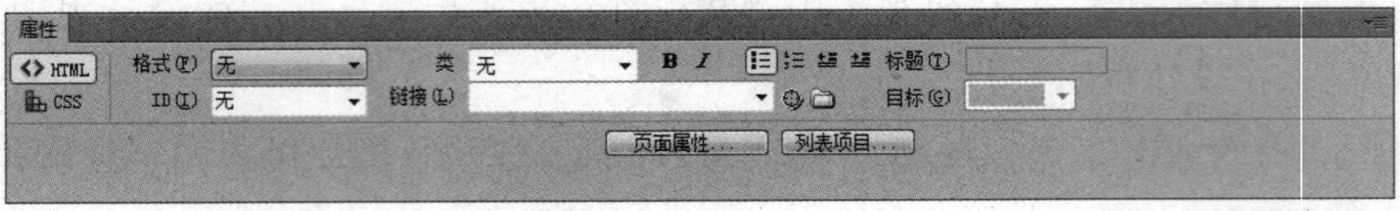

图 3-5　属性面板(选定对象为文本)

通过属性面板,用户能够快捷地修改、应用对象的基本属性,使用频率较高。

3.1.3　常用面板介绍

Dreamweaver CS6 为用户提供了可自由组合的多功能面板,大量操作可以快捷地通过面板迅速完成。

1. 插入面板

显示或隐藏插入面板的快捷键是 Ctrl＋F2。该面板包含用于创建和插入对象(例如表格、图像和链接),其中包含多种按钮。

这些按钮按 9 种类别进行组织。

(1) 常用类别:用于创建和插入最常用的对象,例如图像和表格。

(2) 布局类别:用于插入表格、表格元素、div 标签、框架和 Spry 构件。

(3) 表单类别:包含一些按钮,用于创建表单和插入表单元素。

(4) 数据类别:用于插入 Spry 数据对象和其他动态元素,例如记录集、重复区域以及插入记录表单和更新记录表单。

(5) Spry 类别:包含一些用于构建 Spry 页面的按钮,包括 Spry 数据对象和构件。

(6) jQuery Mobile 类别:可帮助用户快速设计出适合大多数移动设备的 Web 应用程序,同时可使其自身适应设备的各种尺寸。

(7) InContext Editing 类别:包含供生成 InContext 编辑页面的按钮,包括用于可编辑区域、重复区域和管理 CSS 类的按钮。

(8) 文本类别:用于插入各种文本格式和列表格式的标签。

(9) 收藏夹类别:用于将插入面板中最常用的按钮分组和组织到某一公共位置。

部分类别如图 3-6～图 3-8 所示。

图 3-6　“常用”插入面板

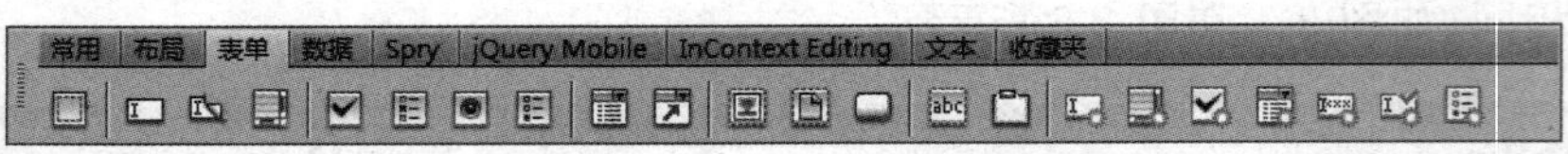

图 3-7　“表单”插入面板

“常用”类别是插入面板中使用率非常高的类别,其中各按钮的含义如下。

(超链接):在网页中插入超链接。

图 3-8　jQuery Mobile 插入面板

(电子邮件链接)：插入电子邮件链接。

(命名锚记)：用于页面内定位。

(水平线)：在光标处插入水平线。

(表格)：插入表格。

(插入 div 标签)：插入 div 标签。

(图像)：可插入图像、占位符、热点等对象。

(媒体)：可插入 Flash、FLV 等多媒体对象。

(构件)：由 HTML、CSS 和 JavaScript 组成的网页组件。

(日期)：可插入多种格式的日期。

(服务器端包括)：选择一个网页文件，将其添加到当前站点中。

(注释)：插入 HTML 注释。

(文件头)：设置文件头不同的属性。

(脚本)：插入脚本。

(模板)：创建和编辑模板。

(标签)：插入置标语言的标签，方便编辑代码。

2. “CSS 样式”面板

“CSS 样式”面板的作用在于跟踪影响当前所选页面元素的 CSS 规则和属性，打开或隐藏该面板的快捷键是 Shift＋F11，如图 3-9 所示。对于初学者来讲，“CSS 样式”面板可以用于查看和修改 CSS 规则，而随着对 CSS 的熟悉，笔者建议读者手动书写 CSS 规则，这样不仅对各种属性有进一步了解，而且编写代码的效率会大幅提升。

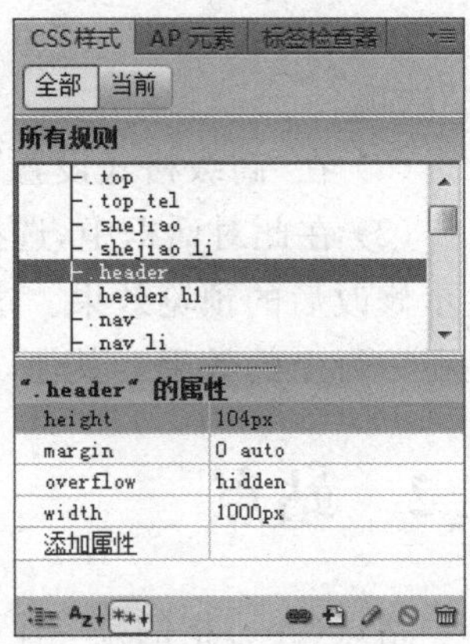

图 3-9　“CSS 样式”面板

3.1.4　常规设置

1. 首选参数设置

执行“编辑”→“首选参数”命令，或按 Ctrl＋U 键，即可打开“首选参数”对话框，如图 3-10 所示。

在该设置界面中，包含“文档选项”和“编辑选项”两类设置，部分主要的设置含义如下。

- 启用相关文件：用于查看哪些文件与当前文档相关(例如 CSS 或 JavaScript 文件)。Dreamweaver 在文档顶部为每个相关文件显示了一个按钮，单击该按钮可打开相应文件。
- 移动文件时更新链接：当移动、重命名或删除站点中的文档时所发生的操作，系

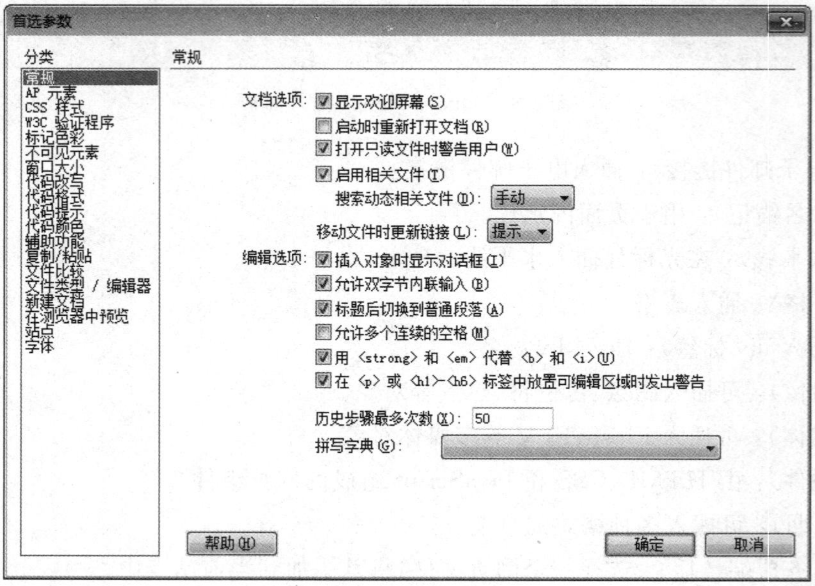

图 3-10 首选参数

统会提示用户进行何种操作。

➤ 允许多个连续的空格：指定在“设计”视图中输入两个或更多的空格时将创建不中断的空格，这些空格在浏览器中显示为多个空格。该选项主要针对习惯于在字处理程序中输入的用户。当禁用该选项时，多个空格将被当作单个空格。

➤ 历史步骤最多次数：确定在“历史记录”面板中保留和显示的步骤数。

2. 代码格式设置

(1) 执行“编辑”→“首选参数”命令，打开“首选参数”对话框。选择左侧的“代码格式”选项。

(2) 在“高级格式设置”旁单击 CSS 按钮，此时弹出如图 3-11 所示的对话框。

(3) 在此对话框中，选择要应用于 CSS 源代码的选项，即刻在下方“预览”窗格中实时显示修改后的预览效果。这里清除“每个属性位于单独的行上”复选框，即可实现属性放置在一行上的效果。其他设置效果内容读者可以自行修改，这里不再赘述。

3.2 站点

站点(site)指的是一个存储区域，它存储了一个网站的所有文件。在实际工作中，通常为每一个要处理的网站建立一个本地站点，这样可以方便地对网站内部的文件进行组织、维护和管理。

3.2.1 站点的基本概念及其创建方法

站点由文档和文件夹组成，不同的文件夹保存不同类别的网页内容，如 images 文件夹存放各种网页图像素材；style 文件夹存放 CSS 样式文件；JavaScript 文件夹存放 JS 文件。

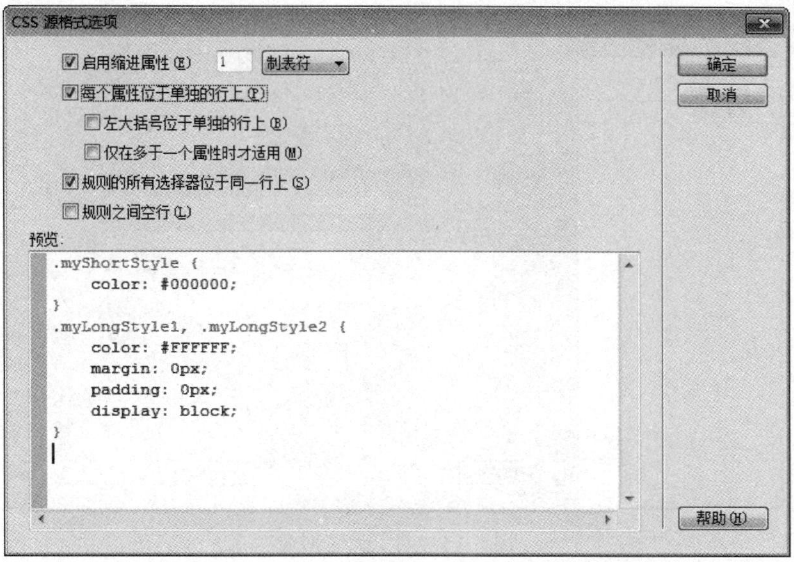

图 3-11　"CSS 源格式选项"对话框

1. 本地站点

本地站点指的是在本地计算机硬盘中创建用来储存整个网站文件的文件夹。制作网页文件的所有素材及其相关文件均要放在该站点内的文件夹下。在 Dreamweaver 中，使用"文件"面板管理站点，如图 3-12 所示。

图 3-12　"文件"面板

2. 远程站点

远程站点指的是存储于 Internet 服务器上的站点和相关文档。也就是说，用户发布到远程文件夹的文件和子文件夹是本地创建的文件和子文件夹的副本。

3. 创建本地站点

进行网页制作的第一步就是创建本地站点，站点管理会让用户的工作变得简单而富有成效，况且许多功能必须在站点中才能实现。总之，如果不是仅编辑需要的单个页面，那么就必须创建站点。

【案例 3-1】 创建"宇泽互联"站点。

① 在 Dreamweaver CS6 的菜单栏中执行"站点"→"新建站点"命令，显示如图 3-13 所示的对话框。

② 在此对话框左侧选择"站点"类别，并在右侧"站点名称"文本框中输入"宇泽互联"文字内容，然后单击按钮，在弹出的对话框中为本地站点文件夹选择存储路径。需要特别注意的是此本地文件夹可以位于本地计算机上，也可以位于网络服务器上。

③ 设置完成后，可以填写其他类别，包括"服务器"类别，还可以在其中指定远程服务

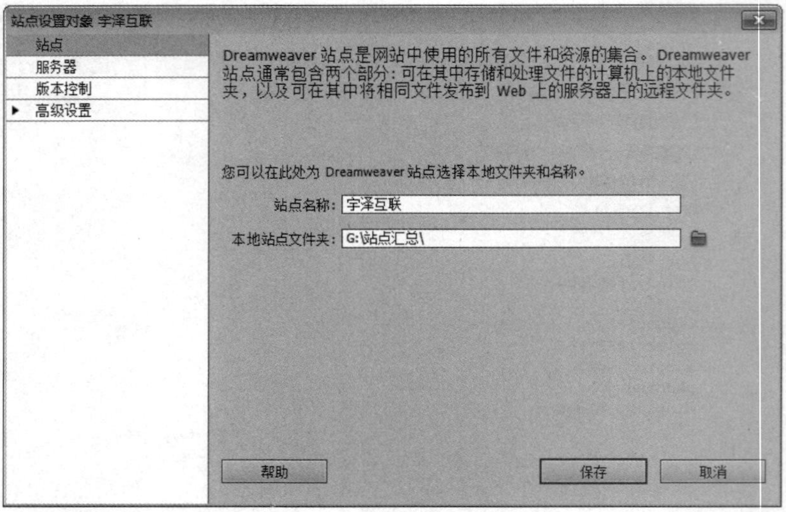

图 3-13　站点设置对象

器上的远程文件夹。由于本例不涉及发布页面操作，所以这里不需要进行任何设置。

④ 单击“保存”按钮，即可完成本地站点的创建。此时“文件”面板中立刻显示新站点的根目录，如图 3-14 所示。

3.2.2　“文件”面板的常用操作

站点创建完成后，站点内没有任何文件，下面将主要介绍站点内的基本操作，这些操作也是工作过程中的第一个环节。

1. 新建文件夹和文件

【案例 3-2】 新建文件夹和文件。

① 在成功创建站点的状态下，右击“文件”面板内站点名称，然后在弹出的右键菜单中选择“新建文件夹”选项，如图 3-15 所示。

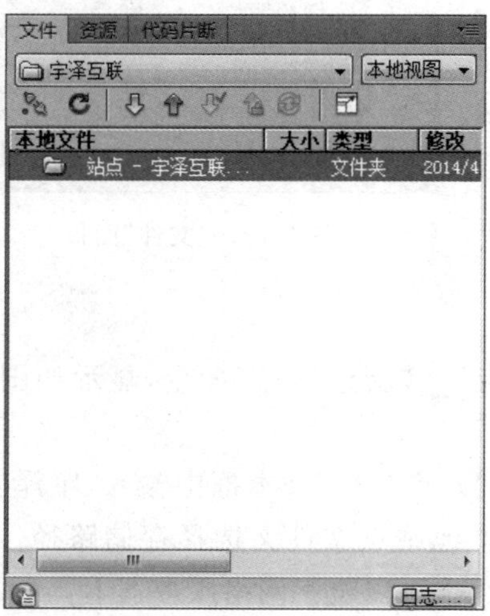

图 3-14　创建“宇泽互联”站点

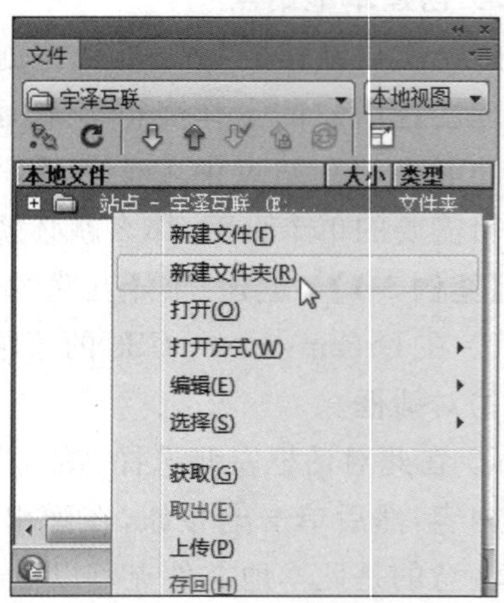

图 3-15　右键菜单

② 此时,在站点根目录下新增了一个文件夹,并且新建文件夹名称处于可编辑状态,如图 3-16 所示。这里将新建文件夹命名为 style,用于存放站点 CSS 样式文件。

③ 重复步骤②可以创建多个文件夹。此外,选中某个文件夹将其拖放到另一个文件夹上面,释放鼠标即可实现嵌套文件夹的效果,如图 3-17 所示。

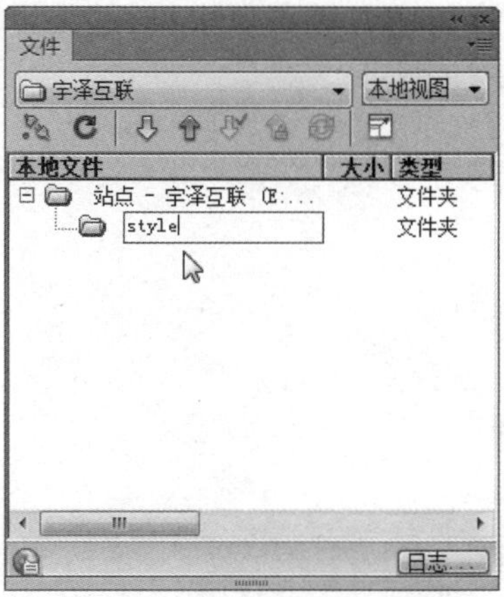

图 3-16　新建文件夹

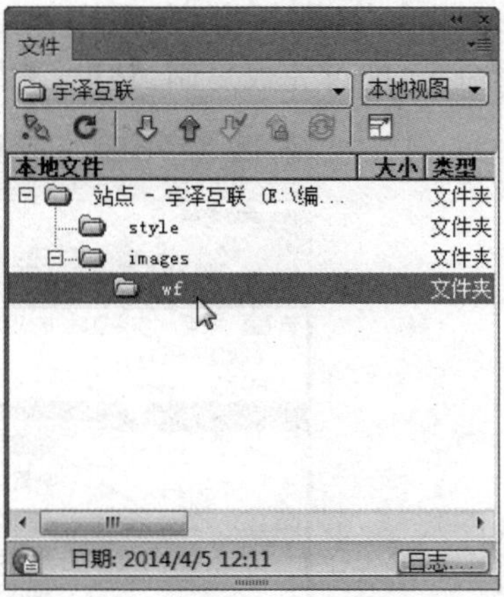

图 3-17　嵌套文件夹

④ 若想要创建网页文件,只须执行"文件"→"新建"命令,或者按 Ctrl+N 键,这时显示"新建文档"对话框。

⑤ 选择对话框左侧的"空白页"类别,从"页面类型"中选择 HTML 类型,然后在"布局"列表框中选择"无"类型。

⑥ 在"文档类型"下拉菜单中选择 HTML 5 选项,如图 3-18 所示。最后单击"创建"按钮,即可创建一个空白文档。最后,按 Ctrl+S 键保存网页文档。

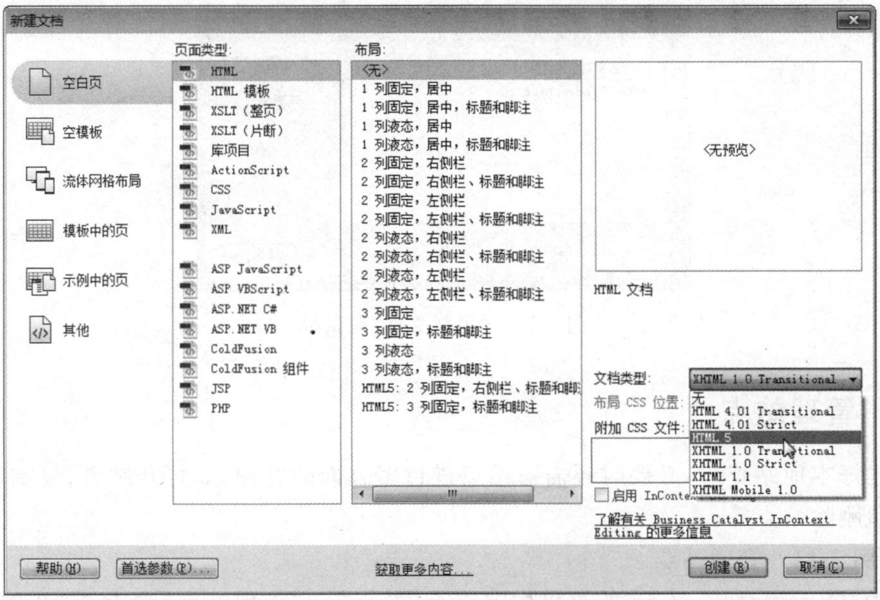

图 3-18　"新建文档"对话框

2. 站点内文件的基本操作

在“文件”面板中,可以方便地对站点内的文件执行复制、移动和删除等操作,这里以示例的方式讲述具体操作方法。

【案例 3-3】 站点内的文件基本操作。

① 在“文件”面板中,右击某个文件或文件夹,在弹出的右键菜单中执行“编辑”子菜单中的命令,即可完成复制、粘贴、删除等操作,如图 3-19 所示。

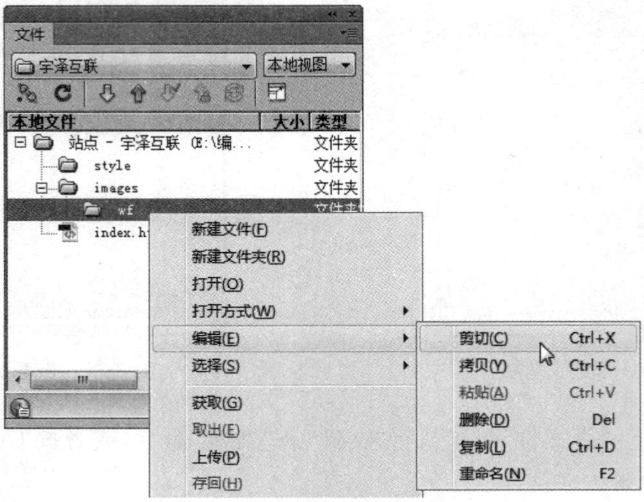

图 3-19 站点内的基本操作

② 当执行这些基本操作时,必定造成文件位置的变化,此时弹出如图 3-20 所示的对话框。单击“更新”按钮,系统将自动更新与文件相关联的链接。

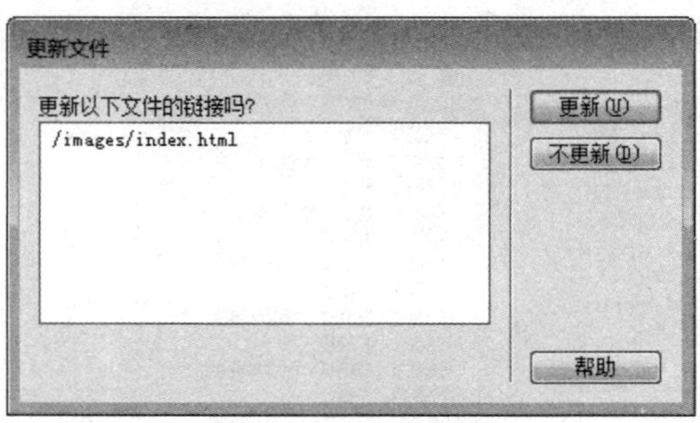

图 3-20 “更新文件”对话框

3.2.3 管理站点

创建好本地站点后,必要时还需对站点进行多方面的管理,如打开站点、复制站点、编辑站点和删除站点等。

【案例 3-4】 管理站点。

① 在 Dreamweaver CS6 的菜单栏中执行“站点”→“管理站点”命令,打开如图 3-21

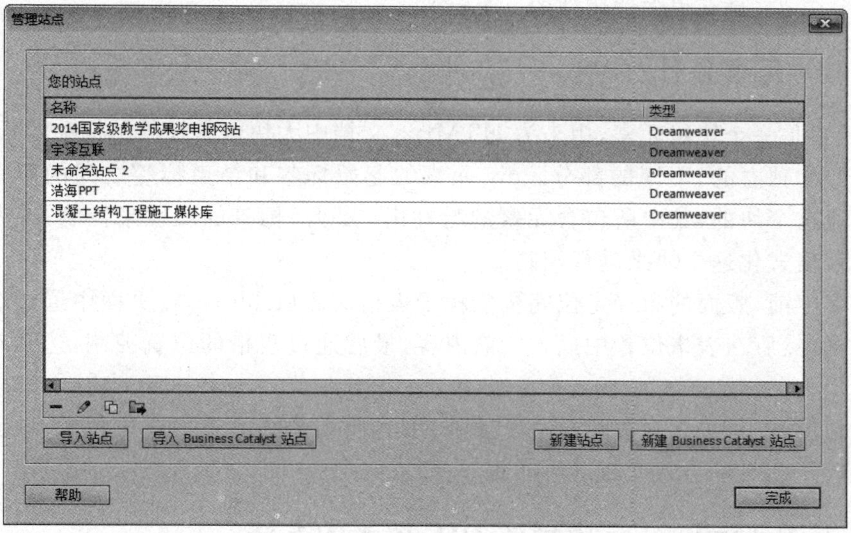

图 3-21　“管理站点”对话框

所示的对话框。

② 在列表中双击某个站点的名称，即可对该站点的信息进行编辑。

③ 如果不需要 Dreamweaver 对某个本地站点进行管理，同样可以将其从站点列表中删除。选择某个本地站点，单击按钮，经过确认后即可删除某个站点。

④ 如果需要创建多个结构类似或相同的站点，则可以利用站点的复制功能。从一个基准的站点中复制多个站点，然后根据需要再进行二次开发，这样可以极大地提高工作效率。选择某个本地站点后，单击按钮即可。

⑤ 站点导出功能可以方便地在各计算机和软件版本之间移动站点。选择某个本地站点后，单击按钮，此时弹出“导出站点”对话框。选择导出站点的保存位置后，单击“保存”按钮，Dreamweaver 将该站点的设置保存为带有.ste 扩展名的 XML 文件。

⑥ 导入站点的操作与上述步骤相反，只须在“管理站点”对话框中单击“导入站点”按钮，然后选择之前导出的站点文件即可。

3.3　重要的 div 元素

纵观目前的各类网站，其源代码中包含了许多 div 元素，如图 3-22 所示。其实<div>标签与其他标签一样，都是 HTML 文档中的一个标签，从语义上来讲它只不过是

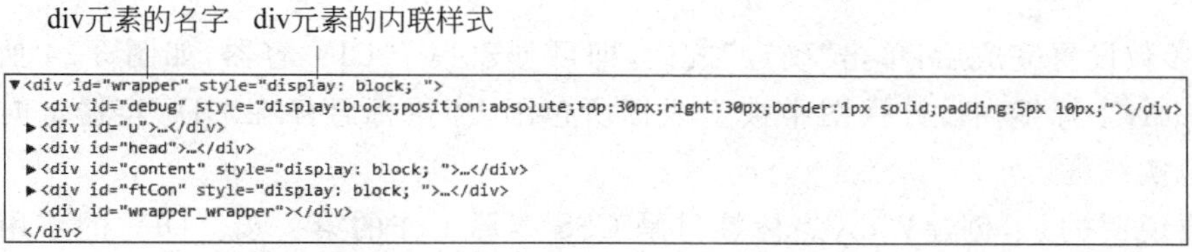

图 3-22　百度搜索页面的主体结构

一个没有语义的、具有很强适用性的一个标签。

3.3.1 div 元素是什么

div 元素是一个块级元素，用来为 HTML 5 文档中大块内容提供结构和背景，它可以把文档分割为独立的、不同的部分。div 元素的起始标签和结束标签之间的所有内容都是用来构成这个块的，其中所包含元素的特性由<div>标签的属性来控制，或者是通过使用样式表格式化这个块来进行控制。

在许多年前，版面的布局定位完全依赖于表格对象(table)。在页面中通过绘制多个嵌套的表格，然后在表格位置中插入所需内容，最后通过表格的位置控制，达到布局版面的目的。

而在目前基于 Web 标准的网站设计中，不再使用传统的表格定位技术，取而代之的是采用 DIV＋CSS 的方式实现各种布局。

3.3.2 在 Dreamweaver 中创建 DIV 容器的方法

1. 使用 Dreamweaver 中可视化功能创建 DIV 容器

借助 Dreamweaver CS6 能够快速插入<div>标签并对其应用现有样式，具体步骤用实例说明。

【案例 3-5】 使用 Dreamweaver 创建 DIV 容器。

① 启动 Dreamweaver CS6，将光标定位在需要插入 div 标签的位置。

② 执行“插入”→“布局对象”→“Div 标签”命令，或者在插入面板“布局”类别中，单击“插入 Div 标签”按钮。

③ 此时弹出如图 3-23 所示的对话框。在此对话框中，“插入”下拉列表框用于选择 div 标签的位置以及标签名称；“类”下拉菜单中显示了当前应用于标签的类样式；“ID”下拉菜单用于更改标识 DIV 容器的名称。这里在 ID 下拉菜单中输入“dx”。

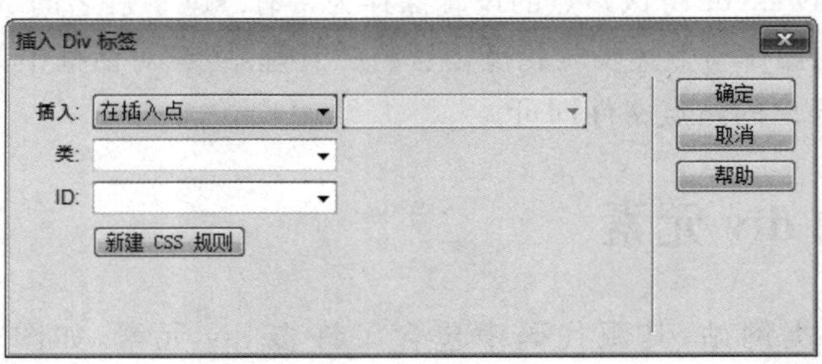

图 3-23 “插入 Div 标签”对话框

④ 参数设置完成后，单击“确定”按钮，即可创建一个 DIV 容器，如图 3-24 所示。创建后的<div>标签在设计视图中被虚线框所包围，当鼠标悬停在 DIV 容器上时虚线框变为红色实线框。

需要说明的是，创建<div>标签只是 CSS 布局工作的第一步。DIV 的作用仅是将页面中的内容元素标识出来，为内容添加样式则由 CSS 来完成。

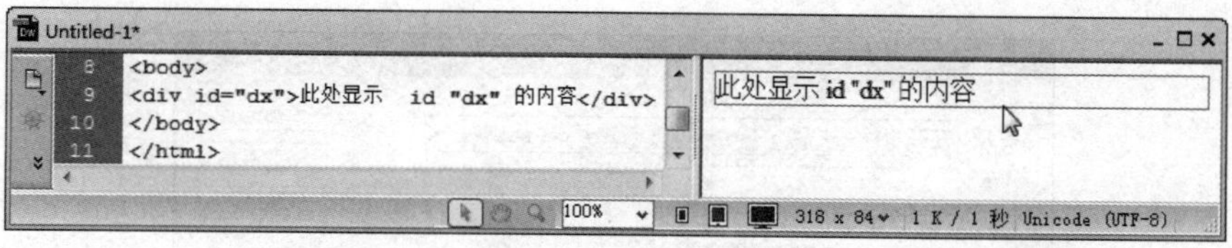

图 3-24　插入 div 标签后的拆分视图

2. 创建嵌套的 DIV 容器

div 元素是可以被嵌套的，主要用于实现更为复杂的页面排版。下面以两个实例说明嵌套的 DIV 容器之间的关系。

【案例 3-6】　未嵌套的 DIV 容器。

① 新建 HTML 5 空白文档，使用上一案例中的方法创建一个名为 top 的 DIV 容器。

② 将光标定位在“代码视图”的任意位置，在插入面板“布局”类别中，单击“插入 Div 标签”按钮▤。

③ 在弹出的对话框中，设置“插入”选项为“在标签之后”，并在后方的下拉列表框中选择<div id="top">；设置 ID 选项为 main，如图 3-25 所示。然后单击“确定”按钮，即可在 top 容器后面插入 main 容器。

④ 以同样的方法，在 main 容器后面插入名为 footer 的 DIV 容器，最终的页面结构如图 3-26 所示，布局如图 3-27 所示。

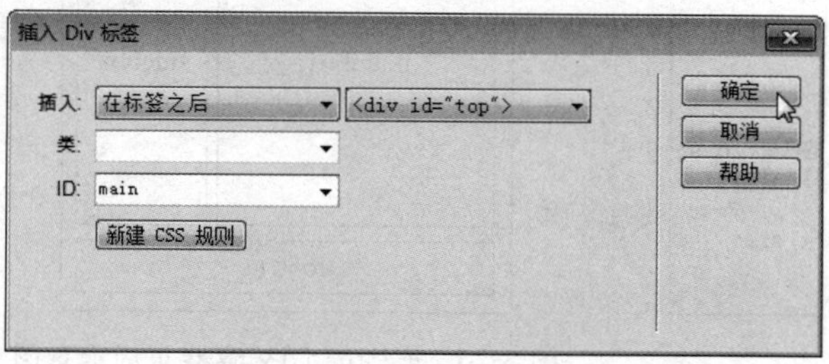

图 3-25　在 top 容器后面插入 main 容器

```
<body>
<div id="top">此处显示　id "top" 的内容</div>
<div id="main">此处显示　id "main" 的内容</div>
<div id="footer">此处显示　id "footer" 的内容</div>
</body>
```

图 3-26　未嵌套的 DIV 容器的页面结构

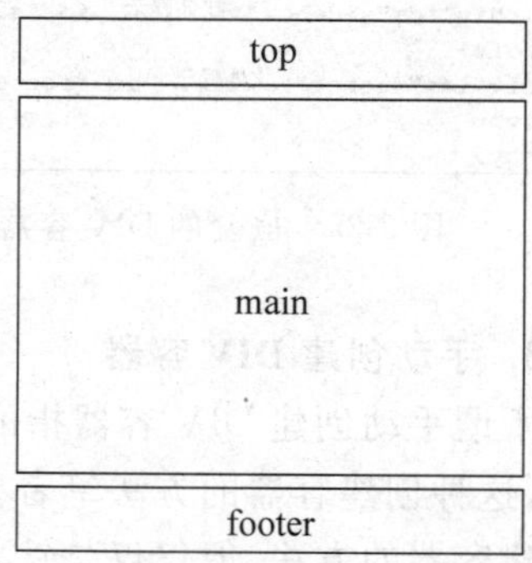

图 3-27　未嵌套的 DIV 容器布局示意图

【案例 3-7】　嵌套的 DIV 容器。

① 新建 HTML 5 空白文档，创建一个名为 container 的 DIV 容器。

② 将光标定位在“代码视图”的任意位置，在插入面板“布局”类别中，单击“插入 Div 标签”图标按钮▤。

③ 在弹出的对话框中，设置“插入”选项为“在开始标签之后”，并在后方下拉菜单中选择<div id="container">，设置 ID 选项为 top，如图 3-28 所示。然后，单击“确定”按钮，即可在 container 容器内部插入 top 容器。

④ 同样的方法，在容器后面或内部插入多个容器，最终的页面结构如图 3-29 所示，

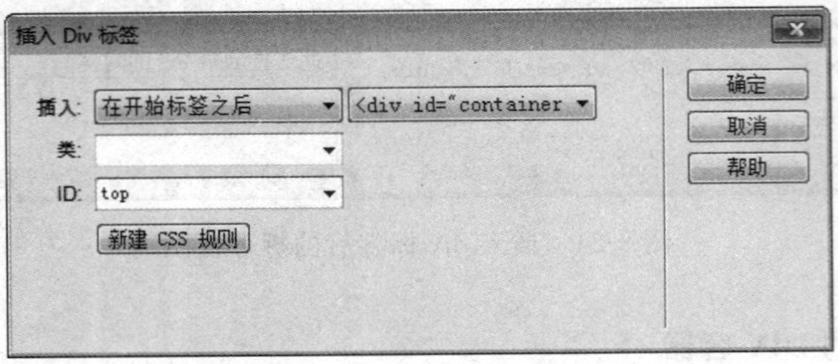

图 3-28 在 container 容器内部插入 top 容器

布局如图 3-30 所示。

本案例中,id＝"container"的 DIV 作为盛放其他元素的容器,它所包含的所有元素对于 id＝"container"的 DIV 来说都是嵌套关系。对于 id＝"main"的 DIV 容器,则根据实际情况进行布局,这里分别定义 id＝"mainbox"和 id＝"sidebox"的两个＜div＞标签。虽然新定义的＜div＞标签之间是并列的关系,但都处于 id＝"main"的＜div＞标签内部,因此它们与 id＝"main"的 DIV 形成了一个嵌套关系。

```
<body>
<div id="container">
  <div id="top">此处显示  id "top" 的内容</div>
  <div id="main">
    <div id="mainbox">此处显示  id "mainbox" 的内容</div>
    <div id="sidebox">此处显示  id "sidebox" 的内容</div>
  </div>
  <div id="footer">此处显示  id "footer" 的内容</div>
</div>
</body>
```

图 3-29 嵌套的 DIV 容器页面结构

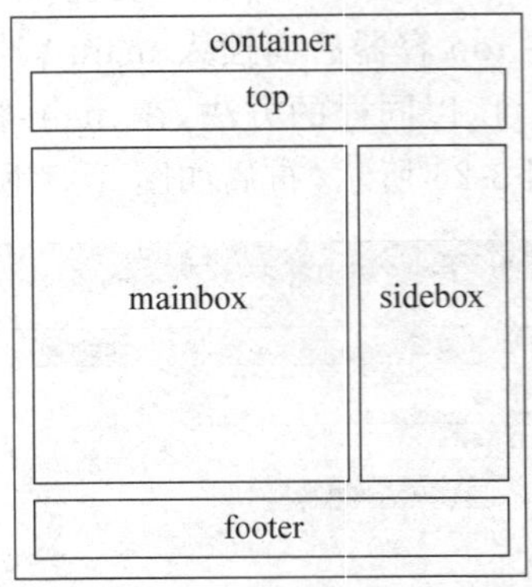

图 3-30 嵌套的 DIV 容器布局示意图

3. 手动创建 DIV 容器

所谓手动创建 DIV 容器指的是,直接在 Dreamweaver 的代码视图中输入相关标签的做法,这种创建容器的方法笔者极力推荐。虽然上述案例中使用 Dreamweaver 提供可视化创建容器的方法,但仅仅是针对初学者,而在实际工作中,直接修改源代码的工作效率远远高于可视化的方法。

为了让读者尽早地熟悉和掌握各类标签的使用方法,这里约定本教材所讲授的案例中采用"可视化创建容器"和"手动创建容器"交替进行的方法来实现页面结构。

3.4 CSS 入门

HTML 5 和 CSS 3 将改变 Web 世界。虽然 W3C 目前仍然在对 CSS 3 规范进行开发,但这并不影响设计师对它的使用,因为现在的浏览器已经实现了相当多的 CSS 3 属性。本节向读者介绍有关 CSS 3 的基本知识。

3.4.1　什么是 CSS

CSS(Cascading Style Sheet,层叠样式表)是由 W3C(万维网联盟)的 CSS 工作组创建和维护的。它是一种不需要编译,可直接由浏览器执行的标记性语言,用于控制 Web 页面的外观。通过使用 CSS 样式控制页面各元素的属性显示,可将页面的内容与表现形式进行分离。

1. CSS 3 的由来

CSS 有多种版本,CSS 1 是 1996 年 W3C 的一个正式规范,其中包含最基本的属性(如字体、颜色和空白边)。CSS 2 是在 CSS 1 的基础上增添了某些高级概念(如浮动和定位)以及高级的选择器(如子选择器、相邻同胞选择器和通用选择器),并于 1998 年作为正式规范发布。CSS 3 是 CSS 2 技术的一个升级版本,它将以前的规范分解为多个小模块进行管理,这些模块包括盒子模型、列表模块、超链接方式、语言模块、背景和边框、文字特效和多栏布局等。

2. CSS 在网页设计中的作用

表现与结构相分离,使得网页可以仅由内容组成,而将所有网页的风格控制指向 CSS 样式文件,示意图如图 3-31 所示。

图 3-31　CSS 作用示意图

这样做的好处表现在以下几个方面。

(1) 简化了网页的格式代码,外部样式被暂存在浏览器缓存中,加快了显示速度。

(2) 方便网页风格的同时更新,缩短更新和维护的时间。

(3) 由于代码减少,汇总起来能够节约很多流量,这样便间接地减少了服务器和带宽的费用,节约资金。

3.4.2　CSS 语法与链接方法

1. CSS 语法

CSS 语言由两部分构成:一部分是选择器(selector);另一部分是一条或多条声明。这里声明由一个属性(property)和一个属性值(value)组成。基本格式如下。

```
selector { property: value; }
```

选择器通常是需要改变样式的 HTML 5 元素或用户自定义的 ID 名称和类名称；属性则是希望设置的样式属性。

例如，将 HTML 5 页面中 footer 元素的内容居中，字体大小设置为 12px(像素)，其代码如下。

```
footer {
    text-align:center;
    font-size:12px;
}
```

在这个例子中，footer 是选择器，text-align 和 font-size 是属性，center 和 12px 是值。

2. 链接方法

要想通过 CSS 控制页面元素的外观，必须将 CSS 文档与网页文档建立链接。方法有三种，即内联样式(Inline Style)、内部样式(Internal Style Sheet)和外部样式(External Style Sheet)。

(1) 内联样式

内联样式是混合在 HTML 5 标签中使用的，这种方法可以很简单地对某个元素单独定义样式。例如：

```
<p style="font-size:20px; ">内联样式。</p>
```

内联样式仅作用于当前元素 p，其他段落元素不受其影响。

(2) 内部样式

内部样式是把样式表放到页面的<head>区域内，这种链接方式决定了该样式表将作用于本页面，不能控制其他页面。例如：

```
<head>
<meta charset="utf-8">
<title>内部样式</title>
<style type="text/css">
   body { background: #FF0; }
</style>
</head>
```

(3) 外部样式

外部样式是把 CSS 单独写到一个 CSS 文件内，然后在源代码中以 link 方式链接，书写在<head>区域内。它的好处是不但本页可以调用，其他页面也可以调用，这种处理方式是实际工作中最常用的一种形式。例如：

```
<link href="style/div.css" rel="stylesheet" type="text/css" />
```

【案例 3-8】 CSS 语法。

① 打开 Dreamweaver CS6，新建 HTML 5 网页。

② 单击“拆分”按钮，切换为拆分视图，在界面左侧的代码视图中书写如下代码。

```
<!doctype html>
```

```
<html>
<head>
<meta charset="utf-8">
<title>CSS 语法</title>
<style type="text/css">
    body {background: #FF0;}/* 设置页面背景色为黄色* /
    h1 {color: blue;}/* 设置标题为蓝色* /
    a {font-family: "微软雅黑";}/* 设置超链接字体* /
</style>
</head>
<body>
<header>
    <h1 style="color:red;">CSS 语法练习(这里的字体为红色)</h1>
    <nav>
        <ul>
            <li><a href="#">首页</a></li>
            <li><a href="#">语法</a></li>
            <li><a href="#">测试</a></li>
        </ul>
    </nav>
</header>
</body>
</html>
```

两处都为h1元素编写了CSS规则，但实际预览效果仅显示为一种，这说明内联样式的优先级高于内部样式

③ 保存本网页后，通过浏览器预览，其效果如图 3-32 所示。

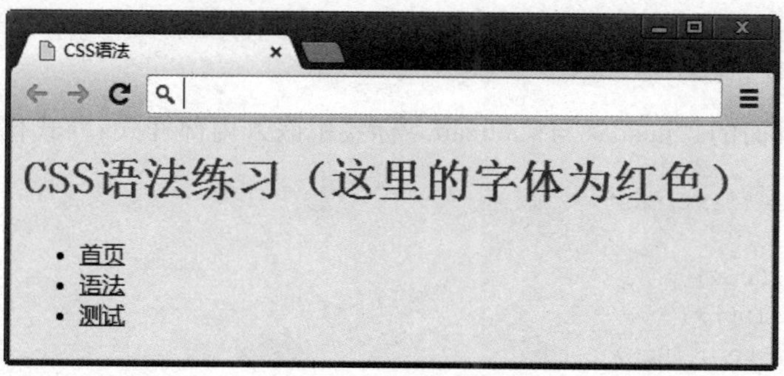

图 3-32　案例 3-8 的预览效果

3.4.3　盒子模型

盒模型(Box Model)是 CSS 控制页面时的重要概念，它指定了元素如何显示以及如何相互交互。CSS 3 标准里引入了一些新盒子模型的参数，使设计者在 CSS 2 的基础上能更灵活地调整页面上各个容器的大小和位置。

在网页设计中，页面中的每个元素可以理解为一个矩形框，这个框由元素的内容、内边距(padding)、边框(border)和外边距(margin)组成，示意图如图 3-33 所示。

对于盒模型的相关属性可以这样理解，假如用户购买了一台冰箱，那么冰箱对应的就是网页中的实际内容，冰箱外面包裹的塑料泡沫对应的就是内边距(padding)，包装冰箱

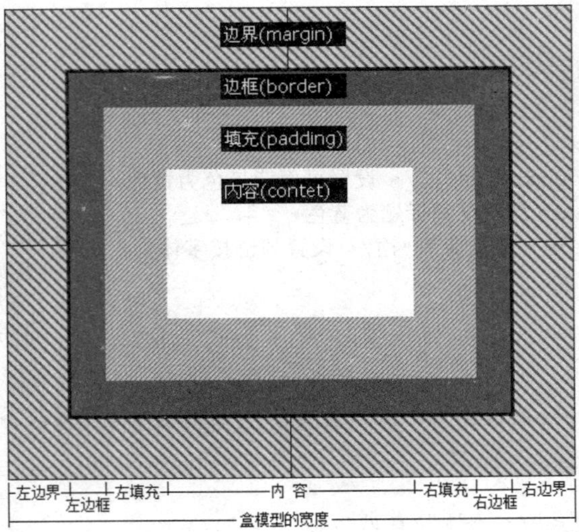

图 3-33 盒子模型

的纸盒子对应的就是边框(border),如果多台冰箱放在一起,冰箱与冰箱之间的距离对应的就是外边距(margin)。

【案例 3-9】 盒子模型。

① 打开 Dreamweaver CS6,新建 HTML 5 网页,并在<body>与</body>标签内部增加如下代码。

```
<div id="box1">box1</div>
<div id="box2">box2</div>
```

② 在当前页面的<head>与</head>标签中嵌入内部样式,样式代码如下。

```
<style type="text/css">
#box1 {
    width: 100px;
    height: 100px;
    padding-top: 10px;
    border: #F00 solid 5px;
            /*设置边框为红色实线外观,宽度为 5px*/
    margin-bottom: 10px;
}
#box2 {
    width: 50px;
    height: 50px;
    padding: 10px;
    border: #F00 solid 5px;
    margin: 10px;
}
</style>
```

③ 保存本网页后,通过浏览器预览,其效果如图 3-34 所示。

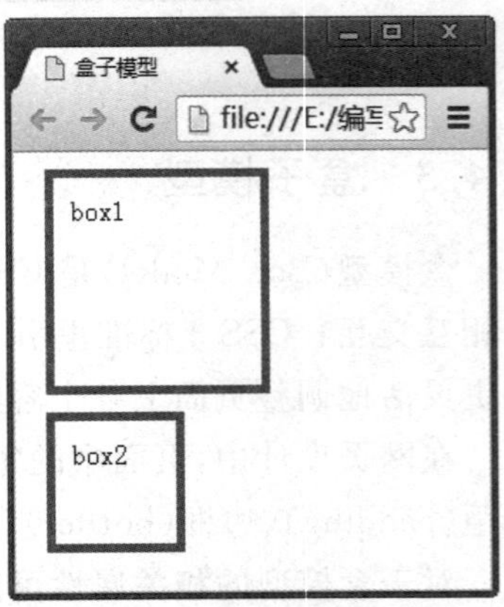

图 3-34 案例 3-9 的预览效果

需要注意的是，box1 实际的高度为 130px(5px＋10px＋100px＋5px＋10px)，box2 实际的高度为 100px(10px＋5px＋10px＋50px＋10px＋5px＋10px)。

1. border-radius 属性

在 CSS 2 中，设计师为了实现圆角设计，需要花费更多的时间。在 CSS 3 中则可以直接使用 border-radius 属性创建圆角边框。该属性可以包含两个参数：第一个值表示圆角的水平半径，第二个值表示圆角的垂直半径，其标准的书写方式为“border-radius：10px/20px；”，如果水平半径和垂直半径相同，也可以书写为“border-radius：10px；”。

此外，如果想要为矩形设置四个不同的圆角半径，则不能使用斜杠方式来定义规则，而是要书写为“border-radius：10px 20px 30px 40px；”。

2. box-shadow 属性

在 CSS 3 中，box-shadow 属性用于向方框添加阴影。box-shadow 属性的使用方法如下。

```
box-shadow: length length length color;
```

其中，前三个 length 分别指阴影离开对象的横向距离、阴影离开对象的纵向距离、阴影离开对象的模糊半径，而 color 指的是阴影的颜色。

3. border-image 属性

CSS 3 的 border-image 属性，可以方便设计师使用图片来创建边框。该属性会让浏览器在显示图像边框时，自动将所使用的图像分割为 9 部分进行处理，不再需要设计师人工处理。

border-image 属性标准的使用方法如下。

```
border-image: url(图像的路径) A B C D
```

其中，A、B、C、D 四个参数表示浏览器对图像分割时的上边距、右边距、下边距和左边距，如图 3-35 所示。

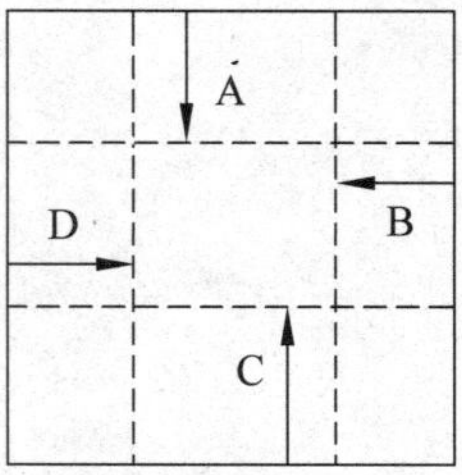

图 3-35 参数示意图

【案例 3-10】 盒子模型相关属性。

① 打开 Dreamweaver CS6，新建 HTML 5 网页，并在<body>与</body>标签内部增加如下代码。

```
<div id="box1" class="box">box1</div>
<div id="box2" class="box">box2</div>
<div id="box3" class="box">box3</div>
```

② 在当前页面的<head>与</head>标签中嵌入内部样式，样式代码如下。

```
<style type="text/css">
.box {
    width: 100px;
    height: 100px;
    padding: 10px;
    border: #F00 solid 26px;                /*这里边框设置为 26 像素*/
```

```
    margin-bottom: 20px;
}
#box1 {
    border-radius: 40px/30px;                    /*设置盒子圆角边框*/
    box-shadow: 10px 10px 10px gray;             /*设置阴影效果和阴影颜色*/
}
#box2 {
    border-radius: 20px 30px 60px 80px;          /*设置盒子圆角边框*/
    box-shadow: 10px 10px 0 gray;                /*设置阴影效果和阴影颜色*/
}
#box3 {
    border-image: url(border.png) 26 26 26 26;
}                                                /*设置盒子边框图像*/
</style>
```

③ 保存本网页后,通过浏览器预览,其效果如图 3-36 所示。

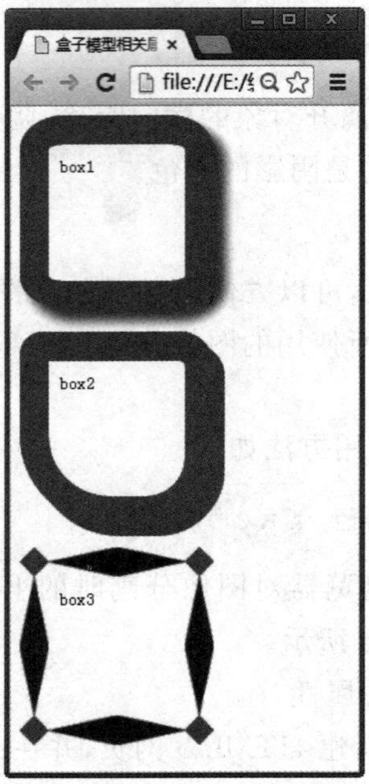

图 3-36 案例 3-10 的预览效果

3.5 常见的 CSS 选择器

选择器是 CSS 的重要内容,使用它可以大幅提高开发人员修改样式的工作效率。由于选择器的内容非常多,本节将介绍 CSS 2 中常见的选择器,以及 CSS 3 中部分新增的选择器,而选择器的更多内容将在后续章节配合着案例进行介绍。

目前,大多数网站的开发人员习惯使用元素的 class 属性服务于样式,而 class 属性可以使用在文本框中,也可以使用在按钮中,这样在洋洋洒洒的 CSS 代码中显得非常混乱,修改样式时也不方便。在 CSS 3 中,倡导使用选择器来将样式与元素直接绑定起来,这样在样式表中什么样式与什么元素相匹配变得一目了然。不仅如此，开发人员还可以通过选择器实现各种复杂的指定，同时减少样式表的代码书写量。

3.5.1 通配符选择器与类型选择器

1. 通配符选择器

通配符选择器用“*”进行表示，用于清理标签的默认样式。如果单独使用，其作用范围是页面中所有元素。而在实际工作中，由于通配符选择器比较耗费资源，所以不提倡直接使用该选择器。

2. 类型选择器

类型选择器是指以网页中已有标签类型作为名称的选择器，如 body、header 和 p 等。

【案例 3-11】 通配符选择器与类型选择器。

① 打开 Dreamweaver CS6，新建 HTML 5 网页，并在<body>与</body>标签内部增加如下代码。

```
<h2>通配符选择器与类型选择器</h2>
<p>(1) 通配符选择器用“*”进行表示，用于统一标签的默认样式。</p>
<p>(2) 类型选择器指的是以网页中<span>已有标签类型</span>作为名称的选择器。</p>
```

② 在当前页面的<head>与</head>标签中嵌入内部样式，样式代码如下。

```
<style type="text/css">
*{
    margin: 0;
    padding: 0;
    border: 0;
}                              /*初始化页面所有标签的默认样式*/
h2{font-family: "黑体";}       /*设置标题字体为黑体——类型选择器*/
p*{font-size: 30px;}
  /*设置 p 标签内的所有元素字体大小为 30px——类型选择器与通配符选择器的混合使用*/
</style>
```

③ 保存本网页后，通过浏览器预览，其效果如图 3-37 所示。

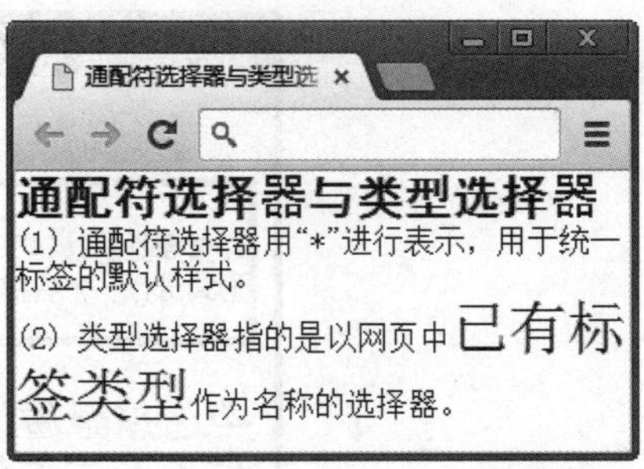

图 3-37 案例 3-11 的预览效果

3.5.2 ID 选择器与类选择器

1. ID 选择器

ID 选择器书写时以“#”开头。对于一个 HTML 5 文档来说，其中的每一个标签都可以使用 id=""的形式进行一个名称指派，但需要注意，文件中 id 属性具有唯一性是不可以重复的。

2. 类选择器

类选择器通过直接引用元素中类属性的值而产生效果，这个应用前面总是有一个句点“.”,这个句点用来标识一个类选择器,类名可以随意命名,但最好根据元素的用途来定义一个有意义的名称。

ID 选择器与类选择器最大的区别在于,前者定义的 CSS 规则,仅作用于一个元素,而后者定义的 CSS 规则,可以同时作用于不同类别或多个元素。

【案例 3-12】 ID 选择器与类选择器。

① 打开 Dreamweaver CS6,新建 HTML 5 网页,并在＜body＞与＜/body＞标签内部增加如下代码。

```
<div id="box_1">
    <p>ID选择器是以“#”开头,每个标签都可以使用<span class="size">id=""</span>的
        形式进行一个名称指派。</p>
</div>
<div class="size" >
    <p>类选择器通过直接引用元素中类属性的值而产生效果,这个应用前面总是有一个句点
        “.”。</p>
</div>
```

② 在当前页面的＜head＞与＜/head＞标签中嵌入内部样式,样式代码如下。

```
<style type="text/css">
#box_1 {
    width: 400px;
    border: 5px #03F solid;
}                    /* 创建名为"box_1"的规则,设置宽度,增加蓝色边框。*/
.size {
    font-size: 24px;
    font-style:italic;
}
/* 创建名为 size 的类规则,改变字体大小,并设置为斜体。*/
</style>
```

③ 保存本网页后,通过浏览器预览,其效果如图 3-38 所示。

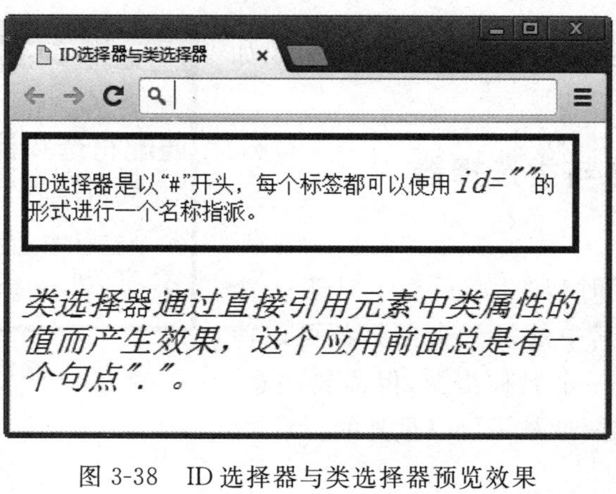

图 3-38 ID 选择器与类选择器预览效果

3.5.3 包含选择器与群组选择器

1. 包含选择器

当用户想要选取 X 元素下的子元素 Y 时，包含选择器就能发挥作用。这种方式的选择器将选取其下所有匹配的子元素，且忽视层级关系，示例代码如下。

```
li a {text-decoration:none;}          /* 此规则作用的对象是 li 元素所包含的 a 元素 */
```

2. 群组选择器

当用户需要对一组不同的标签进行相同样式的指派时，群组选择器就派上了用场。群组选择器使用逗号对选择器进行分隔，这样书写的优点在于同样的样式只须书写一次，减少了代码书写量，示例代码如下。

```
body,ul,li,a,p{margin:0;padding:0;}          /* 此规则将作用于多个元素上面 */
```

【案例 3-13】 包含选择器与群组选择器。

① 打开 Dreamweaver CS6，新建 HTML 5 网页，并在<body>与</body>标签内部增加如下代码。

```
<h1>这里是 h1 标签内的<span>文字</span></h1>
<p>这里是 p 标签内的文字</p>
<p class="myclass">这里是带有 myclass 类属性的 p 标签内的文字</p>
<div id="main">这里是带有 id 属性的 div 元素内的文字 </div>
```

② 在当前页面的<head>与</head>标签中嵌入内部样式，样式代码如下。

```
<style type="text/css">
body, h1, p {
    margin: 0;
    padding: 0;
}                                    /* 群组选择器,常用于页面元素初始化 */
h1 span {font-size: 30px;}           /* 设置字体大小——包含选择器 */
h1, p, .myclass, #main {
    font-size: 16px;
    border: 2px solid #F00;
    margin-bottom: 10px;
}                                /* 设置字体大小和边框,以及盒模型相关属性——群组选择器 */
</style>
```

③ 保存本网页后，通过浏览器预览，其效果如图 3-39 所示。

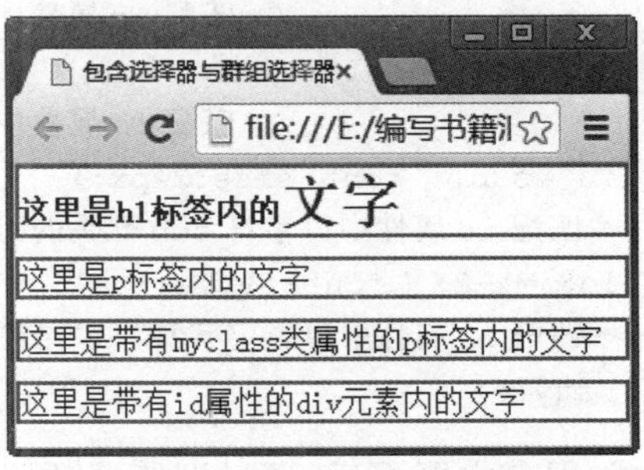

图 3-39 包含选择器与群组选择器预览效果

3.5.4 属性选择器

属性选择器可以根据对象是否具有某个属性，或者该属性是否有某个特定值来决定是否要应用样式。在 CSS 3 中，增加了三个属性选择器,这使得属性选择器有了通配符的概念。下面是 CSS 2 和 CSS 3 中常见的属性选择器,其中 E 表示选择器(可以省略不写),attr 表示属性名称,val 表示属性值。

E[attr]: 选择所有包含 attr 属性的元素(无论值如何)。

E[attr＝val]: 选择所包含 attr 属性,且 attr 值为 val 的元素。

E[attr^＝val]: 选择所有包含 attr 属性,且 attr 值以 val 开头的元素。

E[attr $ ＝val]: 选择所有包含 attr 属性,且 attr 值以 val 结束的元素。

E[attr ∗ ＝val]: 选择所有包含 attr 属性,且 attr 值中包含 val 的元素。

【案例 3-14】 属性选择器。

① 打开 Dreamweaver CS6,新建 HTML 5 网页,并在＜body＞与＜/body＞标签内部增加如下代码。

```
<h1>属性选择器</h1>
<nav id="yz1">演示文本 yz1
    <ul>
        <li><a href="world 文档.docx">world 文档</a></li>
        <li><a href="ppt 文档.pptx">ppt 文档</a></li>
    </ul>
</nav>
<div id="yz2">演示文本 yz2</div>
<div id="subyz2-1">演示文本 subyz2-1</div>
<div id="subyz2-2">演示文本 subyz2-2</div>
```

② 在当前页面的＜head＞与＜/head＞标签中嵌入内部样式,样式代码如下。

```
<style type="text/css">
li {list-style: none;}      /*清除列表的默认样式*/
a[href$ ="docx"] {
    background: url(doc.png) no-repeat left center;
    padding-left: 25px;
}                       /*匹配 href 属性中,以 docx 结尾的元素,为其设置缩进和背景图*/
a[href$ ="pptx"] {
    background: url(ppt.png) no-repeat left center;
    padding-left: 25px;
}                   /*匹配 href 属性中,以 pptx 结尾的元素,为其设置缩进和背景图*/
[id=yz1] { background:#FC0;}
                    /*匹配 id 属性中属性值为 yz1 的元素,设置背景色为橙色*/
[id*=yz] { color:red;}
                    /*匹配 id 属性中包含指定字符 yz 的所有元素,设置文本颜色为红色*/
[id^=sub] { font-size:24px;}
/*匹配 id 属性中以字符 sub 开头的元素,设置字体大小为 24 像素*/
[id$ =\-2] { font-style:italic;}
/*匹配 id 属性中以指定字符"-2"结尾的元素,设置字体为斜体*/
</style>
```

③ 保存本网页后,通过浏览器预览,其效果如图 3-40 所示。

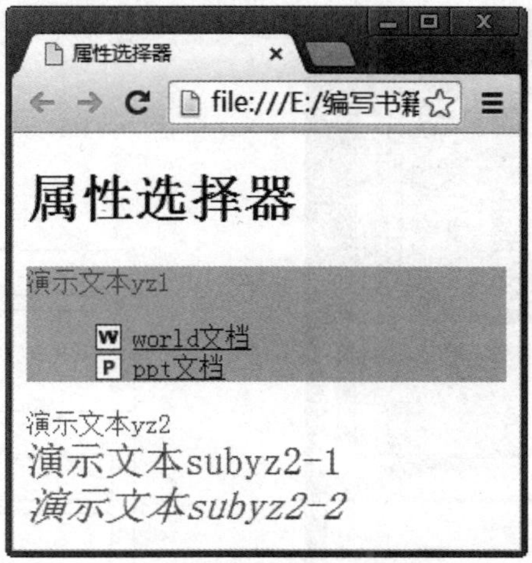

图 3-40　属性选择器预览效果

3.6　过程指导——淘宝店铺周年庆专题页面

本节将使用 Dreamweaver CS6 软件，结合相关的 CSS 基本内容，向读者详细介绍网页前端设计师是如何将效果图转化为网页的，请读者着重体会从创建页面到制作完成的整个过程。

3.6.1　过程分析

本节的任务是完成"淘宝店铺周年庆专题页面"的制作，其最终页面效果如图 3-41 所示。该网站以周年店庆为主题，选择红色作为基本色，从页面整个布局来看，可以分为头部区域、banner 区域、主体内容区域和底部的版权区域。其中主体内容区域又包含 4 个活动内容。通过对页面的仔细观察以及成熟的思考，将页面的布局规划图展示出来，如图 3-42 所示。

3.6.2　步骤详解

1. 创建站点

(1) 启动 Dreamweaver CS6，执行"站点"→"新建站点"命令，显示"站点设置对象"对话框，如图 3-43 所示。

(2) 在此对话框左侧列表中选择"站点"选项，并在右侧"站点名称"文本框中输入"电子竞技活动页面"，然后单击图标按钮，为本地站点文件夹选择存储路径。最后，单击"保存"按钮，完成本地站点的创建。

(3) 在"文件"面板中站点根目录下分别创建用于放置图片的 images 文件夹和放置 CSS 文件的 style 文件夹。

(4) 将所需图片素材复制到站点的 images 文件夹内，如图 3-44 所示。

图 3-41　淘宝店铺周年庆专题页面预览效果

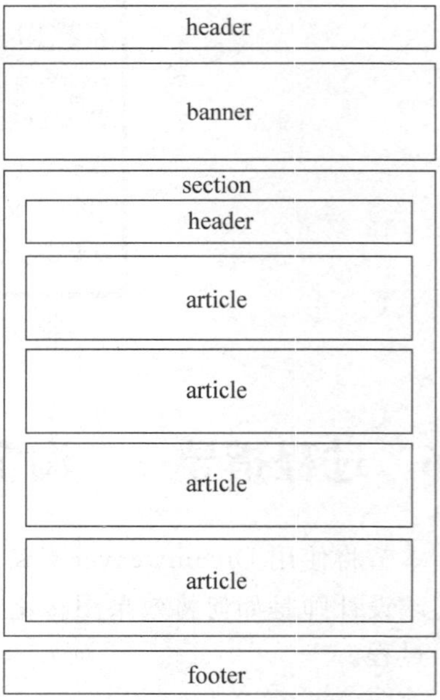

图 3-42　淘宝店铺周年庆专题页面布局示意图

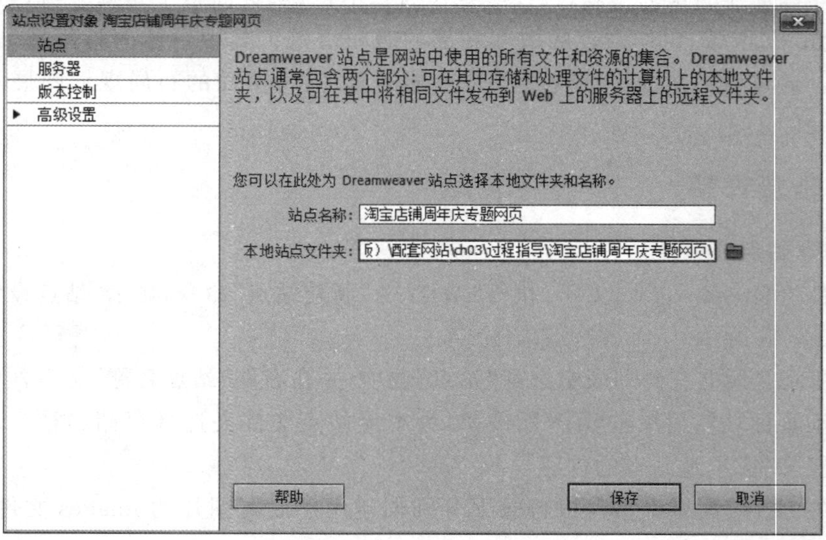

图 3-43　设置创建的站点

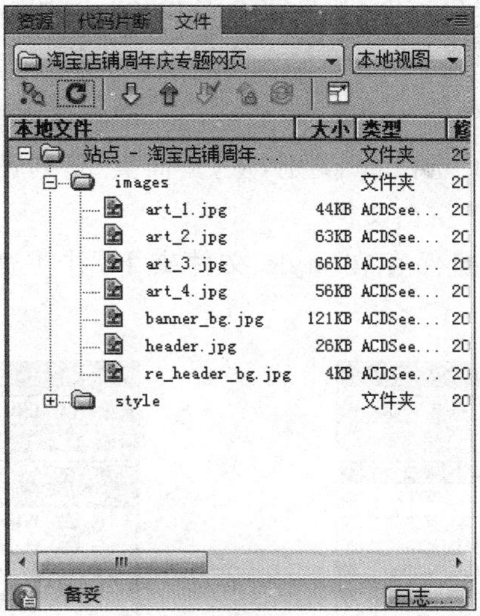

图 3-44　创建文件夹

2. 创建空白文档

(1) 执行菜单栏中的“文件”→“新建”命令，显示“新建文档”对话框。

(2) 选择对话框左侧的“空白页”类别，从“页面类型”中选择 HTML 类型，然后在“布局”列中选择“无”类型。

(3) 在“文档类型”下拉菜单中选择 HTML 5 选项，如图 3-45 所示。最后单击“创建”按钮，即可创建一个空白文档。

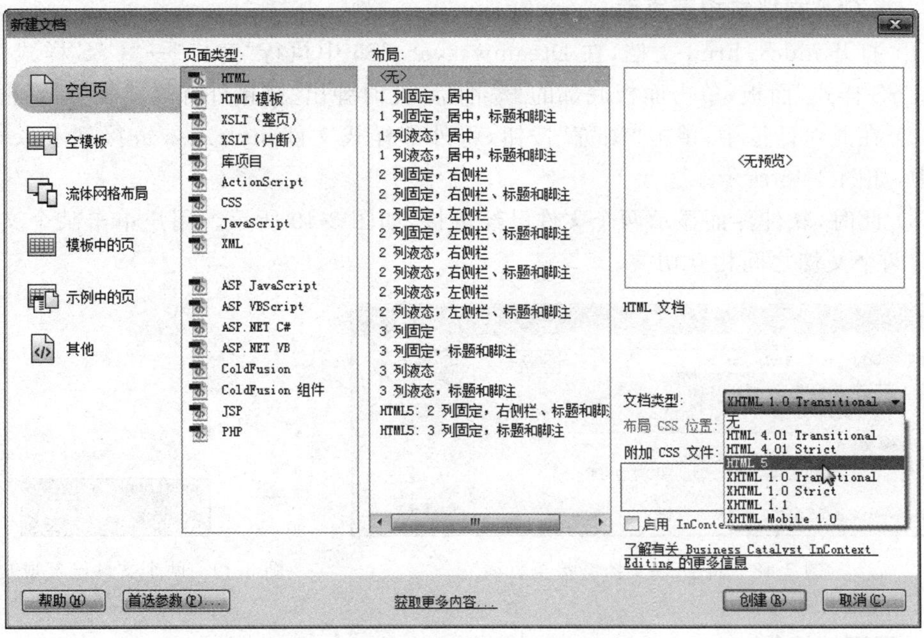

图 3-45　设置文档类型

(4) 将该网页保存在根目录下，并重命名为 index. html，如图 3-46 所示。

3. 创建 CSS 文档

(1) 执行菜单栏中的“文件”→“新建”命令，显示“新建文档”对话框。

(2) 选择对话框左侧的“空白页”类别，从“页面类型”列选择 CSS 类型，然后单击“创建”按钮，即可创建一个 CSS 空白文档。

(3) 将此外部 CSS 文档保存在 style 文件夹下，并重命名为 style. css，如图 3-47 所示。

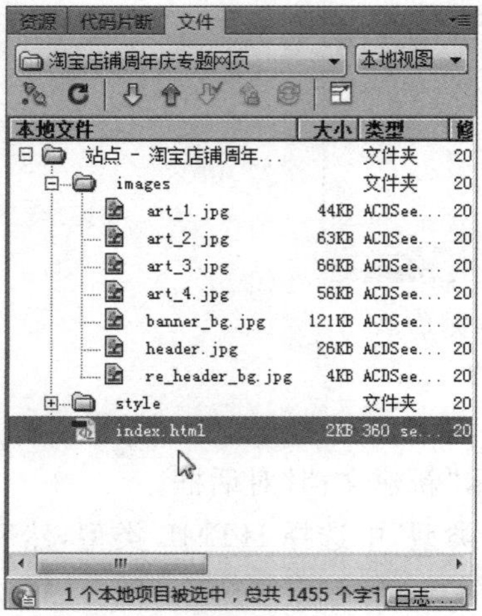

图 3-46 新建空白网页

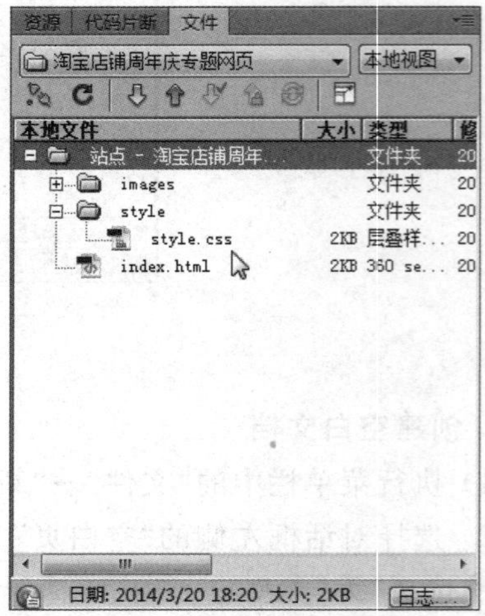

图 3-47 创建 CSS 文档

4. 将 CSS 文档链接至页面

(1) 打开 index. html 文档，在 Dreamweaver CS6 中执行“窗口”→“CSS 样式”命令，打开“CSS 样式”面板，单击面板底部的图标，此时弹出“链接外部样式表”对话框。

(2) 在此对话框中，单击“浏览”按钮，将外部样式文件 style. css 链接到 index. html 页面中，如图 3-48 所示。

(3) 此时，软件界面显示两个文件已经链接，如图 3-49 所示。用户单击某个文件，可以在这两个文档之间相互切换。

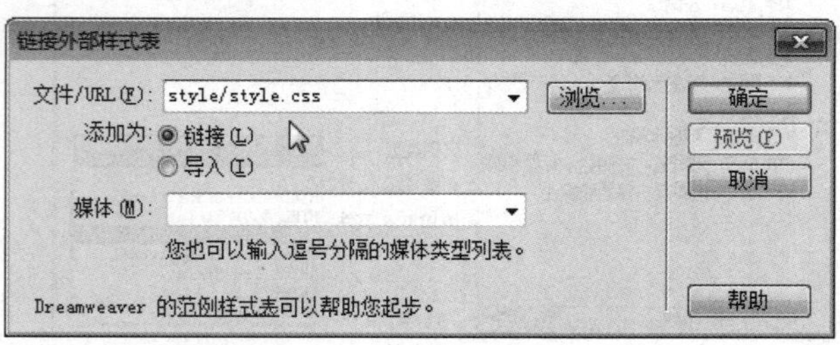

图 3-48 将 CSS 文档链接至页面

图 3-49 两个文件已经成功链接

5. 页面初始化

进入 style. css 的编辑状态，创建初始化规则，其 CSS 规则内容如图 3-50 所示。

6. 页面后续制作

(1) 在 index.html 文件的源代码编辑状态中，手动创建如图 3-51 所示的页面基本结构。这里建议手动创建的目的是希望读者熟知页面容器相互嵌套的结构和各种元素的使用方法。

```
* {
    margin: 0;
    padding: 0;
    border: 0;
}
body {
    width: 100%;/*设置页面宽度为浏览器宽度的100%*/
    color: #FFF;
    font-size: 16px;
    font-family: "微软雅黑";
    background: #b70707;/*设置背景色*/
}
```

图 3-50 页面初始化规则

```
<body>
<header id="page_header">
  <h1>宇泽电器专营店</h1>
</header>
<div id="banner"></div>
<section> </section>
<footer id="page_footer">
  <p>&copy;2015 AwesomeCo.</p>
  <p>店铺设计：宇泽互联</p>
</footer>
</body>
```

图 3-51 页面基本结构

(2) 进入 style.css 的编辑状态，创建相关容器的 CSS 规则，如图 3-52 所示。

```
#page_header {
    margin: 0 auto;/*设置当前容器水平居中*/
    width: 950px;/*该宽度与载入图片宽度相同*/
    height: 103px;/*该高度与载入图片高度相同*/
    background: url(../images/header.jpg) no-repeat;/*设置载入图片的地址*/
}
#page_header h1 { text-indent: -9999px;/*将文字隐藏，有利于搜索优化*/ }
#banner {
    margin: 0 auto;/*设置当前容器水平居中*/
    background: url(../images/banner_bg.jpg) center no-repeat;
    width: 100%;/*此时宽度不能为背景图片的实际固定宽度，应该设置为浏览器宽度*/
    height: 500px;
}
#page_footer {
    width: 950px;
    margin:10px auto;/*设置当前容器水平居中，且距离其他容器上下距离为10像素*/
    text-align: center;/*设置版权内容居中*/
}
```

图 3-52 页面基本结构的 CSS 规则

(3) 保存当前页面，预览后的效果如图 3-53 所示。

(4) 进入 index.html 文件的源代码编辑状态，在<section>和</section>之间插入相关页面代码，如图 3-54 所示。

(5) 进入 style.css 的编辑状态，创建相关容器的 CSS 规则，如图 3-55 所示。保存当前页面，预览后即可看到最终效果。

说明：

① 本节详细叙述了网页制作的工作过程，其中的 CSS 规则有很大一部分属性对于初学者而言比较难以理解。这里重点不是让读者一次性记忆这么多属性，而是让读者熟悉这种制作网页的工作方式。

② Dreamweaver CS6 并非没有可视化插入各类容器的方法，而本节着重强调了手动输入代码的过程，是希望培养的是读者养成手动输入代码的习惯，为后期能力提高打下基础。

图 3-53 当前页面效果

```
<section>
  <header class="re_header">掌柜推荐</header>
  <article id="art_1">
    <div class="content_left">
      <p>42寸LED智能3D电视</p>
      <p>臻品质感明星之选</p>
      <p>Android4.0全开放平台</p>
      <p>金山云存储，畅想云端生活</p>
      <p>语音精灵2.0</p>
    </div>
  </article>
  <article id="art_2">
    <div class="content_right">
      <p>TOUCH智能控制</p>
      <p>原生态Android4.0</p>
      <p>内置WIFI</p>
      <p>语音精灵2.0</p>
    </div>
  </article>
  <header class="re_header">TCL推荐</header>
  <article id="art_3">
    <div class="content_right">
      <p>一屏双显各得其乐</p>
      <p>Android4.0+操作系统</p>
      <p>无边框设计，视野更广</p>
    </div>
  </article>
  <article id="art_4">
    <div class="content_left">
      <p>50寸LED智能3D电视</p>
      <p>多屏互动，全能浏览器</p>
      <p>至尊蓝光，AI变频系统</p>
      <p>魔方影音，音画同步</p>
    </div>
  </article>
</section>
```

图 3-54 在 section 元素内插入代码

```
.re_header {
    width: 950px;
    height: 50px;
    margin: 10px auto;
    background: url(../images/re_header_bg.jpg) no-repeat;
    text-align: center;/*设置文字水平居中*/
    font-size: 30px;/*设置文字大小*/
    line-height: 50px;/*设置行高，使得文字垂直居中*/
}
#art_1 {
    width: 950px;
    height: 405px;
    margin: 10px auto;
    background: url(../images/art_1.jpg) no-repeat;
}
.content_left {
    color: #502828;
    padding-top: 160px;
    padding-left: 200px;
}
#art_2 {
    width: 950px;
    height: 405px;
    margin: 10px auto;
    background: url(../images/art_2.jpg) no-repeat;
}
.content_right {
    color: #502828;
    padding-top: 190px;
    padding-left: 570px;
}
#art_3 {
    width: 950px;
    height: 405px;
    margin: 10px auto;
    background: url(../images/art_3.jpg) no-repeat;
}
#art_4 {
    width: 950px;
    height: 405px;
    margin: 10px auto;
    background: url(../images/art_4.jpg) no-repeat;
}
```

图 3-55 section 元素内各元素的 CSS 规则

3.7　自主任务——“中秋茶相伴”淘宝店铺专题销售页面

根据 3.6 节的案例制作，读者了解和掌握了创建网页文件的工作流程。通过本节实训的训练，可以进一步掌握 CSS 布局页面的方法，页面最终效果如图 3-56 所示，布局如图 3-57 所示。

图 3-56　“中秋茶相伴”页面预览效果

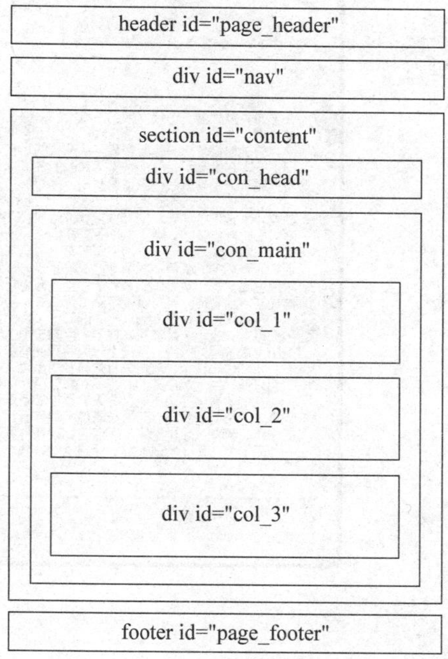

图 3-57　“中秋茶相伴”页面布局示意图

3.8　习题

1. Dreamweaver CS6 的常用功能面板主要包括哪些内容？
2. 什么是设计视图、代码视图和拆分视图？
3. 将 CSS 文档链接到页面的方法有哪些？
4. 简述什么是盒子模型。
5. CSS 为开发者提供多样的选择器，请问属性选择器 E[attr $ = val]的含义是什么？
6. 在本地计算机中创建站点名称为 My Web 的站点，并在该站点内创建名为 images 和 style 的文件夹；在站点内部创建 index. html 和 div. css 文件，并将这两个文件链接起来；向站点 image 文件夹内复制多张图像，练习移动、删除、粘贴等操作。
7. 观察图 3-58 所示的网页，分析其中的布局，运用本章知识将该网页制作出来。

图 3-58　习题 7 图

第 4 章

文本与图像

【本章导读】

网页中的文本是传递信息的主要途径，而图像又是吸引访问者不可或缺的基本要素。本章主要向读者介绍网页中文本元素和图像元素的编辑方法，以及如何使用 CSS 规则控制页面中的文本和图像，使之呈现出多样的外观。

【学习目标】

- ➢ 掌握编辑文本和超链接的基本操作；
- ➢ 认知并熟练应用 CSS 控制文本的外观；
- ➢ 掌握插入图像的基本操作，以及与图像相关的 CSS 属性；
- ➢ 能够熟练运用 CSS 的内容实现图文混排效果。

4.1 文本

网页中包含信息最多的就是文本，对文本进行良好的控制和美化，是决定网页是否美观和风格是否统一的关键。

4.1.1 插入文本

在 Dreamweaver CS6 中为页面插入文本的常用方法有两种。

1. 直接输入文本

将光标定位在“设计”视图中需要插入文本的地方，通过键盘直接输入的方法即可输入文本。这里特别提示几种操作方式。

(1) 换行

在输入文本的过程中，如果直接按下 Enter 键进行换行，则行间距较大，这是因为软件自动生成了一个段落。

如果使用 Shift＋Enter 键进行换行，则显示为正常行间距，其原因在于软件自动插入了一个
标签，从而使换行后行间距较小，如图 4-1 所示。

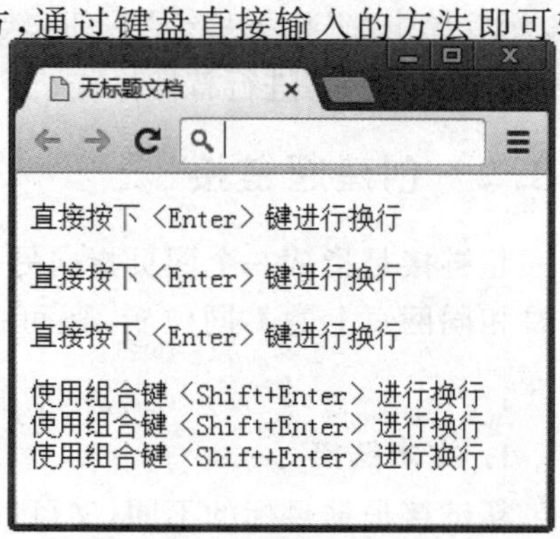

图 4-1 文本的换行

(2) 输入多个空格

默认状态下,Dreamweaver CS5 中不能连续输入多个空格,只能输入一个。如果用户想要输入多个空格,需要将输入法提示框上的"半角"改为"全角",或者使用 Ctrl＋Shift＋Space 键增加空格。

2. 复制粘贴

从其他应用程序中复制文本(快捷键为 Ctrl＋C),然后切换到 Dreamweaver 中,将插入点定位在"文档"窗口的"设计"视图中,执行粘贴操作(快捷键为 Ctrl＋V)即可。

3. 批量替换

"批量替换"功能能够帮助用户查找并替换页面中指定的内容,具体操作如下。

(1) 启动 Dreamweaver CS6,并打开正在编辑的网页文件。

(2) 在菜单栏中执行"编辑"→"查找和替换"命令,或者按 Ctrl＋F 键,这时弹出"查找和替换"对话框。

(3) 在此对话框中的"查找范围"下拉菜单中选择要搜索的范围,这里选择"当前文档"选项,如图 4-2 所示。

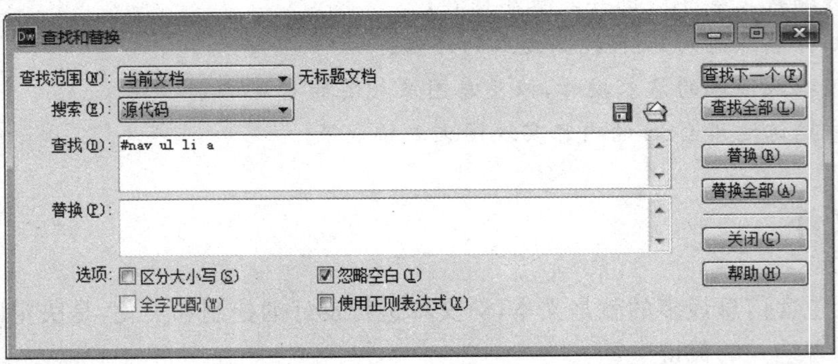

图 4-2 "查找和替换"对话框

(4) 在"搜索"下拉菜单中选择搜索类型,包括"源代码""文本""文本(高级)"和"指定标签"4 种选择。

(5) 在"查找"文本框中输入要查找的文本内容,在"替换"文本框内输入要替换的内容,然后单击"查找下一个"按钮,软件会自动查找到相关内容。最后单击"替换"按钮或"替换全部"按钮,进行替换操作。

4.1.2 创建超链接

超链接是指从一个网页指向另一个目标的连接关系,这个目标可以是一个网页,也可以是相同网页上的不同位置,还可以是一个图片,一个电子邮件地址,甚至是一个应用程序。

1. 文本链接

超链接根据目标的不同,又可以分为内部链接、外部链接和空链接。这里通过实例演示创建超链接的过程。

【案例 4-1】 创建文本链接。

① 启动 Dreamweaver CS6，新建空白 HTML 5 文档，在页面中输入一些文字，此时页面结构如图 4-3 所示。

② 选择第一行文字，在菜单栏中执行“插入”→“超级链接”命令，或者在“插入”面板的“常用”类别中，单击“超级链接”按钮，此时打开如图 4-4 所示的对话框。

```
<body>
<p>方法一：通过菜单创建超链接</p>
<p>方法二：通过属性检查器创建超链接</p>
</body>
```

图 4-3　当前页面结构

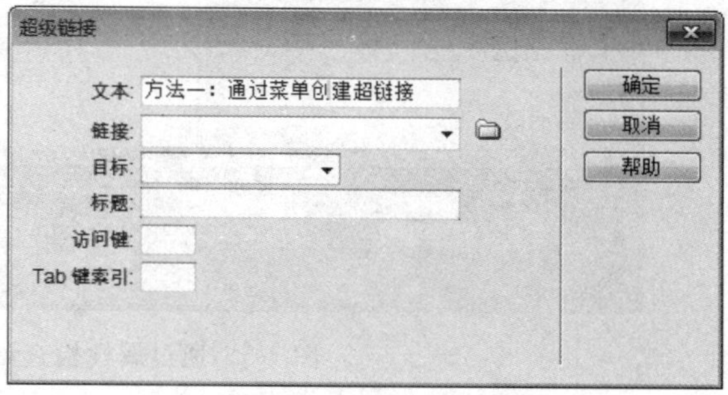

图 4-4　“超级链接”对话框

③ 在该对话框的“文本”选项中，输入或修改链接的文本，然后在“链接”文本框内输入要链接到的文件的名称。

④ 在“目标”下拉菜单中选择一种用于显示链接文件的方式。_blank 指的是将链接的文件加载到一个未命名的新浏览器窗口中；_parent 指的是将链接的文件加载到含有该链接的父窗口中；_self 指的是将链接的文件加载到该链接所在的同一窗口中；_top 指的是将链接的文件加载到整个浏览器窗口中。

⑤ 在“标题”文本框中输入链接的标题文字，此处的文字内容，会在光标悬停在超链接上时显示。

⑥ “访问键”选项用于设置在浏览器中选择该链接的等效键盘键，“Tab 键索引”选项用于设置 Tab 键顺序的编号，这里可以不做任何设置。

⑦ 待所有设置完成后，单击“确定”按钮即可为文本添加超级链接。

⑧ 选择设计视图中的第二行文字，单击属性面板中“链接”右侧的文件夹图标，在弹出对话框中选择一个文件，或者在“链接”文本框内输入文档路径和文件名，再或者单击图标不放，拖曳出一个箭头，将其指向到目标文档即可建立超链接，如图 4-5 所示。

⑨ 最后，通过浏览器预览可以发现添加了超链接的文本颜色发生了变化，而且文本下面也添加了一条下划线，如图 4-6 所示。

需要说明的是，如果暂时希望建立一个未指定目标的空链接，则在“链接”文本框内输入“#”即可。

2. 邮件链接

邮件链接是一种特殊的链接，单击这种链接，可以自动启动电子邮件程序。

3. 锚链接

浏览网页时，用户肯定都有这种体验：当浏览的页面内容较多，需要连续滚动多次才

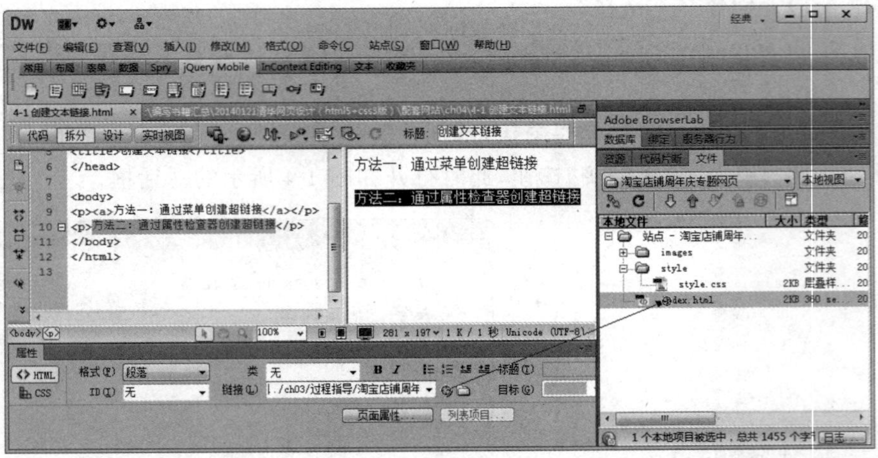

图 4-5 通过属性检查器创建超链接

能完整阅读时，网页设计者通常会增加诸如“返回页面顶部”的超链接，为用户提供方便。这种用户体验就是采用锚链接完成的。

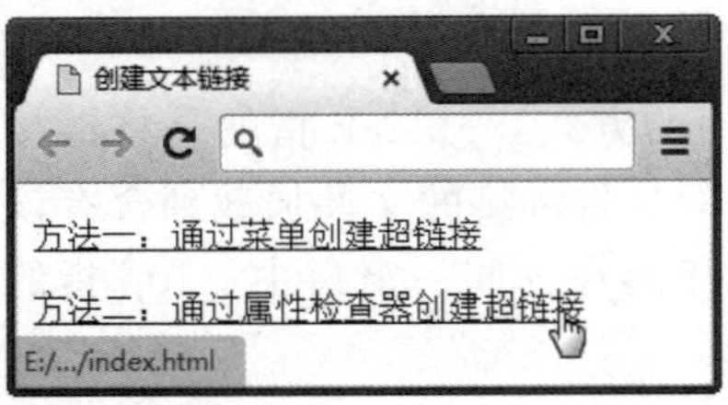

图 4-6 创建超链接

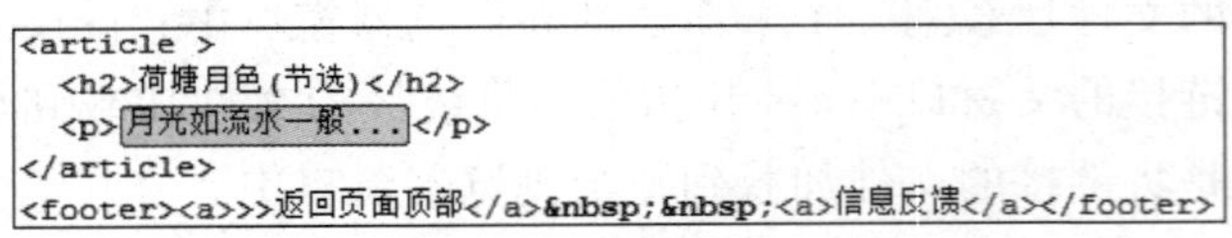

图 4-7 页面初始结构

【案例 4-2】 创建邮件链接和锚链接。

① 启动 Dreamweaver CS6，新建空白 HTML 5 文档，在页面中输入相关内容，页面结构如图 4-7 所示。这里建议在段落 p 元素中输入较多的文字内容，这是因为，如果文本内容太短(一个屏幕即可完全显示)，即便创建锚链接也不能看到效果。

② 将光标定位在要创建锚点的位置上，即目标位置。本案例中将光标定位在页面顶部的“荷塘月色”文字前面。

③ 在插入面板“常用”类别中，单击“命名锚记”按钮，或者在菜单栏中执行“插入”→“命名锚记”命令，再或者按 Ctrl＋Alt＋A 键，打开“命名锚记”对话框。

④ 在该对话框内的“锚记名称”文本框中输入“top”，如图 4-8 所示。单击“确定”按钮，即可在文中“荷塘月色”前面插入锚记图标，如图 4-9 所示。

图 4-8 “命名锚记”对话框

图 4-9 插入命名锚记后的效果

⑤ 将光标定位在页面底部的“返回页面顶部”文字中间，并在属性面板中“链接”文本框内输入锚记名称“＃top”，即可完成一个锚链接的创建，如图 4-10 所示。

⑥ 将光标定位在页面底部的“信息反馈”文字中间，并在属性面板中“链接”文本框内输入“mailto：wufeng1121@126.com”，即可完成一个邮件链接的创建，如图 4-11 所示。

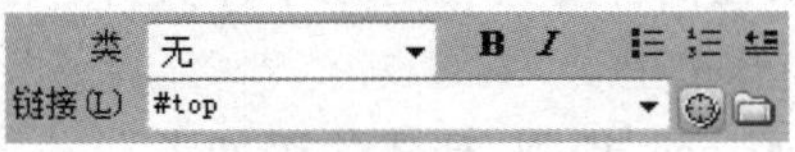

图 4-10　创建锚链接

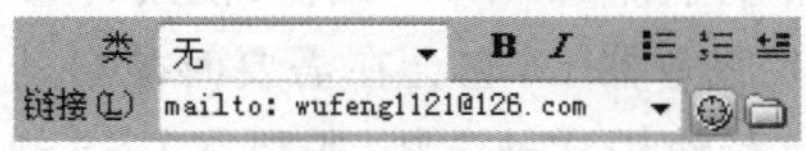

图 4-11　创建邮件链接

⑦ 保存网页文件，在浏览器中预览后单击“返回页面顶部”文字链接，即可返回页面顶部；单击“信息反馈”文字链接，即可打开 Outlook 软件。

4.1.3　与文本相关的基础属性

网页中呈现的文字外观（大小、加粗和风格等）均在 CSS 中进行控制，表 4-1 和表 4-2 是 CSS 中常用的字体属性和文本属性，通过对这些属性的设置可以精确控制文本外观。

表 4-1　CSS 中常用的字体属性

CSS 字体属性	解　释
font	该属性是简写属性，其作用在于将所有针对字体的属性设置在一个声明中
font-family	设置网页使用字体的类别
font-size	设置文本的字体大小
font-weight	设置字体的粗细，包含 100～900 多个级别
font-style	设置文本的字体样式
font-variant	设置文本为小型大写字母的外形

表 4-2　CSS 中常用的文本属性

CSS 文本属性	解　释
line-height	设置行高
text-indent	设置文本块首行的缩进（段落设置中经常使用）
text-align	设置文本的水平对齐方式
text-decoration	设置添加到文本的装饰效果（超链接设置中经常使用）
text-shadow	设置文本的阴影
text-overflow	设置文本溢出时的事件
word-wrap	设置当前行超过指定容器的边界时是否断开换行

1. font-family

font-family 属性用于定义目标元素使用何种字体进行显示。在 CSS 中，可以一次定义多个字体类别让系统自行选择,样式代码如下。

```
p {font-family:"微软雅黑", "宋体", Arial, Verdana, "Time New Roman";}
```

操作系统中,一般包含系统默认的“宋体”“黑体”“楷体”Arial 和 Times New Roman 等常规字体,如果开发者要使用特殊字体(例如方正水柱简体等),可将该字体文件存放到 Web 服务器上,它会在需要时被自动下载到用户的计算机上。

若使用这种方法,需要在 CSS 规则中使用“@font-face”规则,样式代码如下。

```
@ font-face {font-family:自定义字体名称; src: url('自定义字体.ttf');}
```

而在使用 Web 服务器上的字体时,需要使用 font-family 属性引用自定义字体。

【案例 4-3】 font-family 属性。

① 启动 Dreamweaver CS6,创建空白 HTML 5 文档。在页面中创建如图 4-12 所示的结构代码。

```
<body>
<div class="box">
  <h2>中秋</h2>
  <p class="a">（唐）李朴</p>
  <p class="b">皓魄当空宝镜升，云间仙籁寂无声；</p>
  <p class="c">平分秋色一轮满，长伴云衢千里明；</p>
  <p class="d">狡兔空从弦外落，妖蟆休向眼前生；</p>
  <p class="e">灵槎拟约同携手，更待银河彻底清。</p>
</div>
<div class="box">
  <p class="f">这里的字体并没有安装到本地计算机中，而是使用
的是服务器字体。</p>
</div>
</body>
```

图 4-12 案例 4-3 的页面结构

② 在本页面 head 区域内部插入相关 CSS 样式,如图 4-13 所示。

```
<style type="text/css">
.box {
    border: 4px #FF0000 solid;/*设置边框粗细、颜色和类型*/
    padding: 10px;/*设置box的内边距为10px*/
    margin: 10px;/*设置box的外边距为10px*/
    text-align: center;/*box内所有内容居中*/
}
.a {font-family: "黑体";}/*定义a类文字为黑体*/
.b {font-family: "宋体";}/*定义b类文字为宋体*/
.c {font-family: "华文行楷";}/*定义c类文字为华文行楷*/
.d {font-family: "华文彩云";}/*定义d类文字为华文彩云*/
.e {font-family: "微软雅黑";}/*定义e类文字为微软雅黑*/
@font-face {
    font-family: myfont;
    src: url(boyang.TTF);
}/*创建自定义字体，并设置该字体服务器的路径*/
.f {font-family: myfont;}/*引用自定义字体*/
</style>
```

图 4-13 案例 4-3 的 CSS 规则

③ 通过浏览器预览,效果图如图 4-14 所示。

2. font-size

font-size 属性用于设置元素的字体大小,其值可以是绝对值也可以是相对值。常见的有 px(绝对单位)、em(相对单位)、%(相对单位)和 pt(绝对单位)等。

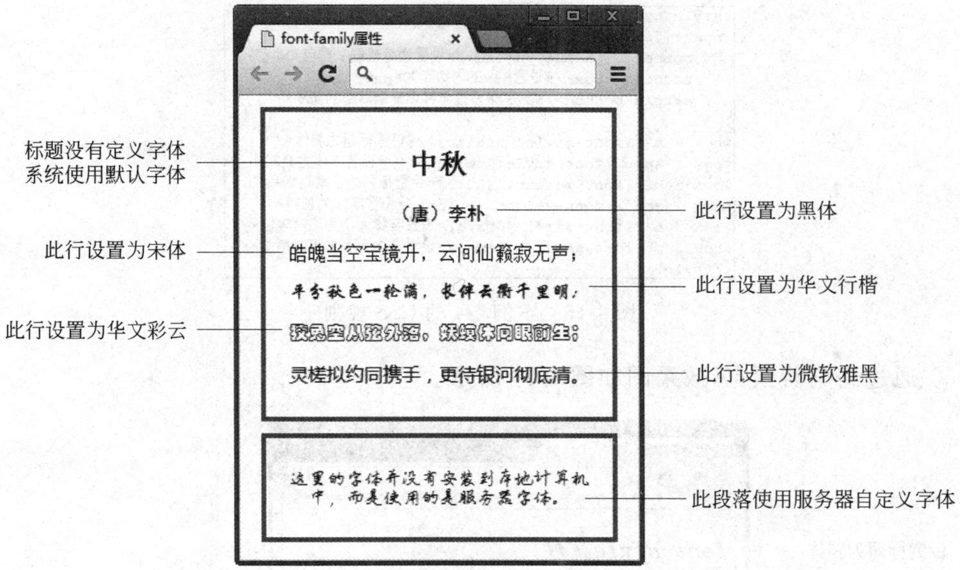

图 4-14　font-family 属性预览效果

3．font-style

font-style 属性用于定义字体的风格，其中包括 normal（默认值，正常字体）、italic（斜体）和 oblique（倾斜体）三个属性值。

4．font-weight

font-weight 属性用于设置字体的粗细，它包含 normal、bold、bolder、lighter、100～900 个属性值，数字值 400 相当于关键字 normal，700 等价于 bold。

【案例 4-4】　字体的大小、样式和粗细。

① 启动 Dreamweaver CS6，创建空白 HTML 5 文档。在页面中创建如图 4-15 所示的结构代码。

```
<body>
<div id="box_1" class="box">
  <h2>font-style属性</h2>
  <p>该属性用于定义字体的风格，其中包括normal、italic和<span>
oblique</span>三个属性值。</p>
</div>
<div id="box_2" class="box">
  <h2>font-weight属性</h2>
  <p>该属性用于设置字体的粗细，它包含
normal、bold、bolder、lighter和<span>100-900</span>等多
个属性值。</p>
</div>
<div id="box_3" class="box">
  <h2>font-size属性</h2>
  <p>该属性用于设置元素的字体大小，其值可以是绝对单位也
可以是相对单位。</p>
</div>
</body>
```

图 4-15　案例 4-4 的页面结构

② 在本页面 head 区域内部插入相关 CSS 样式，如图 4-16 所示。

```
<style type="text/css">
.box {
    border: 1px #C60 solid;/*设置边框粗细、颜色和类型*/
    padding: 5px;/*设置box的内边距为5px*/
    margin-bottom: 5px;/*设置与其他元素底部的距离*/
}
#box_1 h2 {font-style: italic;}/*设置标题为斜体*/
#box_1 span {font-style: oblique;}/*设置字体为倾斜体*/
#box_2 h2 {font-weight: 400;}/*设置标题为正常粗细*/
#box_2 span {font-weight: bold;}/*设置字体为加粗*/
#box_3 h2 {font-size: 40px;}/*设置字体大小为绝对单位*/
#box_3 p {font-size: 1.5em;}/*设置字体大小为相对单位*/
</style>
```

图 4-16　案例 4-4 的 CSS 规则

③ 通过浏览器预览,效果图如图 4-17 所示。

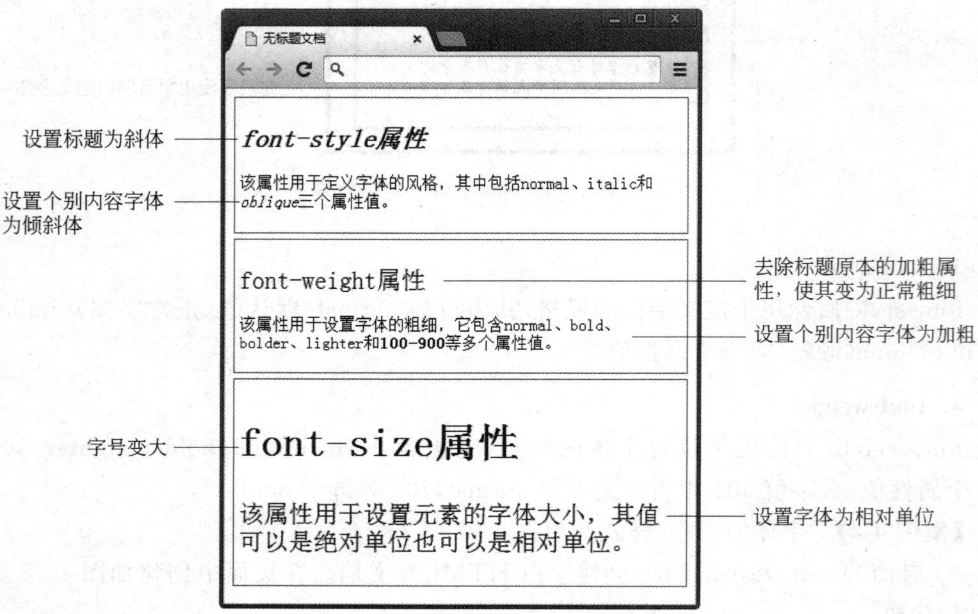

图 4-17　字体的大小、样式和粗细预览效果

4.1.4　行高与首行缩进

1. line-height

line-height 属性用于控制行与行之间的垂直间距,该属性的取值可使用百分比(如 80%等)、固定的像素值(如 20px 等)和数值(如 1.5 等),且允许使用负值,默认值为 normal。

2. text-indent

text-indent 属性能够实现文本缩进效果,该属性值可以为百分比数字或者由浮点数字和单位标识符组成的长度值,且允许为负值,如下面的代码片段所示。

```
p {text-indent: 24px;}
                    /*由于是固定值,故不能根据字体大小变化准确地缩进两个汉字距离*/
```

p {text-indent: 2em;} /* 由于是相对值,故能够根据字体大小变化自动缩进两个汉字距离 */

【案例 4-5】 行高与首行缩进。

① 启动 Dreamweaver CS6,创建空白 HTML 5 文档。在页面中创建如图 4-18 所示的结构代码。

```
<body>
<div class="box">
  <h2>首行缩进</h2>
  <p>在CSS样式中...</p>
</div>
<div class="box">
  <h2>设置行高</h2>
  <p class="baifenbi">1.在CSS样式中...</p>
  <p class="xiangsu">2.在CSS样式中...</p>
  <p class="shuzi">3.在CSS样式中...</p>
</div>
</body>
```

图 4-18 案例 4-5 的页面结构

② 在本页面 head 区域内部插入相关 CSS 样式,如图 4-19 所示。

```
<style type="text/css">
.box {
    border: 1px #C60 solid;/*设置边框粗细、颜色和类型*/
    padding: 5px;/*设置box的内边距为5px*/
    margin-bottom: 5px;/*设置与其他元素底部的距离*/
}
.box p {text-indent: 2em;}/*设置缩进距离为字体大小的2倍，即两个汉字的距离*/
.baifenbi {line-height: 60%;}/*使用百分比值设置行高为60%*/
.xiangsu {line-height: 30px;}/*使用像素值设置行高为30px*/
.shuzi {line-height: 1.5;}/*使用数值设置行高为1.5*/
</style>
```

图 4-19 案例 4-5 的 CSS 规则

③ 通过浏览器预览,效果图如图 4-20 所示。

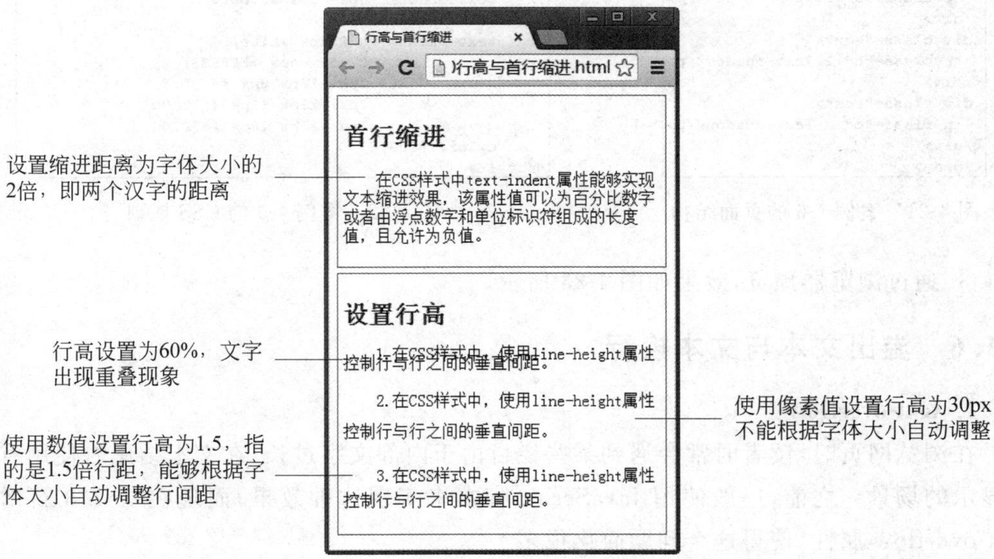

图 4-20 行高与首行缩进预览效果

4.1.5 文本阴影

在 CSS 中，text-shadow 属性用来控制文本的阴影效果，能够规定水平阴影、垂直阴影、模糊距离，以及阴影的颜色，常规使用方法如下。

```
text-shadow: 5px 5px 5px #FF0000;
```

这里第一个 5px 代表阴影在水平方向的位移，第二个 5px 代表阴影在垂直方向的位移，第三个 5px 代表阴影的模糊半径，第四项 ♯FF0000 代表阴影的颜色。需要说明的是，每个阴影效果必须指定偏移距离，而模糊半径和颜色属性值可以省略，如果将偏移距离设置为负值，则代表阴影向反方向偏移。

此外，还可以为同一个对象设置多个阴影，阴影效果按照给定的顺序依次应用，但永远不会覆盖文本本身。

【案例 4-6】 文本阴影。

① 启动 Dreamweaver CS6，创建空白 HTML 5 文档。在页面中创建如图 4-21 所示的结构代码。

② 在本页面 head 区域内部插入相关 CSS 样式，如图 4-22 所示。

```
<body>
<div class="box">
  <p class="a">1.Text-shadow</p>
</div>
<div class="box">
  <p class="b">2.Text-shadow</p>
</div>
<div class="box">
  <p class="c">3.Text-shadow</p>
</div>
</body>
```

图 4-21 案例 4-6 的页面结构

```
<style type="text/css">
.box {
    border: 2px #FF0000 solid;/*设置边框粗细、颜色和类型*/
    margin-bottom: 10px;/*设置与其他元素底部的距离*/
}
p {
    font-family: "微软雅黑";
    font-weight: bolder;
    font-size: 40px;
}
.a { text-shadow: 0.1em 0.1em 0.2em #000000;
     color: #FFF;}
.b { text-shadow: 0px -1px #333333;
     color: #e3e1e1;}
.c { text-shadow: 0 0 4px white,
                  0 -5px 4px #FFFF33,
                  2px -10px 6px #FFDD33,
                  2px -15px 11px #FF8800,
                  2px -25px 18px #FF2200;
     color: #000;}
</style>
```

图 4-22 案例 4-6 的 CSS 规则

③ 通过浏览器预览，效果如图 4-23 所示。

4.1.6 溢出文本与文本换行

1. text-overflow

在浏览网页时，读者时常会遇到某些栏目由于内部文字过长，在文本结尾时使用省略号显示的场景。之前，一般使用 JavaScript 脚本来实现这种效果，而现在 CSS 3 新增了 text-overflow 属性，使得这个问题简化很多。

text-overflow 属性规定当文本溢出包含元素时的处理方式，该属性包含 clip 和 ellipsis 两个属性值。前者表示简单的裁切，不显示省略标记(...)；后者表示当文本溢出

图 4-23　文本阴影预览效果

时显示省略标记(...)。

特别注意的是，要实现溢出文本显示省略号的效果，除了使用 text-overflow 属性以外，还必须配合 white-space：nowrap(强制文本在一行内显示)和 overflow：hidden(溢出内容为隐藏)同时使用才能实现。

【案例 4-7】 溢出文本。

① 启动 Dreamweaver CS6，创建空白 HTML 5 文档。在页面中创建如图 4-24 所示的结构代码。

```
<body>
<section id="sidebar">
  <h2>今日要闻</h2>
  <ul>
    <li><a href="#">多个家居电商品牌步入调整期 发展还得靠烧钱</a></li>
    <li><a href="#">私人空间的私密创意 世界各地80后的房间画像</a></li>
    <li><a href="#">让人心动的19个特色主题酒店</a></li>
  </ul>
</section>
</body>
```

图 4-24　案例 4-7 的页面结构

② 在本页面 head 区域内部插入相关 CSS 样式，如图 4-25 所示。通过浏览器预览，效果如图 4-26 所示。

2. word-wrap

在案例 4-6 中，使用到 white-space 属性，该属性是 CSS 1 中的规则，为了增强文本换行的显示功能，在 CSS 3 中还增加了 word-wrap 专有属性，并对其进行了标准化处理。word-wrap 属性用来设置当前行超过指定容器的边界时是否断开换行，其属性值包含 normal(控制连续文本换行)和 break-word(内容在边界内换行)。

```
<style type="text/css">
body, ul, li, section, h2 {
    margin: 0;
    padding: 0;
}/*元素初始化*/
#sidebar {
    width: 310px;
    border: 5px #FF0000 solid;/*设置边框粗细、颜色和类型*/
    padding: 10px;/*设置box的内边距为10px*/
}
li {
    list-style: none;
    border-bottom: 1px #999 dashed;/*设置新闻列表底部虚线外观*/
    margin-bottom: 5px;/*设置列表项之间的距离*/
}
a {
    display: block;/*块状化a元素*/
    width: 300px;/*设置固定宽度*/
    line-height: 1.5;/*设置行高为1.5倍行距*/
    text-overflow: ellipsis;/*文本溢出时显示省略标记（...）*/
    overflow: hidden;/*为使用text-overflow做准备，将溢出内容设置为隐藏*/
    white-space: nowrap;/*为使用text-overflow做准备，强制文字在一行内显示*/
    text-decoration: none;/*取消超链接默认时的下划线效果*/
}
</style>
```

图 4-25　案例 4-7 的 CSS 规则

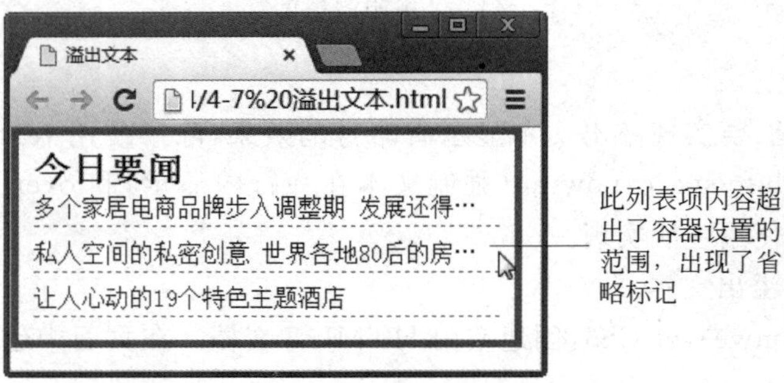

图 4-26　溢出文本预览效果

需要特别说明的是，当使用 break-word 属性值时，中文文本和英文语句没有任何问题，但较长的英文单词或长串的英文字符就会被拆分。

【案例 4-8】　文本换行。

① 启动 Dreamweaver CS6，创建空白 HTML 5 文档。在页面中创建如图 4-27 所示的结构代码。

```
<body>
<div class="box">
  <p>word-wrap属性用来设置当前行超过指定容器的边界时是否断开换行。</p>
  <p>Welcome to my home! </p>
</div>
<div class="box">
  <p>Welcome to my home! abcdefghijklmnopqrstuvwxyz!</p>
</div>
</body>
```

图 4-27　案例 4-8 的页面结构

② 在本页面 head 区域内部插入相关 CSS 样式，如图 4-28 所示。

③ 通过浏览器预览，效果如图 4-29 所示。

```
<style type="text/css">
.box {
    border: 1px #C60 solid;/*设置边框粗细、颜色和类型*/
    width: 100px;/*设置容器宽度*/
    margin: 10px;/*设置外边距*/
    float:left;/*设置容器向左浮动*/
}
p {
    word-wrap: break-word;/*内容在边界内换行*/
}
```

图 4-28　案例 4-8 的 CSS 规则

图 4-29　文本换行预览效果

4.1.7　CSS 伪类在超链接方面的应用

伪类(Pseudo-Class)之所以名字中有“伪”字，是因为它所指定的对象在文档中并不存在，它指定的是一个或者与其相关的选择符的状态。伪类语法的形式如下。

```
选择符：伪类{属性：属性值；}
```

伪类可以让用户在使用页面的过程中增加更多的交互效果，最常见的应用是超链接 a 元素的几种状态，它通过:link、:visited、:hover 和:active 来控制链接内容访问前、访问后、鼠标悬停时以及鼠标单击时的样式。具体代码如下所示。

```
a:link {color:#FF0000;}                 /*未访问的链接状态*/
a:visited {color:#00FF00;}              /*已访问的链接状态*/
a:hover {color:#FF00FF;}                /*鼠标悬停到链接上的状态*/
a:active {color:#0000FF;}               /*被激活的链接状态*/
```

【案例 4-9】　伪类在超链接方面的应用。

① 启动 Dreamweaver CS6，创建空白 HTML 5 文档。在页面中创建如图 4-30 所示的结构代码。

② 在本页面 head 区域内部插入相关 CSS 样式，如图 4-31 所示。

③ 通过浏览器预览，效果如图 4-32 所示。

```
<body>
<ul class="none">
  <li><a href="#">伪类在超链接中的应用（默认效果）</a></li>
</ul>
<ul class="Pseudo">
  <li><a href="#">伪类在超链接中的应用</a></li>
  <li><a href="#">伪类在超链接中的应用</a></li>
  <li><a href="#">伪类在超链接中的应用</a></li>
</ul>
</body>
```

图 4-30　案例 4-9 的页面结构

```
<style type="text/css">
* {
    margin: 0;
    padding: 0;
}
ul {
    border: 1px #C60 solid;/*设置边框粗细、颜色和类型*/
    margin: 10px;/*设置外边距*/
    padding: 2px;/*设置内边距*/
    list-style: none;/*清除列表原有样式*/
}
ul li a {
    display: block;/*块状化所有a元素*/
    height: 24px;/*由于a元素块状化，所以这里为a元素设置高度*/
    line-height: 24px;/*设置行高与a元素高度一样，使得其内部文字能够垂直居中*/
    padding-left: 20px;/*设置左侧缩进20px的位置*/
    text-decoration: none;/*清除所有超链接初始状态下的下划线效果*/
}
.Pseudo li a:hover {
    color: #F00;/*设置鼠标悬停时字体颜色*/
    text-decoration: underline;/*设置鼠标悬停时，有下划线效果*/
    font-weight: bolder;/*设置鼠标悬停时字体加粗*/
    background: url(hover.gif) no-repeat left center;/*由于左侧缩进，
这里可以为超链接添加图像背景*/
}
</style>
```

图 4-31　案例 4-9 的 CSS 规则

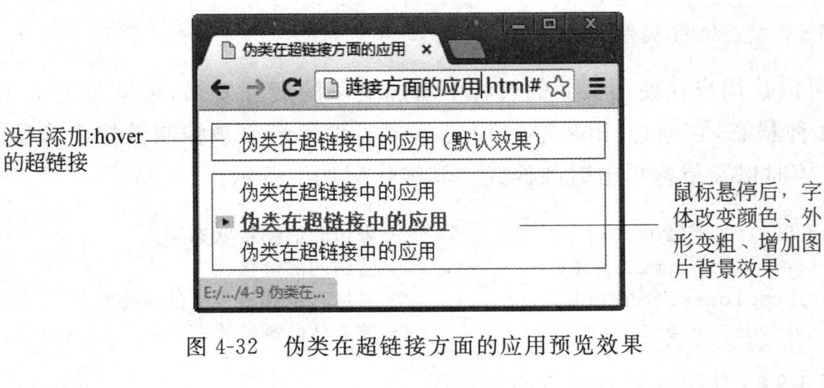

图 4-32　伪类在超链接方面的应用预览效果

4.2　图像

图像在网页设计中拥有举足轻重的作用，其存在的目的除了传达必要的信息以外，更多时候还是为了烘托网站主题、吸引浏览者的注意力。在实际工作中，设计者不仅要考虑如何处理图像，还要考虑网站发布后如何高效地对图像进行修改。在网页中，常见的图像格式有三种,即 GIF、JPEG 和 PNG。

(1) GIF 格式。GIF 文件格式最多使用 256 种颜色,适合显示色调不连续或具有大面积单一颜色的图像,并且能够实现透明背景效果。

(2) JPEG 格式。JPEG 文件格式是一种压缩格式,适合在网络上传输,是非常流行的图形文件格式。

(3) PNG 格式。PNG 格式图片因其高保真性、透明性及文件体积较小等特性,被广泛应用于网页设计中。目前,在许多大型网站中使用同一个 PNG 图片做背景,按钮、导航条等全包含在该背景图上,究其缘由无非就是 PNG 图片在下载过程中占带宽较小,而且颜色逼真。

4.2.1 插入图像

1. 插入图像

要在 Dreamweaver CS6 的文档窗口中插入图像,可以按照以下方法进行。

(1) 启动 Dreamweaver CS6,将光标定位在需要插入图像的位置上。

(2) 在菜单栏中执行"插入"→"图像"命令,或者在插入面板的"常用"类别中,单击"图像:图像"图标。

(3) 此时,弹出"选择图像源文件"对话框,如图 4-33 所示。在该对话框中,选择需要的图像,右侧预览窗口即刻显示预览效果,单击"确定"按钮。

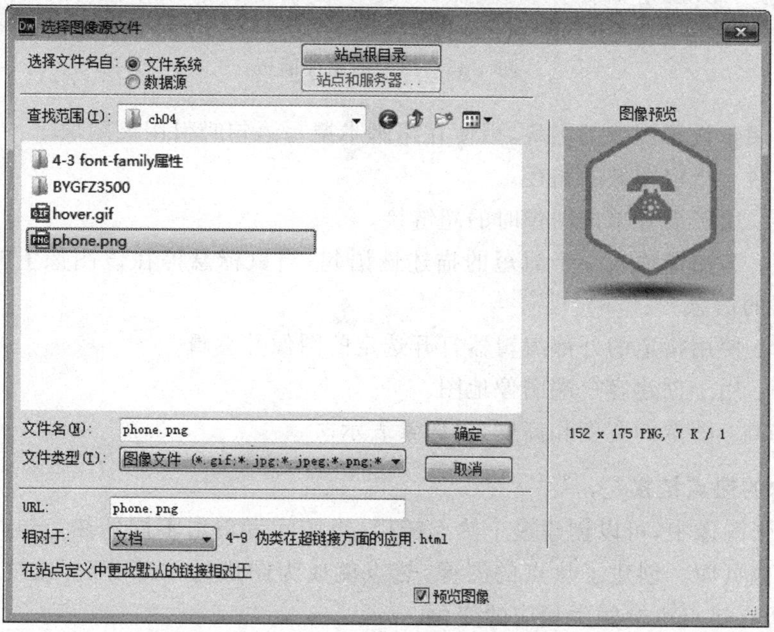

图 4-33 "选择图像源文件"对话框

(4) 这时弹出如图 4-34 所示的对话框。在此对话框中,"替换文本"指的是用户需要为图像输入一个名称或一段简短描述;"详细说明"用于设置当用户单击图像时所显示的文件的位置。设置完成后,单击"确定"按钮,图像即刻显示在文档中。

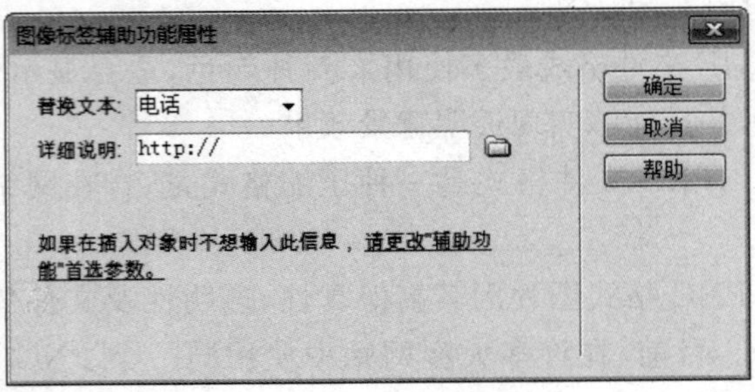

图 4-34 “图像标签辅助功能属性”对话框

需要指出的是,如果引用的图像路径在当前站点中,则图像 src 属性值为相对地址,即 src="phone. png";如果不在当前站点中,则图像 src 属性值为绝对地址,即 src="file:///D|/My Pictures/images/phone. png"。在实际工作中,使用指向本地的绝对地址,在网站发布后会导致图像无法正常显示。所以,设计者通常将图像放在本站点内的 images 文件夹中,并做相对地址的链接。

(5) 正确插入图像后,再次选中该图像,可以在软件的属性面板中对图像进行属性设置,如图 4-35 所示。

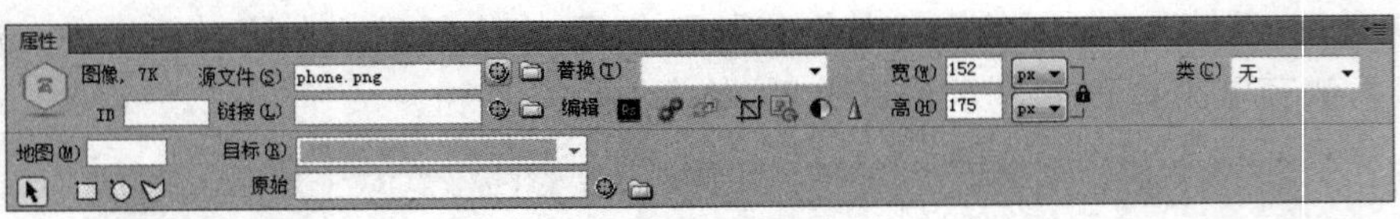

图 4-35 图像的属性面板

- ID:用于设置图像的名称,以便在用脚本撰写语句时引用该图像。
- 源文件:指定图像的路径。
- 链接:用于设置单击图像时的超链接。
- 替换:为图像输入一个简短的描述性语句,当鼠标悬停在该图像上时,就显示该输入的信息。
- 编辑:使用指定的外部编辑器打开选定的图像并编辑。
- 地图:用于创建客户端图像地图。
- 宽和高:图像的宽度和高度,以像素表示。

2. 图像的热点链接

在同一张图像中,可以创建多个热点链接,当访问者单击不同的热点链接时,页面就会跳转至其他页面。创建了热点的图像,热点就成为图像的一部分,当改变图像的大小时,图像中所有热点也会发生相应的变化。

3. 图像占位符

图像占位符用于替代图像的位置,常在图像暂未制作完成时使用。

4. 鼠标经过图像

鼠标经过图像指的是,当光标悬停在某一幅图像上面时,会显示另一幅图像,而当光标移开时，又恢复为原有图像。这种图像替换的效果，常用于导航和图标按钮中，以增强用户体验，而在实际应用中，设计者通常使用 CSS 中 a 元素的伪类实现图像交替效果。

【案例 4-10】 图像的几个实例。

① 启动 Dreamweaver CS6，创建空白 HTML 5 文档。在页面中创建如图 4-36 所示的结构代码。

② 将光标定位在"<h3>图像的热点链接</h3>"标签后面，并插入一幅图像。选中之前插入的图像，并在属性面板中选中热点工具。然后在图像上绘制热点区域，如图 4-37 所示。

```
<body>
<div class="box">
  <h3>图像的热点链接</h3>
</div>
<div class="box">
  <h3>图像占位符</h3>
</div>
<div class="box">
  <h3>鼠标经过图像</h3>
</div>
</body>
```

图 4-36　案例 4-10 的页面结构

图 4-37　绘制热点区域

③ 绘制结束后，选择属性面板中的指针热点工具，选中刚才绘制的圆形热点区域，此时属性面板显示为热点的属性。在此面板中，为"链接"和"目标"参数进行相应的设置，图像的热点链接创建完成，如图 4-38 所示。

图 4-38　完善热点属性的相关参数设置

④ 将光标定位在"<h3>图像占位符</h3>"标签后面，在菜单栏中执行"插入"→"图像对象"→"图像占位符"命令，或者在插入面板的"常用"类别中单击"图像：图像占位符"图标。

⑤ 这时弹出如图 4-39 所示的对话框。在此对话框中，"名称"文本框用于设置图像占位符在 Dreamweaver 中显示的名字；"宽"和"高"用于设置图像占位符的大小；"颜色"用于设置图像占位符的颜色，以区别于其他占位符；"替换文本"用于输入描述该图像的文本。设置完

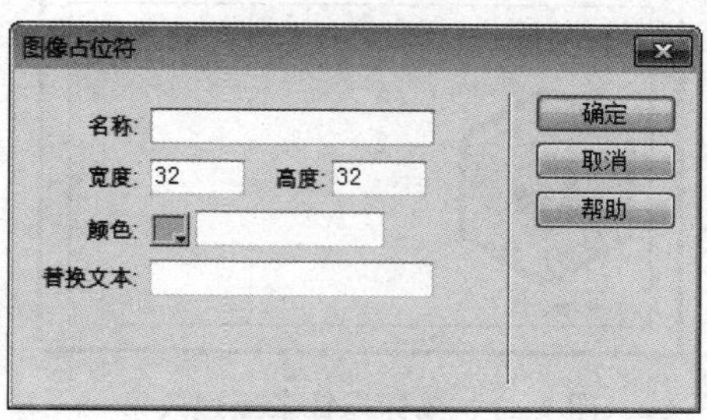

图 4-39　"图像占位符"对话框

成后,单击“确定”按钮,即可在页面中插入一个图像占位符。

⑥ 将光标定位在“＜h3＞鼠标经过图像＜/h3＞”标签后面,在插入面板的“常用”类别中,单击“图像:鼠标经过图像”按钮,即刻弹出如图 4-40 所示的对话框。对话框中主要项目的含义如下。

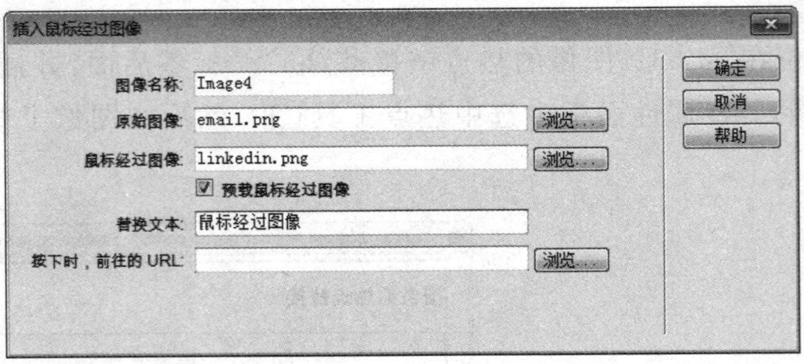

图 4-40 “鼠标经过图像”参数设置

➢ 图像名称:用于设置鼠标经过图像的名称。
➢ 原始图像:用于设置页面加载时要显示的图像。
➢ 鼠标经过图像:用于设置鼠标指针滑过原始图像时要显示的图像。
➢ 按下时,前往的 URL:用于设置当单击图像时要打开的文件路径。

⑦ 根据实际需要进行相关设置,最后单击“确定”按钮,即可完成鼠标经过图像的插入。

⑧ 保存网页文档,通过浏览器预览,可以看到最终效果,如图 4-41 和图 4-42 所示。

图 4-41 鼠标指针未经过效果

图 4-42 鼠标悬停效果

4.2.2　与图像相关的 CSS 属性

在工作中，background 属性是 CSS 中使用频率非常高的属性之一，为了方便设计师灵活地实现网页效果，在 CSS 3 中增强了该属性的功能，如允许叠加多个背景图像、允许灵活缩放图像大小，以及允许设置图像放置的位置等。在 CSS 中有关控制图像的常用属性详见表 4-3 所示。

表 4-3　CSS 中用于控制图像的属性

CSS 字体属性	解　释
background	简写属性，作用是将背景属性设置在一个声明中
background-repeat	设置背景图像是否重复，以及如何重复
background-color	设置元素的背景颜色
background-image	将图像设置为背景
background-position	图像定位，用于设置背景图像的起始位置
background-attachment	用于设置背景图像是否固定或者随着页面的其余部分滚动
background-size	定义背景图片的大小
background-origin	指定背景图像的显示区域

1. background-color

background-color 属性是背景属性的一部分，其主要功能是设置页面中相应元素的背景颜色。

2. background-image

background-image 属性能够帮助设计者引用一幅或多幅图像作为背景出现在页面中。如果某元素同时具有 background-image 属性和 background-color 属性，那么 background-image 属性将优先于 background-color 属性，也就是说背景图像永远覆盖于背景色之上。

3. background-repeat

background-repeat（背景重复）属性的主要作用是设置背景图像以何种方式在网页中显示，它包含 4 种平铺方式：repeat（在垂直方向和水平方向重复）、no-repeat（不重复）、repeat-x（水平方向重复）和 repeat-y（垂直方向重复）。

【案例 4-11】 背景色与背景图。

① 启动 Dreamweaver CS6，创建空白 HTML 5 文档。在页面中创建如图 4-43 所示的结构代码。

② 在本页面 head 区域内部插入相关 CSS 样式，如图 4-44 所示。

```
<body>
<div class="box" id="box-1"></div>
<div class="box" id="box-2"></div>
</body>
```

图 4-43 案例 4-11 的页面结构

```
<style>
body { background: url(body_bg.png) repeat; }
/*引用背景图，并设置为横向和纵向均重复排列*/
.box {
    width: 300px;
    height: 200px;
    border: 2px #FF0000 solid;
    margin: 10px;
}
#box-1 {
    background-color: #FC0;/*设置对象的背景色*/
    background-image: url(hail.png);/*设置对象的背景图像*/
    background-repeat: no-repeat;/*设置对象的背景图不重复排列*/
}
#box-2 {
    background: url(snow.png) center center no-repeat,
                url(box-2_bg.jpg) repeat-x;
}/*设置两个背景图，多个图像将层叠显示*/
</style>
```

图 4-44 多种有关背景的 CSS 规则

③ 保存当前文档,通过浏览器预览后效果如图 4-45 所示。

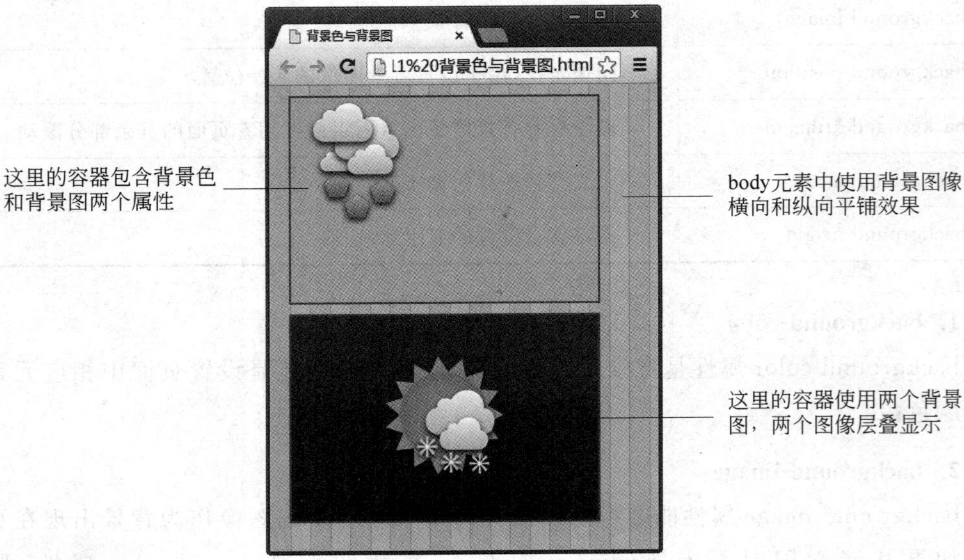

图 4-45 背景色与背景图预览效果

4. background-size

background-size 属性用于规定背景图像的大小。在 CSS 3 之前,背景图像的尺寸是由图像的实际尺寸决定的。而在 CSS 3 中,可以规定背景图像的尺寸,这就允许设计者在不同的环境中重复使用背景图像。

background-size 属性需要 1 个或 2 个值,这些值既可以是像素 px,也可以是百分比%或 auto,还可以是特定值 cover 或 contain。

当取 cover 值时,图像将缩放到正好完全覆盖定义背景的区域;当取 contain 值时,图像将缩放到宽度或高度正好适应定义背景的区域。

5. background-origin

background-origin 属性规定背景图像的定位区域，有 content-box（仅在内容区域显示背景）、padding-box（从内边距开始显示背景）和 border-box（从边框区域开始显示背景）三种属性值可以选择。

【案例 4-12】 图像的大小与位置。

① 启动 Dreamweaver CS6，创建空白 HTML 5 文档。在页面中创建如图 4-46 所示的结构代码。

② 在本页面 head 区域内部插入相关 CSS 样式，如图 4-47 所示。

```
<body>
<div class="box" id="box-1"></div>
<div class="box" id="box-2"></div>
<div class="box" id="box-3"></div>
<div class="box" id="box-4"></div>
</body>
```

图 4-46　案例 4-12 的页面结构

```
<style>
.box {
    width: 256px;
    height: 256px;
    border: 2px #FF0000 solid;
    margin: 10px;
    background: url(dreamviewer.png) no-repeat;
    float: left;
}/*引用图像，设置容器大小与图像原始大小相同*/
#box-1 {background-size: 50% 50%;}/*设置图像为父容器大小的50%*/
#box-2 {
    width: 100px;
    height: 100px;
    background-size: cover;
}/*当取值为cover时，背景图像将跟随容器大小自适应缩放*/
#box-3 {
    width:300px;
    height: 150px;
    background-size: contain;
}/*当取值为cover时，背景图像将缩放到宽度或高度正好的背景区域*/
#box-4 {
    padding: 20px;
    background-origin: content-box;
}/*设置图像的定位坐标为容器的content内容区域*/
</style>
```

图 4-47　案例 4-12 的 CSS 规则

③ 保存当前文档，通过浏览器预览，效果如图 4-48 所示。

6. background 属性的缩写

在实际工作中，为了提高书写代码的效率，通常使用 background 简写属性，作用是将背景属性设置在一个声明中。示例代码如下。

```
background-color:#666;
background:url(dreamviewer.png);
background-repeat:no-repeat;
```

上述代码可以简写为

```
background:#666 url(dreamviewer.png) no-repeat left top;
```

这里 left 代表背景图水平方向居左放置，top 代表背景图垂直方向距顶放置。

4.2.3　图文混排

几乎在任何一个网页中都会出现图文混排的布局，例如新闻类网站首页各种版块间

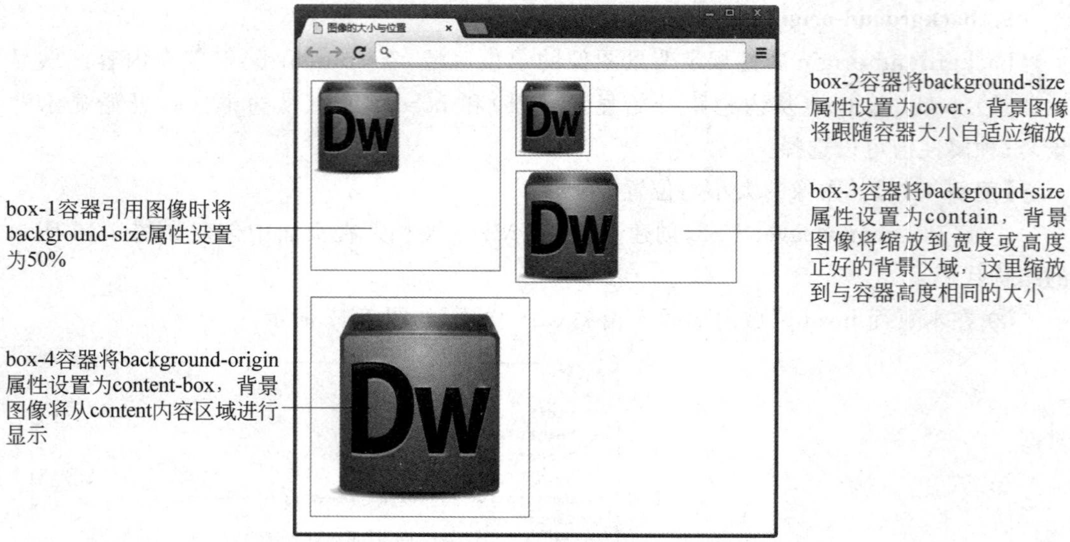

图 4-48　图像的大小与位置预览效果

的划分、新闻详细内页，以及购物网物品的介绍等，这些都需要图像和文字相互配合才能达到预期效果。无论外观怎么变化，图文混排核心的内容是让图像进行浮动。下面以实例的形式讲解图文混排的实现方法。

【案例 4-13】　图文混排。

① 启动 Dreamweaver CS6，创建新站点，并在其中建立存放图像的文件夹 images，然后将待使用的图像存放在该文件夹中。

② 在页面内插入一个名为 box 的 DIV 容器，并在其中插入 h2 标题和名为 paper 的 DIV 容器。

③ 在名为 paper 的 DIV 容器内部依次插入图像和两个无序列表，具体的结构代码如图 4-49 所示。

```
<body>
<div id="box">
  <h2>汽车 报价</h2>
  <div id="paper">
    <div class="list"> <span> <img src="car.jpg" width="180" height="120"></span>
      <ul>
        <li>[国内]<a href="#"> 雷克萨斯NX官图发布 将于北京车展首发</a></li>
        <li>[国内]<a href="#"> 布加迪将于北京车展推出传奇限量版车型</a></li>
        <li>[海外]<a href="#"> 全新大众POLO SUV新效果图 2015年发布</a></li>
        <li>[试驾]<a href="#"> 试大切诺基3.0TD柴油版 寻找心中的Jeep</a></li>
        <li>[导购]<a href="#"> 精品导购：23万进口大空间省油城市SUV</a></li>
      </ul>
    </div>
  </div>
</div>
</body>
```

图 4-49　案例 4-13 的页面结构

这里 box 容器的作用是容纳其他元素；paper 容器的作用是容纳版块内的信息；span 容器的作用是容纳图像；无序列表的作用是罗列多个列表项，之所以将各功能区域划分得这么细，主要是为了后期方便控制各种元素。

④ 在 head 区域内部插入相关 CSS 样式，如图 4-50 所示。

⑤ 保存当前文件后，通过浏览器预览，效果如图 4-51 所示。

```
<style type="text/css">
* {
    padding: 0px;
    margin: 0px;
}
li {list-style: none;}
/*设置列表项无样式*/
a {text-decoration: none;}
/*设置超链接无下划线*/
a:hover {text-decoration: underline;}
/*设置超链接鼠标悬停时有下划线*/
img {border: 0px;}/*设置图像无边框*/
body {
    color: #004080;
    font-size: 14px;
    line-height: 1.8;
}/*设置主体内容字号和行间距*/
#box {
    width: 510px;
    margin: 10px auto;
    border: 1px #333 solid;
}/*美化box*/
#box h2 {
    line-height: 35px;
    font-size: 16px;
    padding-left: 5px;
    border-bottom: 1px #333 solid;
}/*设置标题字号，以及相关美化*/
#paper {padding: 5px;}/*设置内边距5px*/
.list span {
    float: left;
    margin-right: 10px;
    width: 180px;
}/*设置图像左浮动，且距右边文字10像素距离*/
</style>
```

图 4-50　案例 4-13 的 CSS 规则

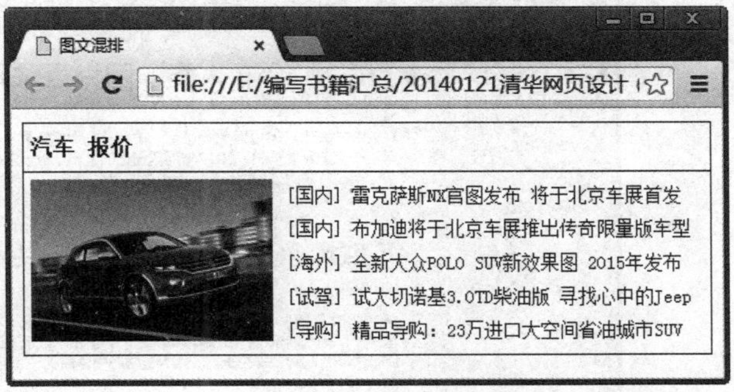

图 4-51　图文混排预览效果

4.3　过程指导——使用 HTML 5 新增元素创建“灯塔漫画背景博客”

本节运用 HTML 5 新增的结构性元素（如 section 元素、article 元素和 footer 元素）创建一个典型的博客页面，这些结构性元素能够让网页的整体结构更加直观和明确，更加富有语义效果。

4.3.1　过程分析

通过对实际任务的理解，本节需要完成的页面最终效果如图 4-52 所示。

从页面整个布局来看，主体内容采取左右两列分布的形式，左侧为博客栏目的导航，右侧为博客内容列表的主体区域。通过深思熟虑，页面布局如图 4-53 所示。请读者仔细观察，页面布局所使用的结构性元素。

图 4-52　页面最终效果

4.3.2 步骤详解

1. 前期准备工作

(1) 启动 Dreamweaver CS6,在菜单栏中执行“站点”→“新建站点”命令,在弹出的对话框中设置站点名称及路径。

(2) 在站点中创建 images 和 style 两个文件夹,分别存放页面修饰图片和 CSS 样式文件。

(3) 在 Dreamweaver CS6 的菜单栏中执行“文件”→“新建”命令,在弹出的对话框中选择“空白页”标签,“页面类型”选择 HTML,“布局”选择“无”,“文档类型”选择 HTML 5,最后单击“创建”按钮,创建一个空白文档,并命名为 index. html。

(4) 创建一个外部 CSS 样式表文件,将这个 CSS 文件保存在站点的 style 文件夹下,

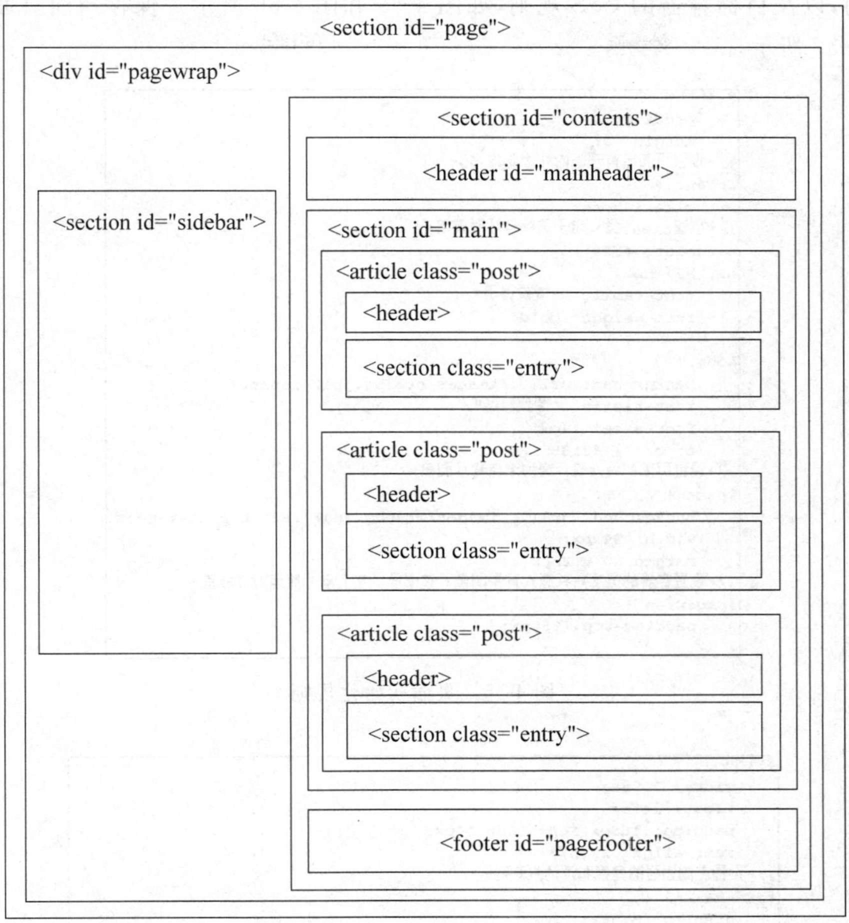

图 4-53　页面布局示意图

并命名为 style.css。

(5) 在 Dreamweaver CS6 的“CSS 样式”面板中，单击“附加样式表”按钮，弹出“链接外部样式表”对话框，将之前创建的 style.css 外部样式文件链接到 index.html 页面。

2. 页面初始化与左侧边栏的制作

(1) 在 index.html 文件的源代码编辑状态中，手动创建如图 4-54 所示的页面基本结构。在该页面结构中，<section id="page">标签用于控制整个页面对象，<div id="pagewrap">标签作为当前页面的外包裹出现，<section id="sidebar">标签作为盛放侧边栏内容的容器出现。

(2) 进入 style.css 的编辑状态，创建页面初始

```
<body>
<section id="page">
  <div id="pagewrap">
    <section id="sidebar">
      <h2>博文分类</h2>
      <ul>
        <li><a href="#">心情传说</a></li>
        <li><a href="#">人生故事</a></li>
        <li><a href="#">社会百象</a></li>
        <li><a href="#">穿衣戴帽</a></li>
      </ul>
      <h2>特色博文</h2>
      <ul>
        <li><a href="#">影评博文</a></li>
        <li><a href="#">思绪飞扬</a></li>
        <li><a href="#">生活旅行</a></li>
      </ul>
    </section>
  </div>
</section>
</body>
```

图 4-54　左侧边栏页面结构

相关规则,以及目标容器的 CSS 规则,如图 4-55 和图 4-56 所示。保存当前页面,预览效果如图 4-57 所示。

```
* {
    padding: 0;
    margin: 0;
}/*设置页面所有元素内外边距均为0*/
.clear {
    clear: both;
}/*创建clear类,用于清除浮动时使用*/
a {color: #F30;}
h1, h2, h3 {
    font-family: "微软雅黑";
    font-weight: bold;
}
body {
    background: url(../images/htmlbg.jpg) repeat;
    font-family: "微软雅黑";
    font-size: 14px;
    color: #443f36;
}/*设置页面初始外观,增加米色背景图像*/
#page {
    background: url(../images/wrapbg.jpg) left top no-repeat;
    width: 943px;
    margin: 0 0 25px 0;
}/*设置容器的宽度,并载入背景图像,该图像以左上角为原点对齐放置*/
#pagewrap {
    padding-top: 150px;
}
```

图 4-55 页面初始化规则

```
#sidebar {
    width: 139px;
    float: left;
    padding: 165px 10px 10px 10px;
    text-align: right;
}/*设置左侧边栏的宽度和浮动规则*/
#sidebar h2 {
    display: block;
    font-weight: bold;
    color: #000;
    margin-bottom: 10px;
    font-size: 2em;/*设置字体大小为原始大小的2倍*/
}
#sidebar ul {
    margin-bottom: 20px;
    list-style: none;/*清除无序列表原有风格样式*/
}
#sidebar li a {
    display: block;
    height: 25px;
    line-height: 25px;/*将行高设置为与a元素一样的高度,使其中的文字垂直显示*/
    background: url(../images/sidebarli.png) right center no-repeat;
    padding-right: 12px;
    color: #585247;
    text-decoration: none;/*清除超链接默认下划线外观显示*/
}
```

图 4-56 侧边栏相关 CSS 规则

3. 博客主体区域的制作

(1) 进入 index.html 文件的源代码编辑状态,在<section id="sidebar">的结束标签后面,插入 id="contents"的 section 容器。

(2) 在<section id="contents">标签内部,插入 id="mainheader"的 header 容器,

并在其中使用 h1 元素创建博客的标题，此时页面结构如图 4-58 所示。

图 4-57　侧边栏预览效果

```
<section id="page">
  <div id="pagewrap">
    <section id="sidebar">
      <h2>博文...
    </section>
    <section id="contents">
      <header id="mainheader">
        <h1>Yuze<span>Blog</span></h1>
      </header>
    </section>
  </div>
</section>
```

图 4-58　博客标题的页面结构

(3) 进入 style.css 的编辑状态，创建相关 CSS 规则，如图 4-59 所示。保存当前页面，预览效果如图 4-60 所示。

```
#contents {
    float: left;
    width: 620px;
}
#contents p {line-height: 18px;}
#mainheader {
    background: url(../images/headerbg.png) no-repeat;
    height: 205px;
}
#mainheader h1 {
    display: block;
    padding: 70px 70px 0 35px;
    color: #f4731d;
    font-size: 5.2em!important;/*设置字体大小为原始大
小的5.2倍，并且指定该规则优先级最高*/
}
#mainheader h1 span {
    color: #302c24;
    font-weight: normal!important;/*设置字体粗细风格为
普通显示，并且指定该规则优先级最高*/
}
```

图 4-59　博客标题的 CSS 规则

图 4-60　博客标题的预览效果

(4) 在名为 mainheader 的 header 容器的后面，插入名为 main 的 section 容器，并在其中使用 article 元素创建博客文章的整体框架，具体的页面结构如图 4-61 所示。切换到 style. css 文档中，创建与博客主体区域相关的 CSS 规则，如图 4-62 所示。

这里存放博客文章的标题

```
<section id="main">
  <article class="post">
    <header>
      <h2><a href="#">互联网20年:...</a></h2>
      <p>wuyuze |
        <time>2015年5月17日</time>
        |  10635人已阅读</p>
    </header>
    <section class="entry">
      <p>从2009年开...<a href="#">阅读全文</a></p>
    </section>
  </article>
</section>
```

这里存放博客文章的辅助信息

这里存放博客文章的内容摘要

图 4-61　博客主体区域的页面结构

(5) 保存当前页面，预览的效果如图 4-63 所示。

(6) 根据页面布局规划可知，博客主体区域的其他文章列表与之前创建的列表结构相同，这里只须将步骤(4)中制作完成的博客文章结构复制多个即可。

4. footer 区域的制作

(1) 在名为 main 的 section 容器后面，插入名为 pagefooter 的 footer 容器。

```
#main {
    background: url(../images/pagebg.gif)
 repeat-y;
    padding: 35px;
}
.post {
    margin-bottom: 15px;
    padding-bottom: 15px;
    border-bottom: solid 1px #ccc6b5;/*设
置边框外观为1像素粗细，实线显示*/
}
.post header {margin-bottom: 15px;}
.post header p {
    margin-bottom: 0!important;
    display: block;
    font-size: 1.1em;
}
.post header h2 {
    display: block;
    font: normal 2em "微软雅黑";/*设置字体
粗细、大小和字体效果*/
    color: #262119;
}
.post header h2 a {
    text-decoration: none;
    color: #262119;
}
.entry p {margin-bottom: 10px;}
```

图 4-62　博客主体区域相关的 CSS 规则

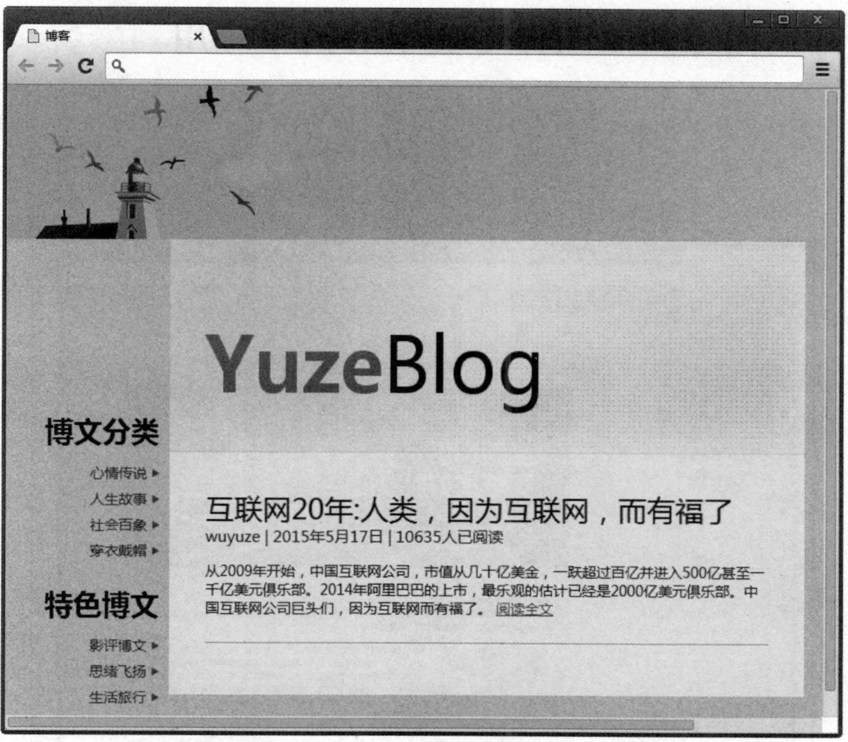

图 4-63　博客主体区域的预览效果

（2）在 footer 容器中，根据需要插入相关版权内容即可，此时的页面结构如图 4-64 所示。

(3) 切换到 style.css 文档中,创建与 footer 容器相关的 CSS 规则,如图 4-65 所示。最后,保存当前页面,通过浏览器预览读者即可看到最终效果。

```
<footer id="pagefooter">
  <div class="footerwrap">
    <p class="siteinfo"> 2015 &copy; All Rights Reserved | 宇泽互联 </p>
  </div>
</footer>
```

图 4-64 footer 区域页面结构

```
#pagefooter {
    background:
url(../images/footerbg.jpg)
no-repeat;
    height: 132px;
}
.footerwrap {
    height: 112px;
    margin-bottom: 5px;
}
.siteinfo {
    display: block;
    color: #fff;
    font-size: 1.2em;
    padding: 50px 0 0 0;
    text-align: center;
}
```

图 4-65 与 footer 容器相关的 CSS 规则

至此,使用 HTML 5 新增结构性元素创建的博客页面已经制作完成了,读者在制作过程中需要体会结构性元素给页面带来的语义。

4.4 自主任务——图像与文本的简单应用

根据本章知识的讲解,读者应该掌握图像与文本在网页中是如何被 CSS 控制和美化的,本节通过一个布局简单的页面,进一步巩固与图像和文本相关的 CSS 知识,页面最终效果如图 4-66 所示,布局如图 4-67 所示。

图 4-66 图像与文本的简单应用最终效果

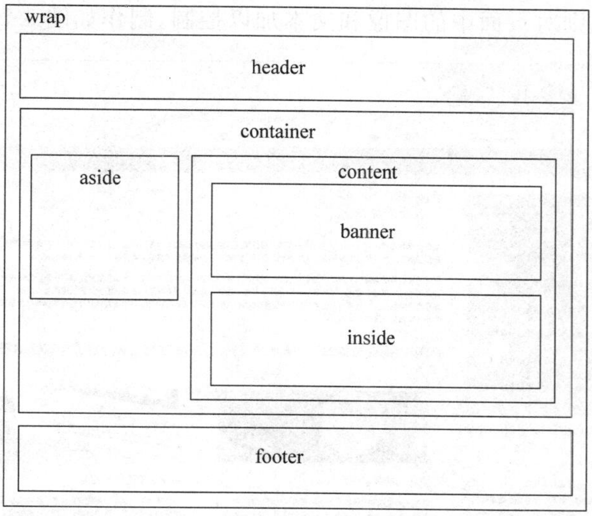

图 4-67　布局示意图

4.5　习题

1. 如何批量替换页面中的文本?
2. text-indent 属性用于控制什么?
3. 什么是锚链接? 它与普通的文本链接有何异同?
4. text-shadow 属性用于控制什么?
5. 对某个 DIV 容器附加两个背景图像时,会有什么效果?
6. 图文混排的核心要素是什么?
7. 如何在页面中插入如图 4-68 所示的特殊字符?
8. 按照图 4-69 所示内容,制作图文混排效果的列表。

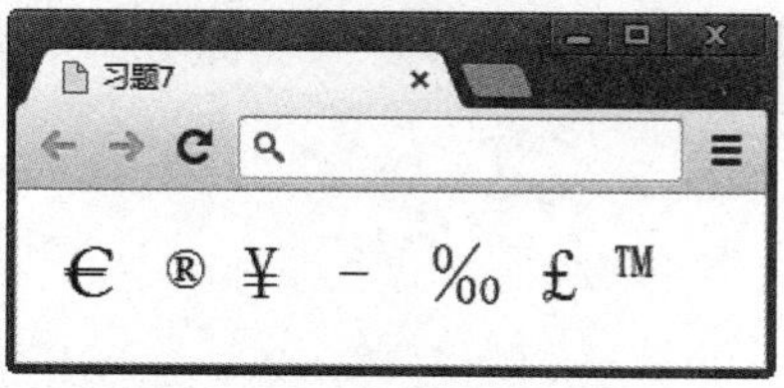

图 4-68　习题 7 图

图 4-69　习题 8 图

9. 使用 CSS 规则对页面中的图像和文本加以控制,制作如图 4-70 所示的页面。

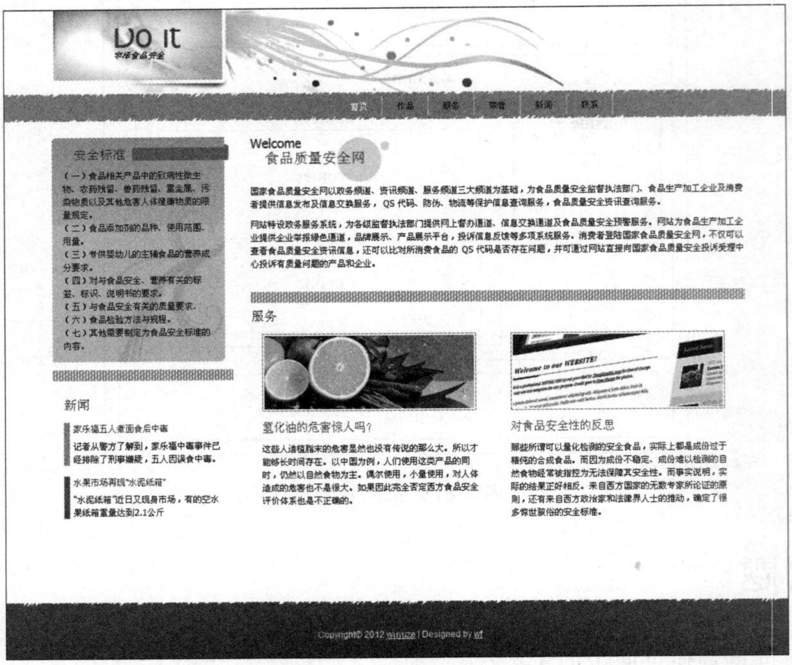

图 4-70　习题 9 页面

第 5 章

浮动、定位和列表

【本章导读】

CSS 中的浮动和定位具有重要意义和作用，通过具体的参数设置可以实现页面布局的多样变化，而列表元素在页面布局中也非常实用，常见的导航栏、新闻列表和图文信息列表都是通过列表元素作为骨架而搭建的。

【学习目标】

➢ 掌握 float 浮动属性的相关概念和使用方法；
➢ 了解有关定位的基本知识，能够使用相对定位和绝对定位实现网页效果；
➢ 掌握多种列表样式的使用方法。

5.1 浮动

CSS 中的浮动(float)属性能够使应用该属性的元素脱离当前文本流，向左或向右移动直到它的外边缘碰到包含框或另一个浮动框的边框为止。

5.1.1 浮动的基本知识

当某个元素被赋予浮动属性后，该元素就会生成一个块级框，脱离并悬浮在文本流上方。float 属性有四个可用的值：left 和 right 属性值分别浮动元素到各自的方向，none(默认值)属性值使元素不具有浮动效果，inherit 属性值将会从父级元素获取 float 值。

1. 左(右)浮动

当某个元素具有向左(右)浮动的属性，那么该元素便脱离当前文档流向左(右)移动，直到碰到左(右)边缘。

【案例 5-1】 左(右)浮动。

① 启动 Dreamweaver CS6，创建空白 HTML 5 文档，在代码视图中，创建一组嵌套的 DIV 容器，具体结构代码如图 5-1 所示。

```
<body>
<div id="box" class="clearfix" >
  <div id="box-1">box_1</div>
  <div id="box-2">box_2</div>
  <div id="box-3">box_3</div>
</div>
</body>
```

图 5-1 案例 5-1 的页面结构

② 在代码视图中，在本页面 head 区域创建相关 CSS 规则，如图 5-2 所示。

③ 保存当前网页文件,通过浏览器即可看到预览效果,如图 5-3 所示。

```
<style type="text/css">
body {
    font-size:22px;
}
#box {
    width:400px;
    border:2px #F60 dotted;
}
#box-1 {
    width:100px;
    height:100px;
    border:2px #36F dotted;
    margin:10px;
}
#box-2 {
    width:100px;
    height:100px;
    border:2px #36F dotted;
    margin:10px;
}
#box-3 {
    width:100px;
    height:100px;
    border:2px #36F dotted;
    margin:10px;
}
</style>
```

图 5-2 案例 5-1 的 CSS 规则

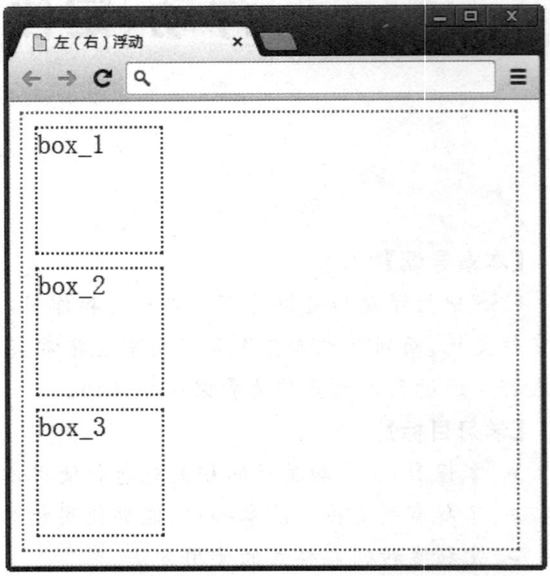

图 5-3 案例 5-1 的初始预览效果

④ 将名为 box_1 的 DIV 容器增加“float:right;”属性,这时 box_1 便脱离文档流向右移动,直到它的右边缘碰到 box 容器的右边框为止,如图 5-4 所示。

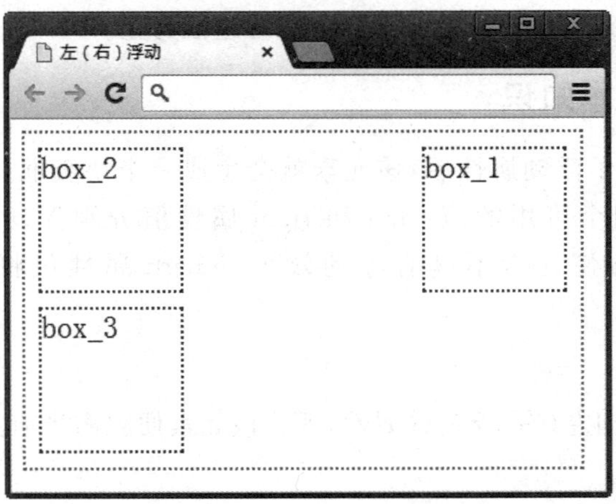

图 5-4 box_1 向右浮动

⑤ 为名为 box_2 的 DIV 容器增加“float:left;”属性,这时 box_2 便脱离文档流向左移动,直到它的左边缘碰到 box 容器的左边框为止,如图 5-5 所示。需要特别注意的是,由于 box_2 不再处于文档流中,所以它不占据空间,实际上覆盖了 box_3,致使 box_3 从视图中消失。

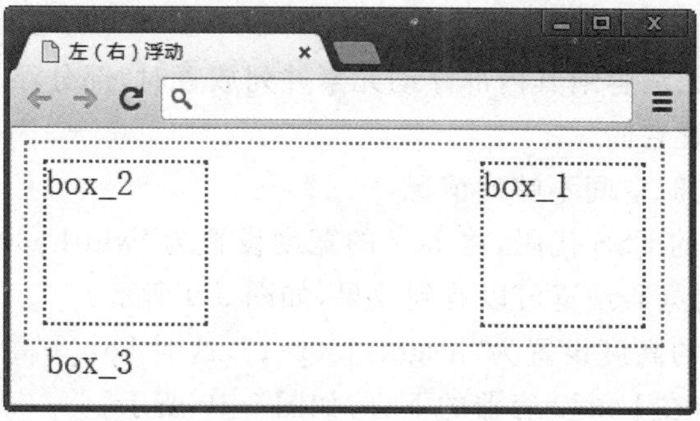

图 5-5　box_2 向左浮动

⑥ 删除之前为 box_1 和 box_2 增加的浮动属性。统一为 box_1、box_2 和 box_3 增加"float:left;"属性。

这时 box_1 向左浮动直到碰到左边框时静止，另外两个元素也向左浮动，直到碰到前一个浮动框也静止，如图 5-6 所示，最终将纵向排列的 DIV 容器变成了横向排列。

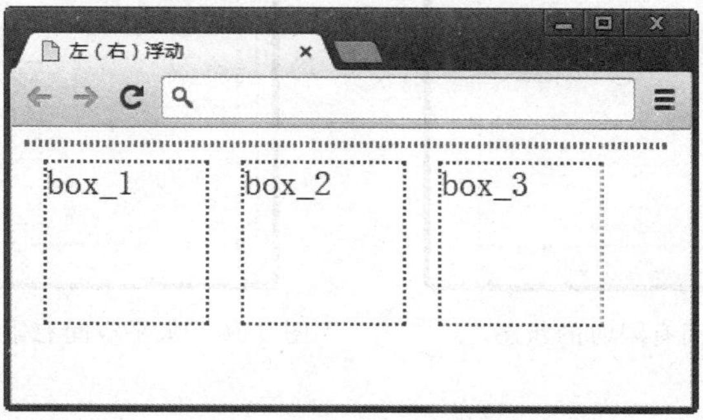

图 5-6　所有元素向左浮动

细心的读者可以发现，由于 box_1、box_2 和 box_3 均拥有向左浮动的属性，集体脱离了文档流，致使包含这 3 个容器的父级容器 box 内部没有任何内容，所以 box 被简化为一条线位于页面顶部。解决这种情况的方法是针对 box 容器编写清除浮动的 CSS 规则，如图 5-7 所示，最后的预览效果如图 5-8 所示。

```
.clearfix:after {
    content: ".";
    visibility: hidden;
    display: block;
    height: 0;
    clear: both;
}
```

图 5-7　清除浮动

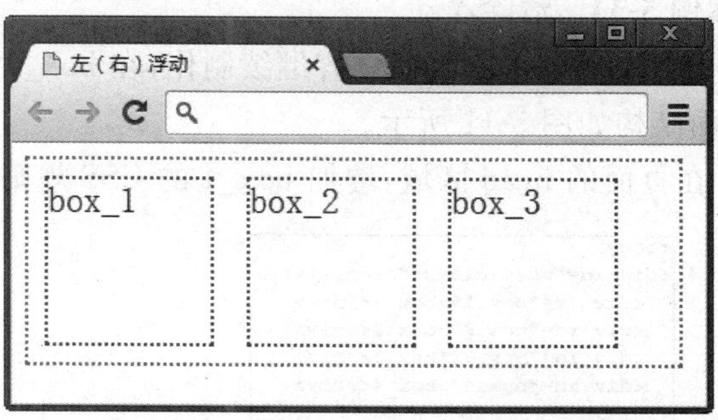

图 5-8　案例 5-1 的最后预览效果

2. 浮动时空间不够的情况

当父级容器宽度无法容纳其内部浮动元素并列放置时，部分浮动元素将会向下移动，直到有足够的空间放置它们。

【案例 5-2】 浮动时空间不够的情况。

① 修改案例 5-1 的 CSS 代码，将 box 的宽度设置为“width：300px；”，这时无法并列放置所有元素，通过浏览器预览可以看到效果，如图 5-9 所示。

② 将 box_1 容器的高度设置为“height：150px；”，这时 box_1 高度增加，挡住了 box_3 容器，致使 box_3 停留在 box_2 容器的下方，如图 5-10 所示。

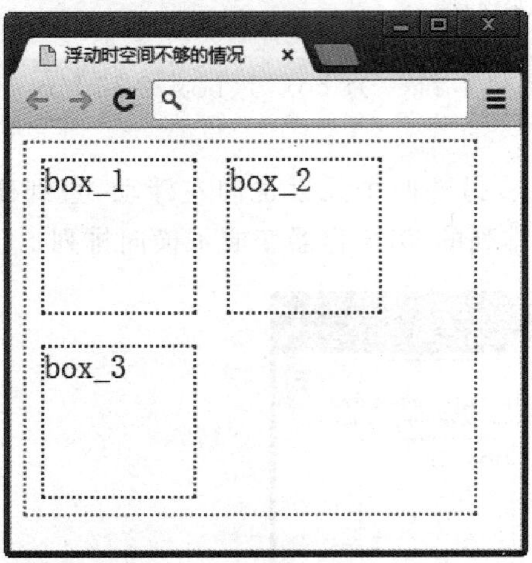

图 5-9　水平空间有限时的状态

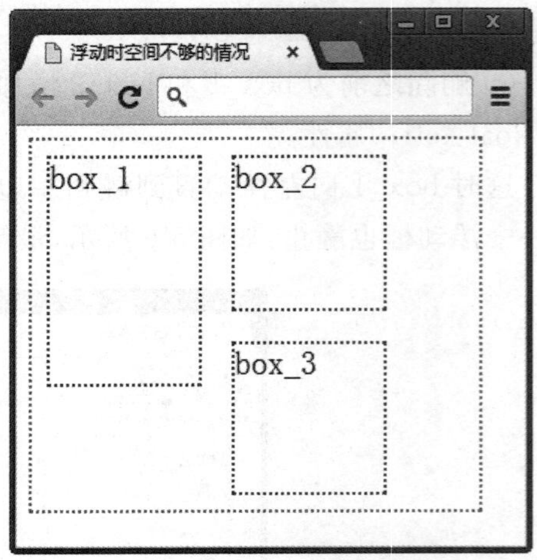

图 5-10　水平空间有限且不同高度的浮动元素

5.1.2　清除浮动

虽然浮动属性的确能帮助设计者实现良好的布局效果，但如果使用不当就会导致页面出现错位的现象。这时就要将某些元素的浮动属性清除，以解决页面错位的现象。

清除浮动主要利用的是 clear 属性中的 both(左右两侧均不允许浮动元素)、left(左侧不允许浮动元素)和 right(右侧不允许浮动元素)3 个属性值清除由浮动产生的效果。

【案例 5-3】 清除浮动。

① 使用案例 5-1 的页面内容继续制作，在 box_3 的后面再增加一个块级元素 box_4，此时页面结构如图 5-11 所示。

② 在页面的 head 区域，增加 box_4 的 CSS 规则，如图 5-12 所示。

```
<body>
<div id="box" class="clearfix" >
  <div id="box_1">box_1</div>
  <div id="box_2">box_2</div>
  <div id="box_3">box_3</div>
  <div id="box_4">box_4</div>
</div>
</body>
```

图 5-11　案例 5-3 的页面结构

```
#box_4 {
    width:370px;
    height:50px;
    margin:10px;
    background:#F90;
}
```

图 5-12　案例 5-3 的 CSS 规则

③ 保存当前网页文件，通过浏览器即可看到预览效果，如图 5-13 所示。这里由于 box_4 并没有设置浮动，虽然独占一行，但整体却跑到了页面顶部，并且被之前的元素所覆盖，出现了非常严重的页面错位现象。

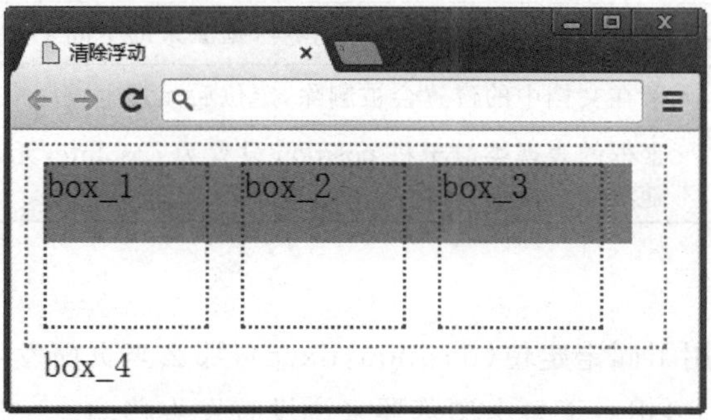

图 5-13　案例 5-3 的预览效果

④ 要解决这种问题，就必须清除左右浮动才能让新增的块级元素处于正确的位置。因此必须在 box_4 的 CSS 样式规则中添加“clear：both；”规则。应用该规则后，box_4 容器之前的浮动全部被清除，通过预览即可看到效果，如图 5-14 所示。

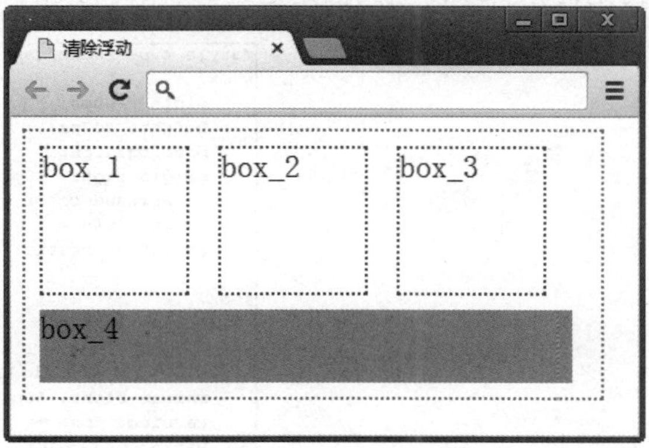

图 5-14　清除浮动后的效果

5.2　定位

position（定位）属性能够帮助设计者对页面中的各种元素定义其应该出现的位置，在 CSS 布局过程中实用性很强。通过使用 position 属性，可以选择 4 种不同类型的定位模式，详见表 5-1 所示。

5.2.1　静态定位与固定定位

1. 静态定位

静态定位是 position 属性的默认值，没有特殊的定位含义。在不重新定位的情况下，即便对某一元素应用了静态定位（position：static；），页面布局也不会有任何变化。

表 5-1 position 属性

属性值	含 义
static	position 属性的默认值,无特殊定位
relative	相对,元素虽然偏移某个距离,但仍然占据原来的空间
absolute	绝对,元素在文档中的位置会被删除,定位后元素生成一个块级元素
fixed	固定,元素框的表现类似于将 position 设置为 absolute,元素被固定在屏幕的某个位置,不随滚动条滚动

2. 固定定位

如果某一元素应用了固定定位(position:fixed),那么当页面发生滚动时,该对象依然会停留在原有的位置上,相对于整个浏览器来说没有发生移动。

【案例 5-4】 静态定位与固定定位。

① 启动 Dreamweaver CS6,创建空白 HTML 5 文档。在文档中依次创建 3 个相互并列的 DIV 容器,页面结构如图 5-15 所示。

② 在页面顶部 head 区域中添加 CSS 样式规则。根据需要这里对 box1 应用静态定位,对 box2 不应用任何定位,对 box3 应用固定定位,具体代码如图 5-16 所示。

```
<body>
<div id="box1">应用静态定位的容器box1</div>
<div id="box2">没有应用定位的容器box2</div>
<div id="box3">应用固定定位的容器box3</div>
</body>
```

图 5-15 案例 5-4 的页面结构

```
<style type="text/css">
#box1 {
    width: 200px;
    height: 200px;
    padding: 5px;
    margin-right: 10px;
    background-color: #9C0;
    float: left;
    position: static;
}
#box2 {
    width: 200px;
    height: 2000px;
    /*此处设置高度是为了让浏览器出现纵向的滚动条*/
    margin-right: 10px;
    padding: 5px;
    background-color: #FF0;
    float: left;
}
#box3 {
    width: 200px;
    height: 200px;
    padding: 5px;
    background-color: #9C0;
    float: left;
    position: fixed;/*固定定位*/
    top: 10px;/*距顶部10px的距离*/
    left: 450px;/*距左侧450px的距离*/
}
</style>
```

图 5-16 案例 5-4 的 CSS 规则

③ 保存当前页面文档,通过浏览器预览可以看到效果,如图 5-17 所示。

本案例中由于 box2 设置了足够高的高度,所以使得浏览器出现纵向滚动条。当向下滚动页面时可以清楚地发现,box1 和 box2 跟随浏览器页面的滚动而滚动,而 box3 仍然位于屏幕同样的地方。

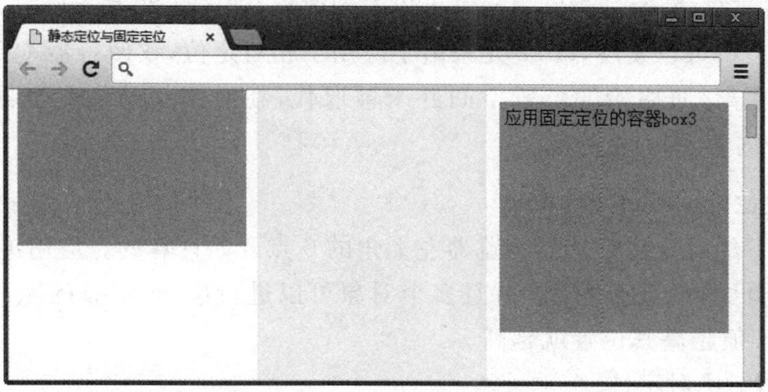

图 5-17　静态定位与固定定位预览效果

需要特别指出的是，IE 6 及更早版本的浏览器不支持固定定位，读者需要更新浏览器版本或者采用其他浏览才能看到此示例的效果。

5.2.2　相对定位与绝对定位

在实际工作中，相对定位与绝对定位的使用效率很高，某些特殊效果需要使用该类型的定位去解决，而且这两种定位通常搭配使用。

1. 相对定位（position：relative）

相对定位指的是让元素本身“相对于”它原始的起点进行定位。应用相对定位的元素，即便赋予新的位置值，但仍然占据原来的位置空间。

【案例 5-5】 相对定位。

① 启动 Dreamweaver CS6，创建空白 HTML 5 文档。在文档中依次创建 3 个相互并列的 DIV 容器，页面结构如图 5-18 所示。

② 在页面顶部 head 区域中添加 CSS 样式规则。根据需要这里对 box1 和 box3 不应用任何定位，对 box2 应用相对定位，具体代码如图 5-19 所示。

```
<body>
<div id="box1">没有应用定位的元素box1</div>
<div id="box2">应用相对定位的元素box2</div>
<div id="box3">没有应用定位的元素box3</div>
</body>
```

图 5-18　案例 5-5 的页面结构

```
<style type="text/css">
#box1 {
    width: 200px;
    height: 50px;
    background: #FC0;
}
#box2 {
    width: 200px;
    height: 100px;
    background: #F60;
    position: relative;
    /*相对于原有位置进行相对定位*/
    top: 30px;/*距顶部30像素*/
    left: 100px;/*距左侧100像素*/
}
#box3 {
    width: 200px;
    height: 50px;
    background: #FC0;
}
</style>
```

图 5-19　案例 5-5 的 CSS 规则

③ 保存当前文档,通过浏览器预览可以看到效果,如图 5-20 所示。

在预览效果中可以发现,box2 元素由于应用了相对定位,致使容器本身向右、向下各移动了一定的距离,而原始的位置空间并未被取代,在应用新的位置坐标后,还遮盖了 box3 的一部分内容。

2. 绝对定位(position:absolute)

默认状态下绝对定位是依据浏览器左上角的 0 点开始计算的。应用绝对定位的元素可以被放置在页面中的任何位置,并且多个对象可以进行层叠,层叠的顺序由 z-index 属性控制,z-index 值越高其位置就越高。

【案例 5-6】 绝对定位。

① 启动 Dreamweaver CS6,创建空白 HTML 5 文档。在文档中依次创建 4 个相互并列的 DIV 容器,页面结构如图 5-21 所示。

② 在页面顶部 head 区域中添加 CSS 样式规则。根据需要这里对 box1 和 box3 不应用任何定位,对 box2 和 box4 应用绝对定位,具体代码如图 5-22 所示。

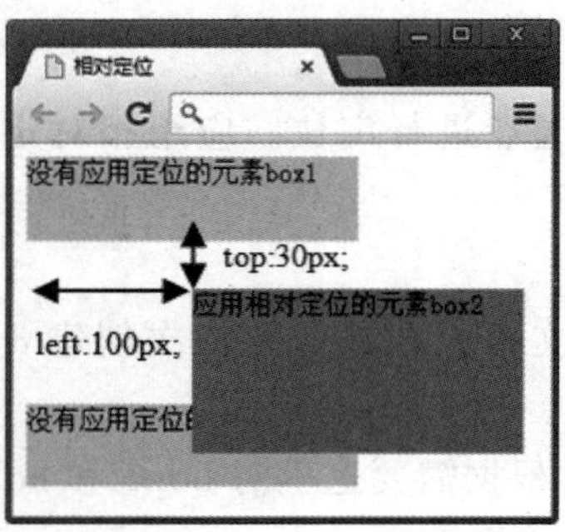

图 5-20 相对定位预览效果

```
<body>
<div id="box1">没有应用定位的元素box1</div>
<div id="box2">应用绝对定位的元素box2</div>
<div id="box3">没有应用定位的元素box3</div>
<div id="box4">应用绝对定位的元素box4</div>
</body>
```

图 5-21 案例 5-6 的页面结构

```
<style type="text/css">
#box1 {
    width:200px;
    height:50px;
    background:#FC0;
    margin-bottom:10px;
}
#box2 {
    width:200px;
    height:50px;
    background:#F60;
    position:absolute;
    /*参照浏览器左上角进行绝对定位*/
    top:100px;/*距顶部100像素*/
    left:195px;/*距左侧195像素*/
}
#box3 {
    width:200px;
    height:50px;
    background: #6C9;
}
#box4 {
    width:200px;
    height:50px;
    background:#FC0;
    position:absolute;
    /*参照浏览器左上角进行绝对定位*/
    top:130px;/*距顶部130像素*/
    left:220px;/*距左侧220像素*/
}
</style>
```

图 5-22 案例 5-6 的 CSS 规则

③ 保存当前文档,通过浏览器预览可以看到效果,如图 5-23 所示。

在预览效果中可以发现,box2 和 box4 元素由于应用了绝对定位,不仅向右、向下各移动了一定的距离,而且参照原点还是浏览器的左上角。由于 box4 容器在 box2 容器后面,致使同样应用绝对定位的 box4 容器覆盖在 box2 容器上面。

若要改变这种层叠顺序,可以分别在 CSS 样式规则中对 box2 和 box4 元素增加“z-index:101;”和“z-index:100;”规则,即可实现 box2 覆盖 box4 的效果。本案例中 z-index 的数值可以任意设置,数值越大越接近顶层,数值越小越接近底层。

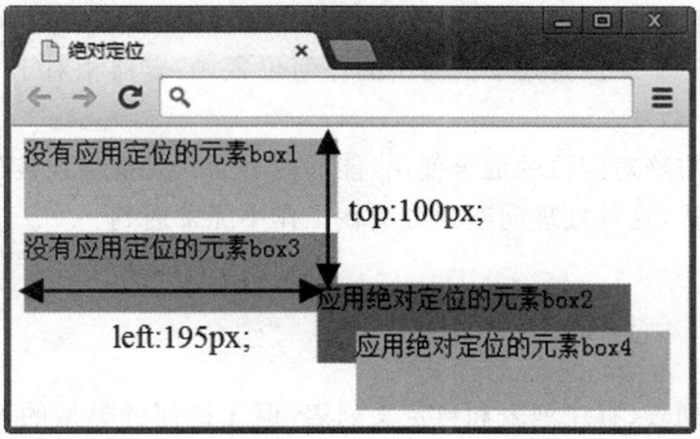

图 5-23　绝对定位预览效果

3. 相对定位与绝对定位的混合使用

在实际工作中发现，仅使用相对定位，或仅使用绝对定位的情况下，如果浏览器放大或缩小，应用定位的元素有时会跟随浏览器的放大或缩小改变其位置，不能满足实际需要，相对定位与绝对定位的混合使用能解决这个问题。

例如要让 Y 容器相对于其父级容器 X 进行绝对定位，那么 X 容器自身需要设置为相对定位，Y 容器自身需要设置为绝对定位，这就是相对定位与绝对定位的混合使用。这里通过实例进一步说明。

【案例 5-7】 相对定位与绝对定位的混合使用。

① 启动 Dreamweaver CS6，创建空白 HTML 5 文档。在文档中依次创建 2 个父子关系的 DIV 容器，页面结构如图 5-24 所示。

```
<body>
<div id="X">X容器是Y容器的父一级容器
  <div id="Y">Y容器是X容器的子容器</div>
</div>
</body>
```

图 5-24　案例 5-7 的页面结构

② 在页面顶部 head 区域中添加 CSS 样式规则。根据需要这里对父级 X 容器应用相对定位，对子级 Y 容器应用绝对定位，具体代码如图 5-25 所示。

③ 保存当前文档，通过浏览器预览可以看到效果，如图 5-26 所示。

```
<style type="text/css">
#X {
    width: 200px;
    height: 200px;
    background: #FC0;
    position: relative;
    padding: 5px;
    margin: 0 auto;
}
#Y {
    width: 80px;
    height: 80px;
    padding: 5px;
    background: #F60;
    position: absolute;
    /*参照父级容器X进行绝对定位*/
    top: 50px;/*距顶部50像素*/
    left: 100px;/*距左侧100像素*/
}
</style>
```

图 5-25　案例 5-7 的 CSS 规则

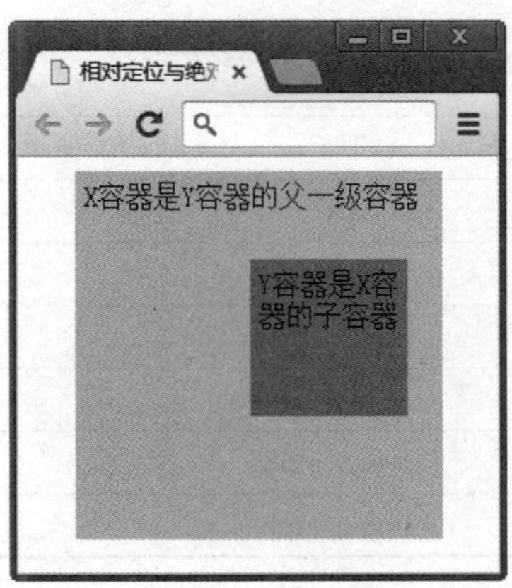

图 5-26　案例 5-7 的最终预览效果

在预览效果中可以发现,Y 容器的参照物是其父容器 X,设置的 top 和 left 值也是相对于 X 容器而言的,即 X 容器处于页面中的任何位置,Y 容器相对于 X 容器的距离都是不变的。

通过相对定位与绝对定位的混合使用,能够使页面元素精确地被放置在需要的位置,而不受外界因素干扰,这种处理问题的方法在工作中经常遇到。

5.3 列表

列表包括无序列表、有序列表和自定义列表,但无论何种类型的列表,其骨架结构都十分相似,在网页制作中具有重要的实际意义。

本书第 2 章中已经对列表进行了简单的讲解,这里结合工作中的实际经验,以及相关的 CSS 知识向读者进一步讲解列表的使用方法。

5.3.1 与列表相关的 CSS 属性

在 CSS 样式中,主要是通过 list-style-image 属性、list-style-position 属性和 list-style-type 属性改变列表修饰符的类型,有关列表的属性及其属性值说明详见表 5-2 和表 5-3。

表 5-2 CSS 列表属性

属 性	说 明
list-style	复合属性,用于把所有用于列表的属性设置于一个声明中
list-style-image	将图像设置为列表项标志
list-style-position	设置列表项标记如何根据文本排列
list-style-type	设置列表项标志的类型
marker-offset	设置标记容器和主容器之间水平补白

表 5-3 常用的 list-style 属性值

属 性 值	说 明
none	无标记,不使用项目符号
disc	默认值。标记是实心圆
circle	标记是空心圆
square	标记是实心方块
decimal	标记是数字
lower-roman	小写罗马数字,如 i、ii、iii、iv、v 等
upper-roman	大写罗马数字,如 I、II、III、IV、V 等
lower-alpha	小写英文字母,如 a、b、c、d、e 等
upper-alpha	大写英文字母,如 A、B、C、D、E 等

【案例 5-8】 列表的简单属性。

① 启动 Dreamweaver CS6，新建 HTML 5 文档，并在其中创建一组无序列表和一组嵌套的有序列表，这时的页面结构如图 5-27 所示。

② 在页面 head 区域分别创建名为 wx 和 yx 的 CSS 规则，如图 5-28 所示。

```
<body>
<ul id="wx">
  <li>无序列表中的一个列表项</li>
  <li>无序列表中的一个列表项</li>
</ul>
<ol id="yx">
  <li>多级有序列表</li>
  <li>多级有序列表
    <ol>
      <li>多级有序列表</li>
      <li>多级有序列表</li>
    </ol>
  </li>
  <li>多级有序列表</li>
</ol>
</body>
```

图 5-27　案例 5-8 的页面结构

```
<style type="text/css">
#wx {
    list-style-type: circle;
}/*设置无序列表样式为圆圈模式*/
#yx {
    list-style-type: upper-roman;
}/*设置有序列表模式为大写罗马数字*/
</style>
```

图 5-28　案例 5-8 的 CSS 规则

③ 保存当前文件后，通过浏览器预览可以看到效果，如图 5-29 所示。

从本例中可以看出，列表均有默认的外观属性，要想让列表呈现出其他外观，还需要借助 CSS 的帮助。

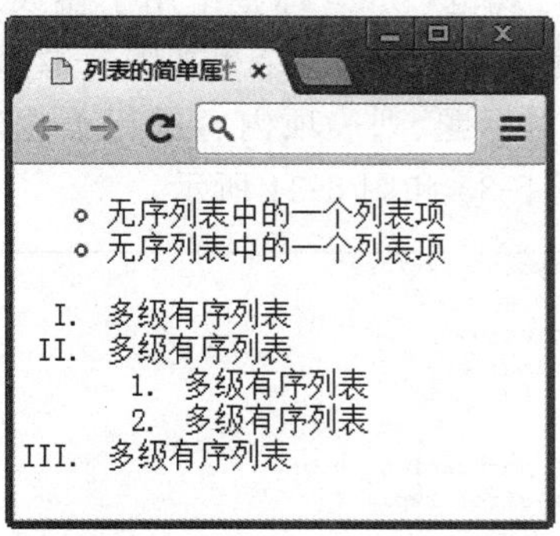

图 5-29　案例 5-8 的预览效果

图 5-30　包含图像修饰符的列表

5.3.2　列表的图像修饰符

列表在默认风格状态下其外观不能满足实际的美化需要，设计师通常借用某些小图像作为点缀放在列表项前面或后面，如图 5-30 所示。

根据之前的知识可知，list-style-image 属性能够在列表前增加图像修饰符，而在实际工作中这个属性使用频率并不多，其原因在于使用该属性虽然能够为列表增加图像修饰符，但控制的灵活度太差，所以设计者通常采用其他方法来实现向列表添加图像修饰符的效果。

这里着重讲解工作中经常采用的处理方法，请读者注意 padding-left 属性在案例中的应用,至于 list-style-image 属性的用法,读者自行实验即可,这里不再赘述。

【案例 5-9】 列表的图像修饰符。

本案例将使用一组无序列表制作常见的音乐排行榜榜单,并且在每个列表项前面显示美化的背景图像,具体操作如下。

① 启动 Dreamweaver CS6,创建新站点,并在其中建立存放图像的文件夹,将所用素材复制到该文件夹中。

② 新建 HTML 5 文档,创建一个名为 sidebar 的 section 容器,并在其中创建一组无序列表,页面结构如图 5-31 所示。

```
<body>
<section id="sidebar">
  <h1>新歌榜</h1>
  <ul>
    <li><a href="#">至少还有你</a> <span>姚贝娜</span></li>
    <li><a href="#">时间都去哪了</a> <span>王铮亮</span></li>
    <li><a href="#">我的要求不算高</a> <span>黄渤</span></li>
    <li><a href="#">陪你走到底</a> <span>张靓颖</span></li>
    <li><a href="#">同桌的你</a> <span>胡夏</span></li>
    <li><a href="#">自由自在</a> <span>凤凰传奇</span></li>
    <li><a href="#">想神马就有神马</a> <span>吴莫愁</span></li>
    <li><a href="#">男人歌</a> <span>小沈阳</span></li>
    <li><a href="#">情非得已</a> <span>庾澄庆</span></li>
    <li><a href="#">一起吃苦的幸福</a> <span>exo</span></li>
  </ul>
</section>
</body>
```

图 5-31 案例 5-9 的页面结构

在此页面结构中,使用无序列表对具体内容进行规范,<a>标签中用于盛放音乐的名称,<span>标签用于盛放演唱者的名字。此时通过浏览器预览的结果如图 5-32 所示。

③ 从图中可以看出,整体效果很差,下面分别对标题、列表项内容进行美化。在本页面顶部的 head 区域内,编写对应的 CSS 样式,如图 5-33 和图 5-34 所示。

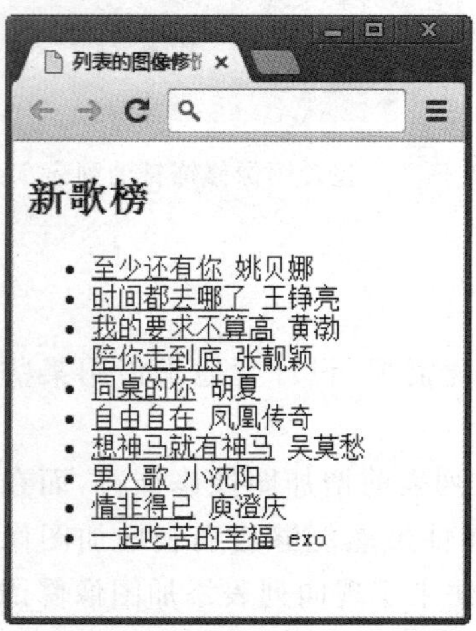

图 5-32 案例 5-9 的当前预览效果

```
<style type="text/css">
* {
    margin: 0;
    padding: 0;
}
a {
    text-decoration: none;
    font-size: 12px;
}
a:hover {
    text-decoration: underline;
    color: #F00;
}
#sidebar {
    width: 200px;
    border: 2px solid #999;
    margin: 10px;
}
#sidebar h1 {
    height: 32px;
    line-height: 32px;
    font-size: 20px;
    padding-left: 10px;
    color: #FFFFFF;
    background: url(h_bg.gif) repeat-x left top;
}
```

图 5-33 列表的图像修饰符的 CSS 规则(1)

```
#sidebar ul {
    height: 220px;/*设置整个列表的高度*/
    padding-left: 26px; /*设置左内边距，目的留出背景图像的位置*/
    background: url(ul_bg.gif) no-repeat 0 0;/*设置列表背景图像，左上角对齐*/
}
#sidebar ul li {
    line-height: 20px;
    list-style: none; /* 去除列表的默认风格 */
}
#sidebar ul li span {
    font-size: 12px;
    color: #CCC; /*设置歌手名字为灰色*/
}
</style>
```

图 5-34　列表的图像修饰符的 CSS 规则(2)

④ 保存当前文件后，通过浏览器预览可以看到效果，如图 5-35 所示。

需要特别注意的是，在 CSS 样式规则 # sidebar ul 中，padding-left 和 background 属性分别设置了文字缩进距离和增加背景图像的效果，正是有了这些设置才能看到最终的效果。此外，本例中处理背景图像的方法也有弊端，例如背景图像必须预先调整好 10 个数字之间的距离，而且如果增加了每个列表 li 标签的高度，就要重新制作图像。

图 5-35　列表的图像修饰符预览效果

5.3.3　纵向导航

导航在网页中是必不可少的部分，从视觉角度来看，导航可分为纵向导航、横向导航和异形导航。

透过表象看本质，导航可以归纳为一个列表，而且列表项之间并无先后顺序，因此设计者通常采用无序列表实现导航。由于无序列表本身就是纵向排列的，因此仅需少许改造即可实现精美的列表模式纵向导航。本节以制作实例的方式讲解纵向导航的实现。

【案例 5-10】　纵向导航。

① 启动 Dreamweaver CS6，创建新站点，并在其中建立存放图像的文件夹，将所用素材复制到该文件夹中。

② 新建 HTML 5 文档，创建一个名为 page_nav 的 nav 容器，并在其中创建一组无序列表，如图 5-36 所示。

在此页面结构中，所有文字均被 li 标签所包裹，由于这些文字都是超链接所以又被 a 标签所包裹，为了呈现“我的首页”文字链接与其他导航的区别之处，这里拟定义 current 类规则来单独解决这个问题。

在未添加任何 CSS 规则的情况下，预览效果如图 5-37 所示。

③ 在本页面顶部的 head 区域内，编写对应的 CSS 样式，如图 5-38 所示。

④ 保存当前文件后，通过浏览器预览可以看到效果，如图 5-39 所示。

```
<body>
<nav id="page_nav">
  <ul>
    <li><a href="#" class="current">我的首页</a></li>
    <li><a href="#">今日焦点</a></li>
    <li><a href="#">用车服务</a></li>
    <li><a href="#">自驾精选</a></li>
    <li><a href="#">汽车视频</a></li>
    <li><a href="#">试驾评测</a></li>
  </ul>
</nav>
</body>
```

图 5-36　案例 5-10 的页面结构

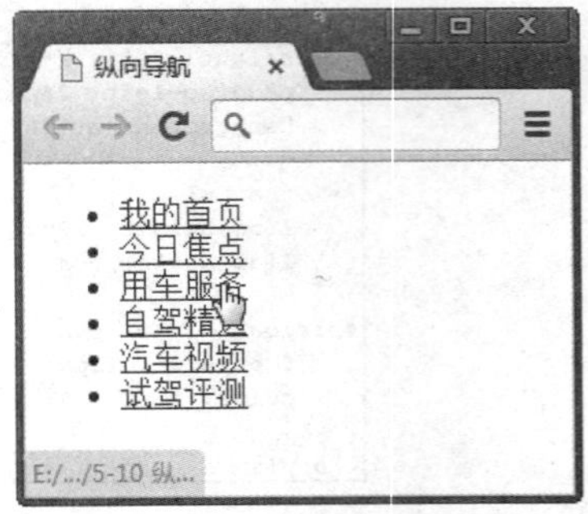

图 5-37　案例 5-10 的当前预览效果

```
<style type="text/css">
#page_nav {
    width: 130px;
    border: 1px solid #cccccc;
    padding: 3px;
    font: 12px/18px Arial,sans-serif;
}
#page_nav * {
    margin: 0;
    padding: 0;
}
#page_nav li {
    list-style: none;
    border-bottom: 1px solid #ffce88;/*设置列表项之间的间隔线*/
}
#page_nav li a {
    display: block;
    background: #fbd346 url(menu_bg.jpg) repeat-y left;
    color: #000;
    text-decoration: none;/*取消超链接文字下划线效果*/
    padding: 5px 5px 10px 15px;/*设置内边距，目的是将a元素
所在的容器扩展出一定的空间，用于显示背景图像*/
}
#page_nav li a:hover {
    background: #f7941d url(menu_h.jpg) repeat-x top;
}
#page_nav li a.current, #page_nav li a:hover.current {
    background: #f7941d url(current.jpg) repeat-x top;
}
</style>
```

图 5-38　案例 5-10 的 CSS 规则

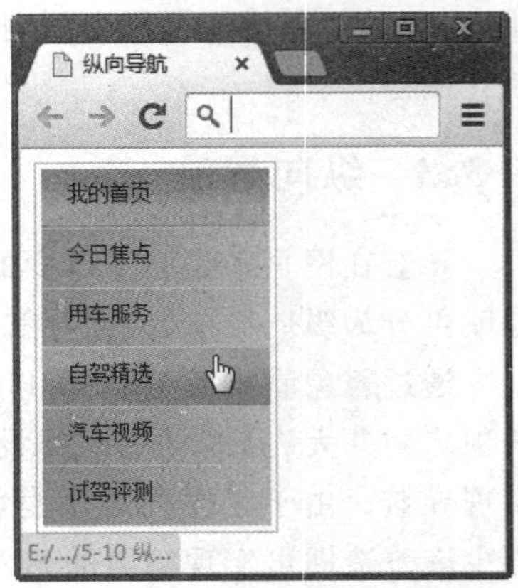

图 5-39　纵向导航预览效果

这里需要注意的是，CSS 样式规则中通过无序列表将导航整合起来，再使用 background 属性多次引用不同的图像呈现出多样的效果。

伪元素 a:hover 在 CSS 样式中的含义是超链接鼠标悬停时的状态，通过改变其中的背景图像，实现鼠标悬停在文字链接时背景交替变化的效果。

5.3.4　横向导航

5.3.3 小节已经讲述了纵向列表导航的实现方法，如果想要让列表横向排列，float 属性起到了至关重要的作用，这也是横向导航实现的核心所在。下面通过实例来讲述横向导航的实现方法，请读者仔细体会 float 属性所起的作用。

【案例 5-11】 横向导航。

① 启动 Dreamweaver CS6，创建新站点，并在其中建立存放图像的文件夹，将所用素

材复制到该文件夹中。

② 新建 HTML 5 文档，创建一个名为 nav 的 DIV 容器，并在其中创建一组无序列表，如图 5-40 所示。在未添加任何 CSS 规则的情况下，预览效果如图 5-41 所示。

③ 为了让列表横向排列，这里需要对列表设置浮动效果，在本页面顶部的 head 区域内，编写对应的 CSS 样式，如图 5-42 所示。

```
<body>
<div id="container">
  <ul id="nav">
    <li><a href="#">我的首页</a></li>
    <li><a href="#">关于我们</a></li>
    <li><a href="#">我的工作</a></li>
    <li><a href="#">联系我们</a></li>
  </ul>
</div>
</body>
```

图 5-40　案例 5-11 的页面结构

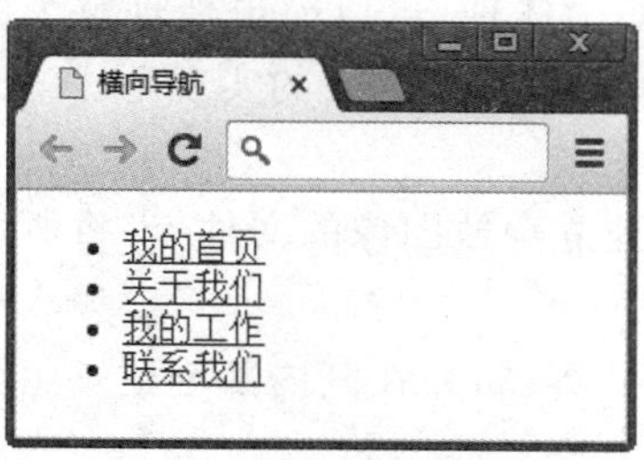

图 5-41　案例 5-11 的当前预览效果

```
<style type="text/css">
* {
    margin: 0;
    padding: 0;
    border: 0;
}
body {background: #f5f0e0 url(images/noise.png);}
#container {
    height: 800px;
    background: url(images/bg.jpg) center top no-repeat;
}
ul#nav {
    width: 700px;
    margin: 0 auto;
    text-align: center;
    overflow: hidden;
}
ul#nav li {
    float: left;/*设置列表浮动效果，其目的是让列表横向排列*/
    list-style: none;
}
ul#nav li a {
    display: block;
    width: 97px;
    height: 77px;
    padding: 72px 0 0 0;
    margin: 0 32px 0 32px;
    font: 18px "微软雅黑";
    color: #9c5959;
    text-shadow: 0 1px 3px #c4bda6;/*设置字体阴影效果*/
    text-decoration: none;
    background: url(images/label.png) 0 -149px no-repeat;
}
ul#nav li a:hover {
    background: url(images/label.png) 0 0 no-repeat;
    color: #eee9d9;
    text-shadow: 0 2px 3px #4c2222;/*设置字体阴影效果*/
}
ul#nav li a.js:hover {
    background: url(images/label.png) 0 -149px no-repeat;
}
</style>
```

图 5-42　案例 5-11 的 CSS 规则

④ 保存当前文件后，通过浏览器预览可以看到效果，如图 5-43 所示。

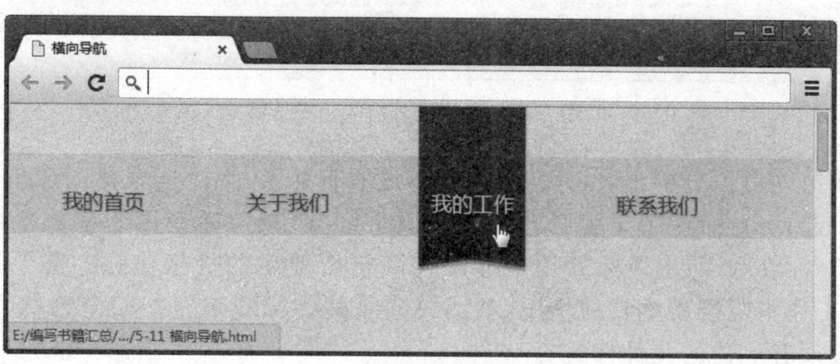

图 5-43　横向导航预览效果

需要特别注意的是，在 CSS 样式规则中，li 元素除了有盛放列表项内容的作用外，由于应用了 float 属性，所以变为横向排列。此外，为了使鼠标悬停效果更加动感，还增加了 JavaScript 脚本，具体内容请查阅源文件，这里不再赘述。

5.3.5 图文信息列表

图文信息列表的应用无处不在，例如天猫、淘宝网和京东网等诸多门户网站，其中用于显示产品的列表都是图文信息列表，如图 5-44 所示。

图 5-44 图文信息列表

图文信息列表就是将列表内容以图像的形式在页面中体现，可以简单地理解为图片列表附带简短的文字说明。下面以制作实例的形式讲解图文信息列表的实现。

【案例 5-12】 图文信息列表。

① 启动 Dreamweaver CS6，创建新站点，并在其中建立存放图像的文件夹，将所用素材复制到该文件夹中。

② 新建 HTML 5 文档，在其中创建名为 box 的 DIV 容器，并在其内部创建一组无序列表，如图 5-45 所示。

```
<body>
<div id="box">
  <ul>
    <li><a href="#"><img src="01.gif" width="120" height="120" /> <strong>精品天籁公主项链</strong> <span>¥80.0 <em>¥259.0</em></span></a></li>
    <li><a href="#"><img src="02.gif" width="120" height="120" /> <strong>瑞士军刀双肩包</strong> <span>¥99.0 <em>¥268.0</em></span></a></li>
    <li><a href="#"><img src="03.gif" width="120" height="120" /> <strong>小猫当当（第二季）</strong> <span>¥47.0 <em>¥99.0</em></span></a></li>
    <li><a href="#"><img src="04.gif" width="120" height="120" /> <strong>罗技无线鼠标</strong> <span>¥79.0 <em>¥259.0</em></span></a></li>
    <li><a href="#"><img src="05.gif" width="120" height="120" /> <strong>斯波帝卡牛仔裤</strong> <span>¥99.0 <em>¥200.0</em></span></a></li>
    <li><a href="#"><img src="06.gif" width="120" height="120" /> <strong>DIY简易家具</strong> <span>¥42.8 <em>¥110.0</em></span></a></li>
  </ul>
</div>
</body>
```

图 5-45 案例 5-12 的页面结构

从页面结构可以分析出，box 容器用于盛放所有元素；无序列表将图像信息和文字信息组合在一起；img 标签用于盛放产品的图像；<strong>标签用于盛放产品对应的文字；<span>标签和<em>标签用于显示产品打折前后的价格信息。需要提醒读者的是，在实际工作中需要根据具体情况，增加或删除某些标签来完善相应的功能，并非图文信息列表必须有上述的几种标签。

③ 在没有 CSS 样式美化的情况下，图片和说明文字均以列表模式显示，通过浏览器

解析后的效果如图 5-46 所示。

④ 在本页面顶部的 head 区域内，编写初始化的 CSS 样式，如图 5-47 所示。

⑤ 为了列表能够横向排列，这里使用“float:left;”实现这种效果，并且增加外边距以美化显示效果。此时，由于设置了浮动属性，并且又增加了外边距，IE 6 可能会产生双倍间距的 bug，所以再增加“display:inline;”规则以解决该问题，具体的样式代码如图 5-48 所示。保存当前文件，通过浏览器预览可以看到当前效果，如图 5-49 所示。

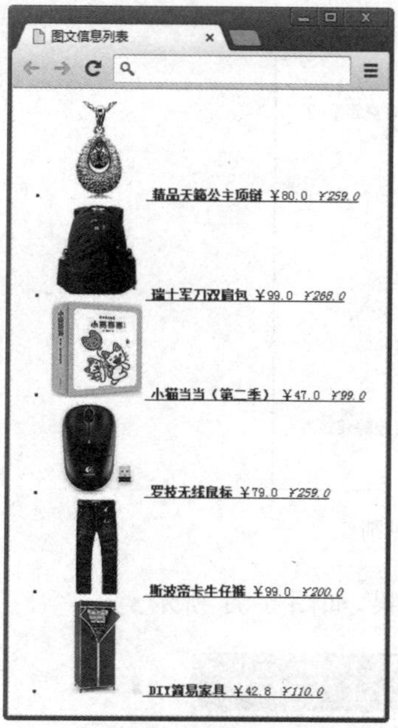

图 5-46 未经 CSS 样式美化的预览效果

```
<style type="text/css">
ul, li, img {
    margin: 0;
    padding: 0;
    border: 0;
}/*清除本页面所用元素的默认属性*/
#box {
    width: 450px;
    height: 350px;
    margin: 0 auto;
    font-size: 12px;
    padding: 10px 0 0 25px;
    border: 2px solid #ccc;
}
```

图 5-47 初始化的 CSS 样式规则

```
ul li {
    width: 120px;
    float: left;/*设置列表项浮动，使其横向排列*/
    margin: 0 25px 12px 0;/*设置列表项的外边距*/
    list-style: none;/*清除列表默认风格*/
    display: inline;/*为避免IE6产生双倍间距的bug，增加该规则*/
}
```

图 5-48 ul 标签下 li 标签的样式规则

图 5-49 初步美化后的预览效果

⑥ 为了使页面更加美观，还需要继续添加 CSS 样式规则。这里将超链接 a 元素块状化，使其具有宽高属性，并且清除超链接下划线效果；将 strong 元素也块状化，改变其颜色；将 span 元素和 em 元素附加不同的颜色，并将 em 元素内的文字增加删除线效果。更为具体的规则如图 5-50 所示。

```
ul li a {
    display: block;
    text-decoration: none;/*清除超链接下划线效果*/
    text-align: center;/*设置居中显示*/
}
ul li a strong {
    display: block;
    width: 120px;
    line-height: 20px;/*设置行高，控制文字垂直距离*/
    font-weight: normal;/*设置字体重量为普通*/
    color: #333;
}
ul li a span {
    display: block;
    width: 120px;
    line-height: 20px;
    color: #F60;
}
ul li a span em {
    font-style: normal;
    color: #666;
    text-decoration: line-through;/*设置删除线效果*/
}
</style>
```

图 5-50　更丰富的 CSS 样式规则

⑦ 保存当前文件，通过浏览器预览可以看到当前效果，如图 5-51 所示。

图 5-51　案例 5-12 的最终预览效果

总的来说，图文信息列表主要使用的是无序列表和浮动效果来完成的，其整体结构也是根据实际需要添加或删减部分结构标签配合具体功能而定的。读者可以改变其中的部分结构，自行编写 CSS 样式规则完善或改变网站的具体功能，这里不再赘述。

5.4 过程指导——“五月美食节专场”网页的设计与制作

本节主要运用无序列表、CSS 浮动、相对定位和绝对定位的基本知识，完成“五月美食节专场”网页的设计与制作。通过本节的练习，读者能够充分掌握 CSS 定位在实际工作中的应用。

5.4.1 过程分析

通过对实际任务的理解，本节需要完成的页面最终效果如图 5-52 所示，从页面整个布局来看，主体内容拟采用无序列表盛放产品信息，而无序列表本身拟采用相对定位和绝对定位混合使用的方式实现页面布局。通过深思熟虑，页面布局如图 5-53 所示。

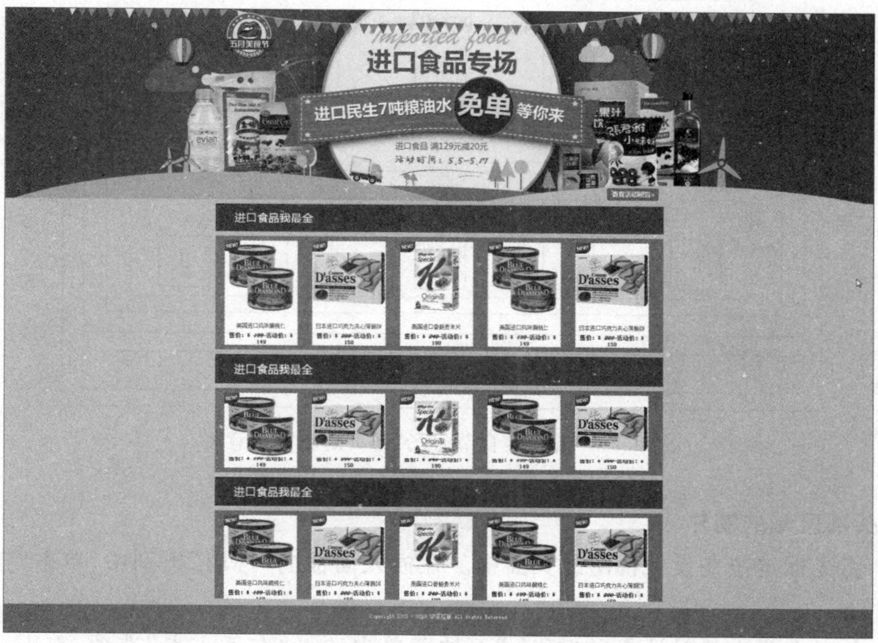

图 5-52　最终效果图

5.4.2 步骤详解

1. 前期准备工作

(1) 启动 Dreamweaver CS6，完成创建站点的过程。在站点中创建 images 和 style 两个文件夹，分别存放页面修饰图片和 CSS 样式文件。

(2) 创建 HTML 5 空白文档，并命名为 index. html。创建一个外部 CSS 样式表文件，将这个 CSS 文件保存在站点的 style 文件夹下，并命名为 style. css。

(3) 在 Dreamweaver CS6 的“CSS 样式”面板中，单击“附加样式表”按钮，弹出“链接外部样式表”对话框，将之前创建的 style. css 外部样式文件链接到 index. html 页面。

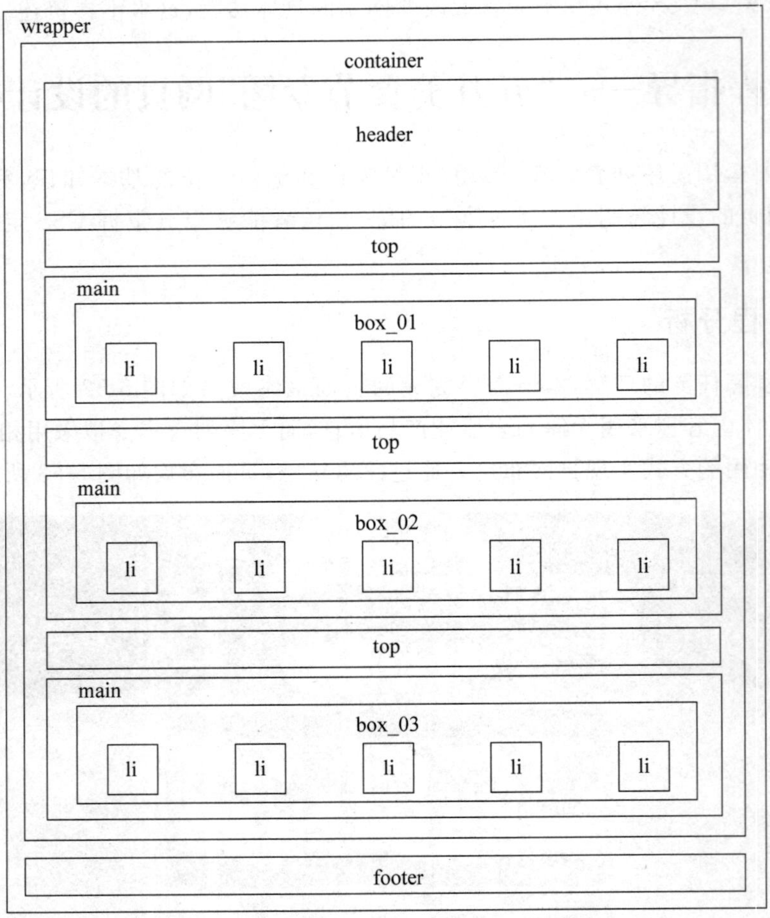

图 5-53 “五月美食节专场”网页的布局示意图

2. 头部区域的制作

(1) 将光标定位在设计视图的页面中。在插入面板的“常用”类别中,单击“插入 Div 标签”按钮。

(2) 此时在弹出的对话框的“插入”下拉菜单中选择“在插入点”选项,在 ID 中输入 wrapper,单击“确定”按钮,即可创建 wrapper 容器。

(3) 切换到 style.css 文件中,创建系列初始化规则,如图 5-54 所示。

(4) 在名为 wrapper 的 DIV 容器内部,创建相互嵌套的 container 容器和 header 容器,此时页面结构如图 5-55 所示。这里 wrapper 容器用于对整个页面进行总体控制,container 容器用于实现宽屏两侧图像的显示,header 容器用于盛放页面头部的宣传图像。

(5) 在 header 容器内部插入预先制作完成的宣传图像,并在 style.css 文件中针对 container 容器编写规则,如图 5-56 所示。最后,通过浏览器预览后的效果如图 5-57 所示。

```
* {
    margin: 0;
    padding: 0;
    border: 0;
}
.clear {
    clear: both;
}
body {
    background: #96E6F1;
    color: #000;
}
#wrapper {
    background:
url(../images/header-bg-01.jpg)
no-repeat center top;
    height: auto;
}
```

图 5-54　页面初始化 CSS 规则

```
<body>
<div id="wrapper">
  <div id="container">
    <div id="header"></div>
  </div>
</div>
</body>
```

图 5-55　初始页面结构

```
#container {
    height: auto;
    margin: 0 auto;
    padding: 0;
    width: 980px;
}
```

图 5-56　container 容器的 CSS 规则

图 5-57　页面头部区域预览效果

3. 主体区域的制作

(1) 在设计视图中，在插入面板的“常用”选项卡中单击“插入 Div 标签”按钮，弹出“插入 Div 标签”对话框。在“插入”下拉菜单中选择“在标签之后”选项，并在其后的下拉菜单中选择<div id="header">。在 ID 中输入“top”，单击“确定”按钮，即可在 header 容器后面插入 top 容器。

(2) 使用同样的方法，在 top 容器后面插入 main 容器。

(3) 切换到 style.css 文件中，为 top 容器和 main 容器创建 CSS 规则，如图 5-58 所示。

```
#top {
    background: url(../images/pro-bg.jpg) no-repeat;
    height: 62px;
    margin: 5px 0 5px;
}
#main {
    width: 960px;
    margin: 10px auto;
    background: #5BA4C7;
    padding: 10px 0 10px 20px;
}
```

图 5-58　top 容器与 main 容器的 CSS 规则

(4) 根据布局示意图的规划，在 main 容器内部创建 box_01 容器，并在 box_01 容器内部创建一组无序列表，并在每个列表项内部创建标题和段落，具体结构如图 5-59 所示。

```
<div id="wrapper">
  <div id="container">
    <div id="header"><img sr...</div>
    <div id="top"></div>
    <div id="main">
      <div id="box_01">
        <ul id="pro" class="ul-style">
          <li><img src="images/01.jpg" width="160" height="160">
            <h3><a href="#">美国进口风味扁桃仁</a></h3>
            <P>售价: &yen; <em>199 </em><span>活动价: &yen; 149</span></P>
            <div class="newview"></div>
          </li>
          <li><img src="images/02.jpg" width="160" height="160">
            <h3><a href="#">日本进口巧克力夹心薄脆饼</a></h3>
            <P>售价: &yen; <em>200 </em><span>活动价: &yen; 150</span></P>
            <div class="newview"></div>
          </li>
          <li><img src="images/03.jpg" width="160" height="160">
            <h3><a href="#">泰国进口香脆麦米片</a></h3>
            <P>售价: &yen; <em>240 </em><span>活动价: &yen; 190</span></P>
            <div class="newview"></div>
          </li>
          <li><img src="images/01.jpg" width="160" height="160">
            <h3><a href="#">美国进口风味扁桃仁</a></h3>
            <P>售价: &yen; <em>199 </em><span>活动价: &yen; 149</span></P>
            <div class="newview"></div>
          </li>
          <li><img src="images/02.jpg" width="160" height="160">
            <h3><a href="#">日本进口巧克力夹心薄脆饼</a></h3>
            <P>售价: &yen; <em>200 </em><span>活动价: &yen; 150</span></P>
            <div class="newview"></div>
          </li>
        </ul>
        <div class="clear"></div>
      </div>
    </div>
  </div>
</div>
```

图 5-59 box_01 容器的结构代码

需要特别指出的是，页面结构中＜div class＝"newview"＞＜/div＞容器拟盛放产品左上角的新品标志，该标志采用相对定位的方式将图像定位于左上角，起到美化作用。

(5) 切换到 style.css 文件中，创建相关 CSS 规则，如图 5-60 和图 5-61 所示。通过浏览器预览后的效果如图 5-62 所示。

(6) 根据布局规划，参照步骤(1)～(4)的方法，增加相同的结构内容，即可完成主体的制作。

4. footer 区域的制作

(1) 在 container 容器后面插入 footer 容器，输入网站的版权内容。返回 style.css 文档，创建相关 CSS 规则，如图 5-63 所示。

(2) 保存当前页面文档，通过浏览器预览最终完成本页面的制作。

```
.ul-style {
    list-style: none;
}
.ul-style li {
    float: left;
    background: #FFF;
    margin: 0px 32px 0px 0px;
    width: 160px;
    position: relative;
}
.ul-style li h3 {
    width: 100%;
    overflow: hidden;
    text-align: center;
    padding: 4px 0 0 0;
    margin-top: 5px;
}
.ul-style li h3 a {
    font-weight: normal;
    color: #666;
    text-decoration: none;
    font-size: 12px;
}
```

图 5-60　图文列表 CSS 规则(1)

```
.ul-style li p {
    width: 100%;
    text-align: center;
    color: #333;
    font-weight: bold;
    margin-top: 5px;
    font-size: 12px;
}
.ul-style li p em {
    text-decoration:
line-through;
}
.ul-style li p span {
    color: #900;
}
.newview {
    background:
url(../images/icon-new.gif)
no-repeat left top;
    height: 23px;
    width: 33px;
    position: absolute;
    top: 0;
    left: 0;
}
```

图 5-61　图文列表 CSS 规则(2)

图 5-62　当前预览效果

```
#footer {
    background: #5BA4C7;
    height: 48px;
    margin-top: 20px;
    font-size: 12px;
    color: #FFF;
    padding-top: 15px;
    text-align: center;
}
```

图 5-63　footer 容器的 CSS 规则

5.5 自主任务——“手机专卖网”的制作

参照本章所讲的内容，制作“手机专卖网”的主页，在制作过程中注意体会相对定位和绝对定位的应用。页面最终效果和布局如图 5-64 和图 5-65 所示。

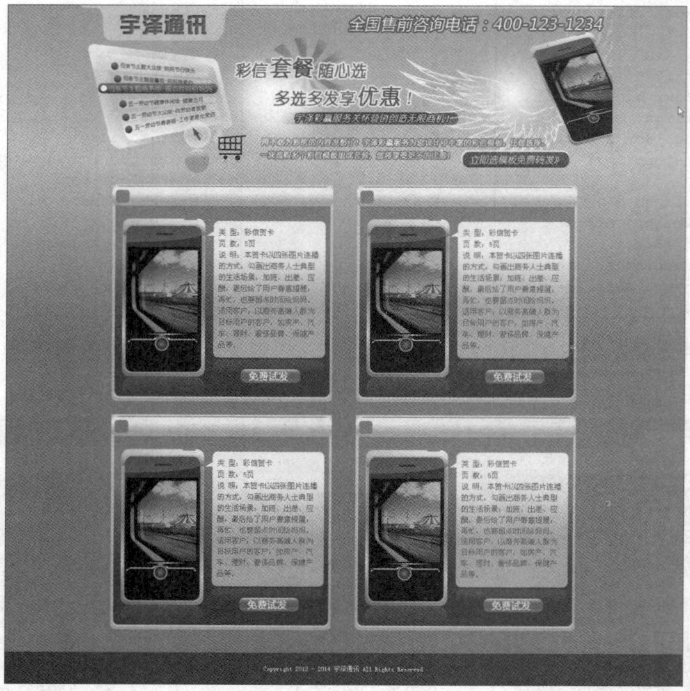

图 5-64　最终预览效果图

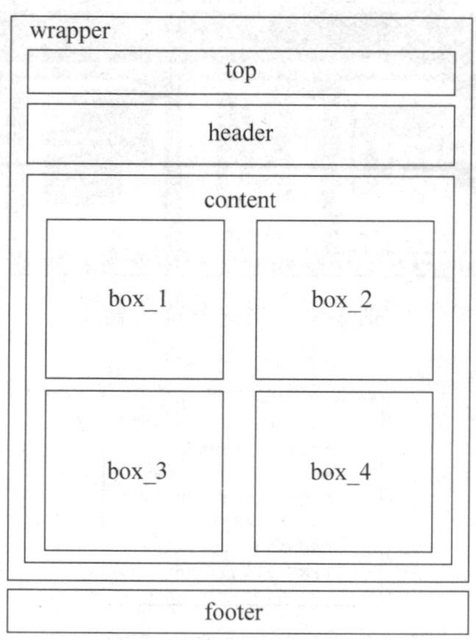

图 5-65　“手机专卖网”主页的布局示意图

5.6　习题

1. 列表有几种类型？简述其在网页中有哪些应用。

2. 纵向的列表导航转变为横向的导航，其本质是什么？

3. 在页面中创建多个 DIV 容器，使用相对定位的知识制作图 5-66 所示的布局。

4. 应用本章知识，制作图 5-67 所示的页面，要求制作过程中认真体会图文信息列表的制作方法。

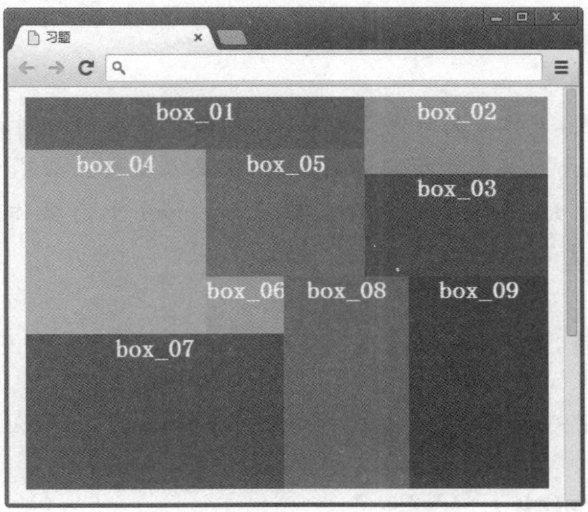

图 5-66　习题 3 预览效果

图 5-67　习题 4 预览效果

第 6 章

表格与表单

【本章导读】

随着 CSS 的发展，表格布局时代已经结束，表格的用途回归到存放各类数据信息上来；表单能够帮助 Web 站点获取访问者的信息，它是人机交互必不可少的元素。本章围绕表格与表单两类元素，着重讲解它们在 Dreamweaver 中的操作方法，以及如何使用 CSS 灵活控制、美化这两类元素。

【学习目标】

- 掌握插入表格、编辑表格的基本操作；
- 掌握常见表单对象的使用方法；
- 认知并掌握 CSS 控制、美化表格和表单的方法。

6.1 表格的创建与编辑

当页面中包含便于罗列的多组数据时，使用表格元素进行显示是非常不错的选择。而使用默认设置创建的表格在美观方面不能令人满意，这时通常使用 CSS 规则对其进行控制。

6.1.1 创建表格

Dreamweaver CS6 提供多种创建表格的方法，下面介绍如何创建表格。

【案例 6-1】 创建表格。

① 启动 Dreamweaver CS6，新建空白 HTML 5 文档，将光标定位在需要插入表格的位置。

② 按 Ctrl＋Alt＋T 键，或者在菜单栏中执行“插入”→“表格”命令，或者在插入面板“常用”类别中，单击按钮。

③ 这时弹出如图 6-1 所示的对话框。在该对话框中，主要参数含义如下。

- 行数：指的是拟创建表格中行的数目。
- 列数：指的是拟创建表格中列的数目。
- 表格宽度：以像素为单位或按占浏览器窗口宽度的百分比指定表格的宽度。
- 边框粗细：以像素为单位，设置表格边框的宽度。若设置为 0，则在浏览时不显示表格边框。

- 单元格边距：确定单元格边框与单元格内容之间的像素数。
- 单元格间距：相邻的表格单元格之间的像素数。
- 无：对表格不启用列或行标题。
- 左：将表格的第一列作为标题列。
- 顶部：将表格的第一行作为标题行。
- 两者：能使用户在表格中输入列标题和行标题。
- 标题：显示在表格外的表格标题。
- 摘要：表格的说明信息。

④ 根据需要设置相关信息，最后单击“确定”按钮，即可插入一组表格。

⑤ 将光标定位在某个单元格中，直接输入文字，即可在表格中插入文字；直接插入图像，即可完成图像的插入；再次执行“插入”→“表格”命令，可以在表格内嵌套另一表格，预览后效果如图 6-2 所示。

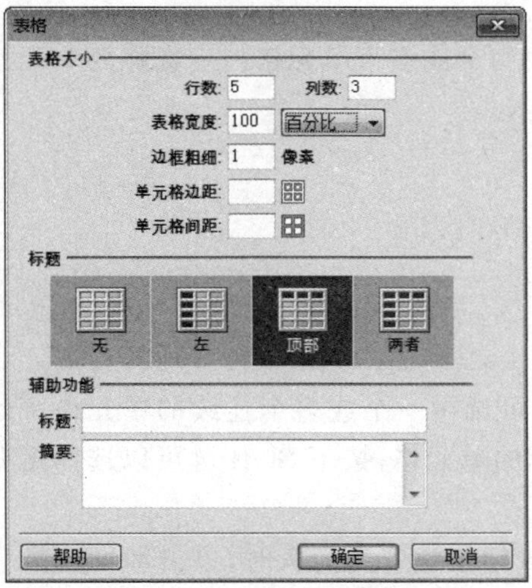

图 6-1　“表格”对话框

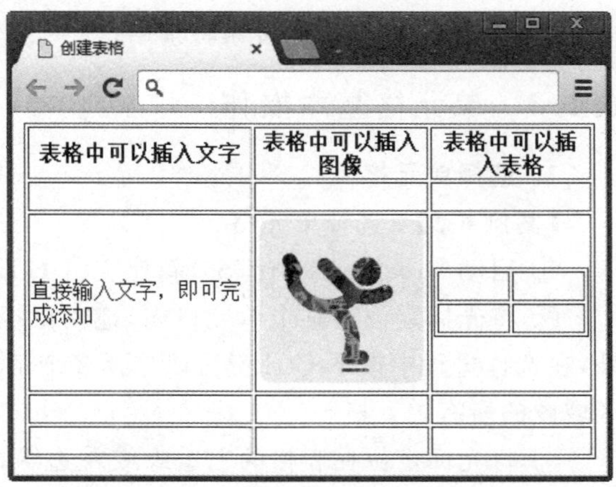

图 6-2　创建表格

6.1.2　单元格属性设置

表格中行与列交叉的部分称为单元格，它是组成表格的最小单位，单个数据的输入和修改都是在单元格中进行的。将光标定位在某个单元格中，属性面板即刻显示有关单元格的相关属性，如图 6-3 所示，其中各项含义如下。

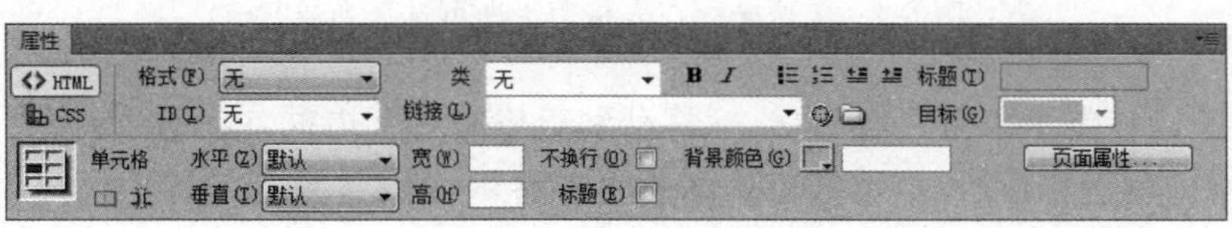

图 6-3　设置单元格属性

➢ 水平：用于设置单元格内容的水平对齐方式，包含默认、左对齐、右对齐和居中对齐 4 种选项。

➢ 垂直：用于设置单元格内容的垂直对齐方式，包含默认、顶端、居中、底部和基线 5 种选项。

➢ 宽和高：以像素为单位或按整个表格宽度或高度的百分比为单位，计算所选单元格的宽度和高度。

➢ 不换行：勾选该复选框，则单元格中的所有文本都在一行上。对于超出宽度的内容，单元格会自动加宽来容纳所有数据。

➢ 标题：勾选该复选框，则将所选的单元格格式设置为表格标题单元格。默认情况下，表格标题单元格的内容为粗体并且居中。

➢ 背景颜色：用于设置单元格的背景颜色。

➢ 页面属性：单击该按钮，可以打开"页面属性"对话框，对页面属性进行相关设置。

➢ 按钮：单击该按钮，可将所选的单元格、行或列合并为一个单元格。当选择的单元格形成矩形或直线的块时此按钮才被激活。

➢ 按钮：单击该按钮，可将一个单元格分成两个或多个单元格。当选择的单元格多于一个时，则此按钮将禁用。

6.1.3 单元格基本操作

1. 选择单元格

【案例 6-2】 选择单元格。

① 启动 Dreamweaver CS6，新建空白 HTML 5 文档，插入一组 5 行 5 列的表格。

② 将光标定位在某个单元格内，拖动鼠标，即可选中一个或多个连续的单元格。此外，在选择过程中按下 Ctrl 键可以选择多个不连续的单元格；按下 Shift 键可以选择矩形区域内的所有单元格。

③ 将光标定位在表格的上边缘或左边缘，当鼠标指针变为箭头时，单击即可选择一整列或一整行，如图 6-4 所示。

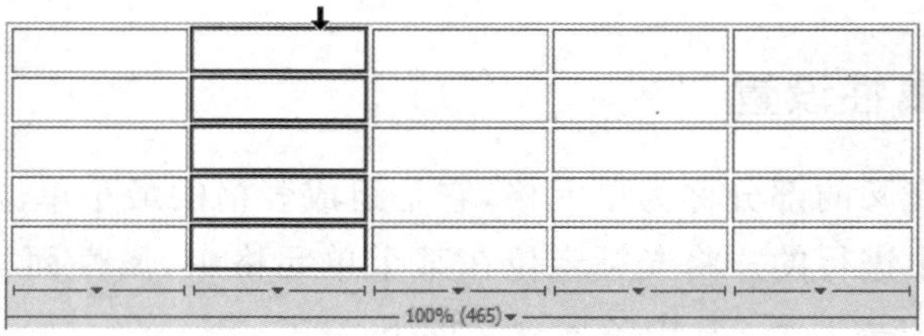

图 6-4 定位光标在表格边缘即可选择列或行

④ 若要选择整个表格，只须将光标移动到表格的上下边框，或表格的四个顶角，当光标变成表格网格图标时，单击即可选择整个表格，如图 6-5 所示。

2. 删除单元格

选择完整的一行或列，然后在菜单栏中执行"编辑"→"清除"命令，或者直接按 Delete

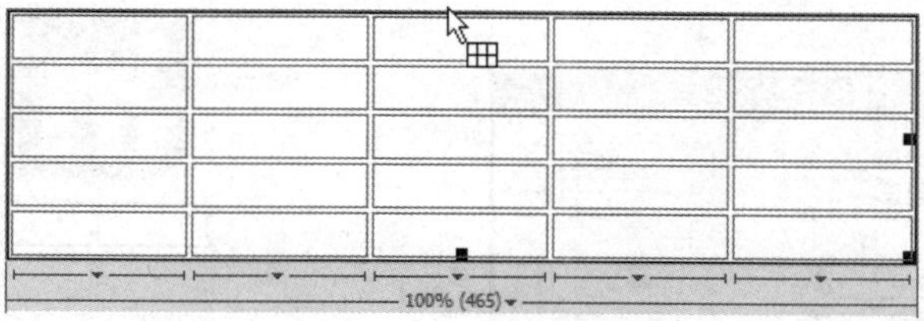

图 6-5 选择整个表格

键即可删除完整的一行或列。

3. 合并与拆分单元格

【案例 6-3】 合并与拆分单元格。

① 启动 Dreamweaver CS6，新建空白 HTML 5 文档，插入一组 2 行 2 列的表格，并在其中插入多幅图像。

② 选择多个连续的单元格，右击，在右键菜单中选择“表格”→“合并表格”命令，或者在属性面板中单击按钮，即可将多个单元格合并为一个，如图 6-6 所示。合并后的单元格内容将重新置于新的单元格中。

图 6-6 合并单元格

③ 在表格中选择一个待拆分的单元格，然后在菜单中执行“修改”→“表格”→“拆分表格”命令。或者在属性面板中单击按钮，也可以右击，在右键菜单中执行“表格”→“拆分单元格”命令。

④ 这时弹出如图 6-7 所示的对话框。根据实际需要，选择如何拆分单元格，设置完成后单击“确定”按钮即可，如图 6-8 所示的是将单元格拆分为 1 行 2 列的单元格。

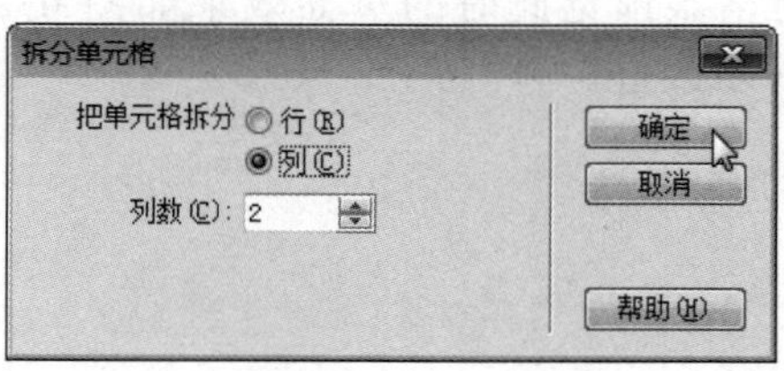

图 6-7 “拆分单元格”对话框

图 6-8 拆分单元格后的效果

4. 增加行或列

【案例 6-4】 增加行或列。

① 将光标定位在要添加行(列)单元格的内部，右击，在右键菜单中选择“表格”→“插入行或列”命令。

② 这时弹出如图 6-9 所示的对话框。根据实际需要，设置增加的行数或列数，以及新增列或行的位置。设置完成后单击“确定”按钮，即可新增一列或一行。图 6-10 所示的是在表格中增加行的效果。

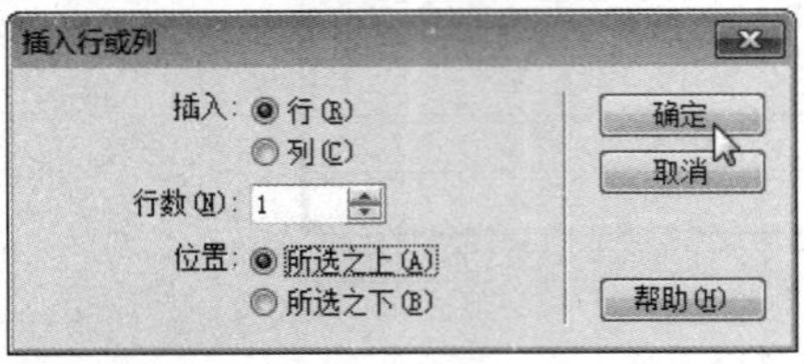

图 6-9 “插入行或列”对话框

图 6-10 增加行的效果

6.2 CSS 在表格中的应用

使用 Dreamweaver CS6 插入表格十分简单，但是表格的默认外观一般不能满足工作中的需要，这就需要设计师使用 CSS 的相关规则对表格进行美化。

6.2.1 使用 border-collapse 属性制作细线表格

默认状态下，即便在 Dreamweaver CS6 中设置表格边框的粗细为 1 像素大小，预览后的效果也无法令人满意。CSS 中提供了可以解决该问题的属性——border-collapse。

所谓“细线”，指的是表格在浏览器中显示的所有边框宽度均只有 1 个像素。为了更加清晰地讲授知识，这里以实例加以体现。

【案例 6-5】 细线表格。

① 启动 Dreamweaver CS6，新建空白 HTML 5 文档，在插入面板的“常用”类别中，单击“表格”按钮，这时弹出“表格”对话框。

② 根据实际需要在“表格”对话框中进行设置，如图 6-11 所示，单击“确定”按钮，创建 4 行 2 列表格。

③ 在表格中输入相关文字内容，通过浏览器预览此时的页面效果如图 6-12 所示。从图中可以看出，此时表格的外观还需要进一步改进。

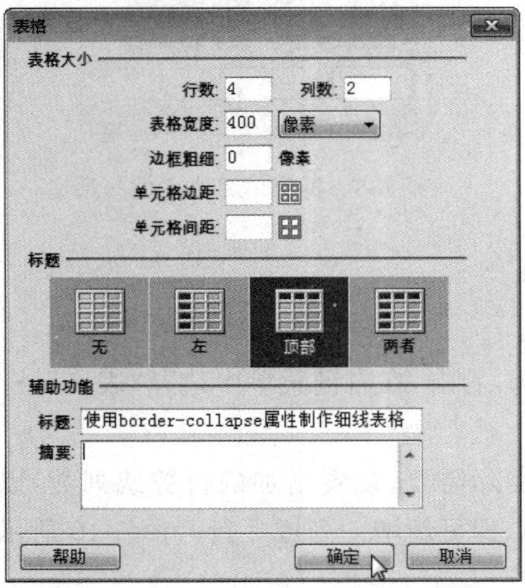

图 6-11 创建 4 行 2 列的表格

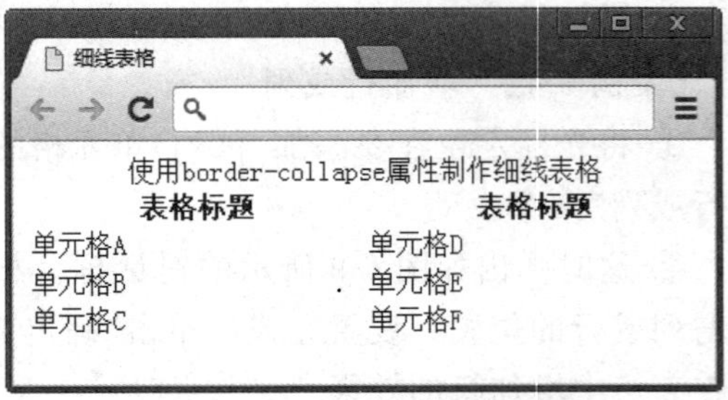

图 6-12 表格初始预览效果

④ 在本页面内的 head 区域内部插入相关 CSS 样式，如图 6-13 所示。

```
<style type="text/css">
table {
    border: 1px solid #000000;
    font: 14px/1.5em "微软雅黑";
}
caption {
    font-size: 20px;
    margin-bottom:15px;
    text-align: center;
} /*设置表头文字效果 */
th {
    color: #F4F4F4;
    border: 1px solid #000000;
    background: #F60;
} /*设置表格中标题的样式（标题文字颜色、边框、背景色）*/
td {
    text-align: center;
    border: 1px solid #000000;
    background: #FF6;
} /*设置所有td内容单元格的文字居中显示，并添加黑色边框和背景颜色*/
</style>
```

图 6-13　细线表格的 CSS 样式代码

⑤ 保存当前文件后，通过浏览器预览后的效果，如图 6-14 所示。

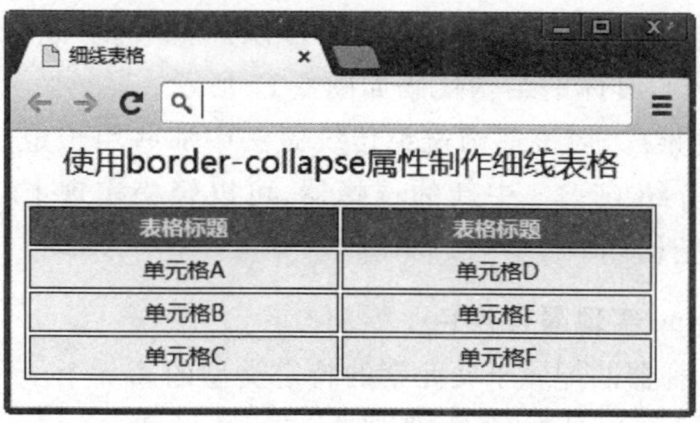

图 6-14　加边框后的预览效果

通过观察预览效果可以发现，当添加 border 边框属性后，每个单元格都有了边框，而且单元格之间存在很细的空白间距，这种整体效果不符合实际需求。如何来解决这个问题呢？

CSS 样式中 border-collapse 属性能够解决这个问题。该属性的主要功能就是设置表格的边框是否被合并为一个单一的边框，它包含 separate 和 collapse 两个属性值，使用前者边框会被分开，使用后者边框将会合并。

⑥ 在 CSS 样式代码的 table 类型选择符中增加 border-collapse 属性，如图 6-15 所示。通过浏览器预览后的效果，如图 6-16 所示。

```
table {
    border: 1px solid #000000;
    font: 14px/1.5em "微软雅黑";
    border-collapse: collapse;/*合并单元格之间的边*/
}
```

图 6-15　增加 border-collapse 属性

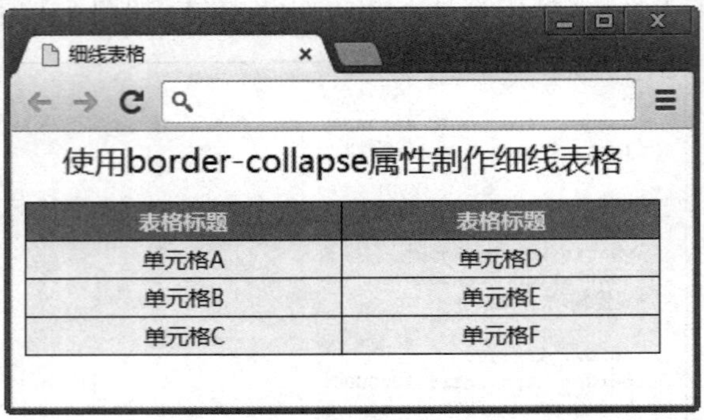

图 6-16　细线表格最终预览效果

在实际工作中,“border-collapse:collapse;”属性可以认为是必不可少的 CSS 样式代码,如果没有它的帮助,影响的将是整个表格的视觉效果。

6.2.2　使用伪类选择器制作隔行变色表格

隔行变色表格在实际工作中非常重要,因为它能够为用户提供可以参照的水平线,方便访问者浏览数据。传统的做法是为表格的行添加额外的 odd(奇)和 even(偶)类规则,具体的结构代码如图 6-17 所示。

```
<tr class="odd">
  <td> </td>
  <td> </td>
</tr>
<tr class="even">
  <td> </td>
  <td> </td>
</tr>
<tr class="odd">
  <td> </td>
  <td> </td>
</tr>
<tr class="even">
  <td> </td>
  <td> </td>
</tr>
```

图6-17　传统隔行换色表格结构代码

随着 HTML 5 的推广,应该逐渐避免传统做法中那些用于定义外观的类名。下面介绍 CSS 3 中新的选择器,可以轻松实现上述功能而不改变表格结构。

1. 利用:nth-of-type 实现隔行换色

:nth-of-type(n)选择器匹配属于父元素的特定类型的第 n 个子元素的每个元素,这里 n 可以是数字、关键词或公式。odd 和 even 是 CSS 提供的可用于匹配奇数或偶数的子元素的关键词。

2. 利用:nth-child 对齐文本

在默认状态下,表格中的标题为居中对齐,而表格中的内容为左对齐。可以利用:nth-child 来增加表格中文本的可读性。

:nth-child(n)选择器用于查找某元素的子元素,这里 n 可以是数字、关键词或公式。例如选择所有行,可以这样使用选择器 table tr:nth-child(n);如果想选择除表头(第一行)之外的所有行,可以这样使用选择器 table tr:nth-child(n+2)。

3. 具体做法

隔行变色表格的目标是让相邻两行表格的背景颜色显示为不同颜色,最简单的做法是找到表格中所有的偶数行,然后赋予一种背景色。同样的,也可以找到表格中所有奇数行,然后赋予另一种颜色。

【案例 6-6】　nth-of-type 示例。

① 启动 Dreamweaver CS6,新建空白 HTML 5 文档,插入一个 8 行 5 列的表格,并输入必要的文字。

② 在本页面内的 head 区域内部插入相关 CSS 样式，如图 6-18 所示。

③ 保存当前文件后，通过浏览器预览后的效果，如图 6-19 所示。

```
<style type="text/css">
table {
    border-collapse: collapse;
}
td, th {
    border: 1px solid #000000;
}
tr:nth-of-type(even) {
    background-color: #FC0;
}
tr:nth-of-type(odd) {
    background-color: #F90;
}
</style>
```

图 6-18　实现隔行换色的 CSS 规则

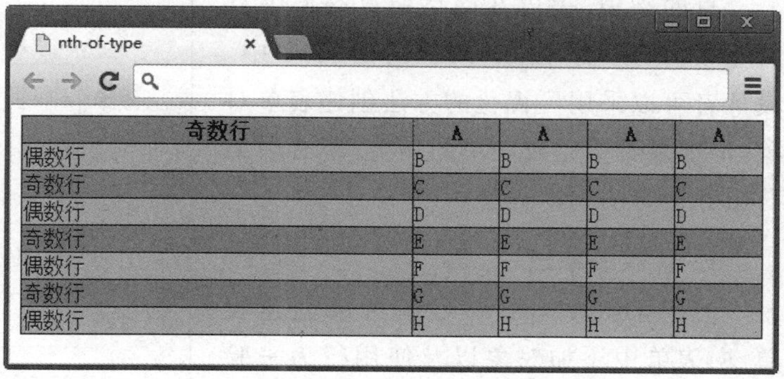

图 6-19　nth-of-type 预览效果

④ 在图 6-19 中，除表头（第一行）以外的所有文字均为居左对齐，这里想要改变除第一行以外的所有行的文本对齐方式，需要添加“tr：nth-child(n+2) {text-align：center；}” CSS 规则。保存当前文件，最后预览效果如图 6-20 所示。

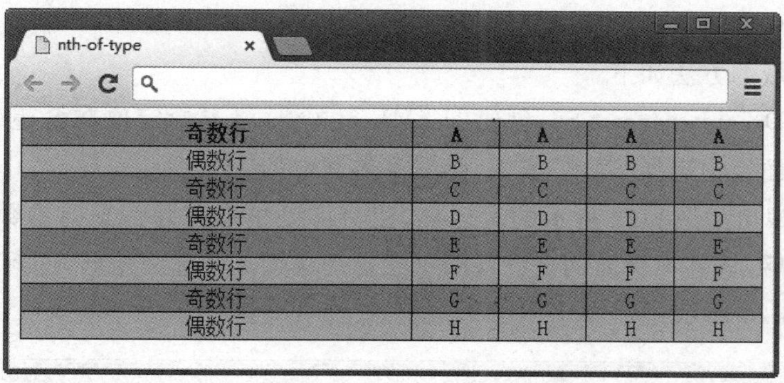

图 6-20　利用：nth-child 对齐文本预览效果

6.3　表单的创建与编辑

表单是网页元素中非常重要的元素之一，也是网站是否具有交互功能的重要体现。表单主要负责数据采集，它可以收集用户的信息并将其存储在服务器中。

6.3.1　表单域

1. 认识表单

表单的应用范围非常广泛，不仅用于收集信息和反馈意见，还广泛用于资料检索、网上购物等多种交互式操作。一般来说，表单中包含文本字段、密码字段、单选按钮、复选框、弹出菜单、可单击的按钮和其他表单对象，这些表单对象主要用途就是为了实现浏览者与 Internet 服务器之间的交互，图 6-21 所示的就是典型的表单应用。

总的来说，表单在网络信息交流中具有重要作用，而在 Dreamweaver CS6 中，设计者可以采用可视化的方法创建表单对象，但如果希望完成表单的功能，还必须编写服务器端的脚本程序。

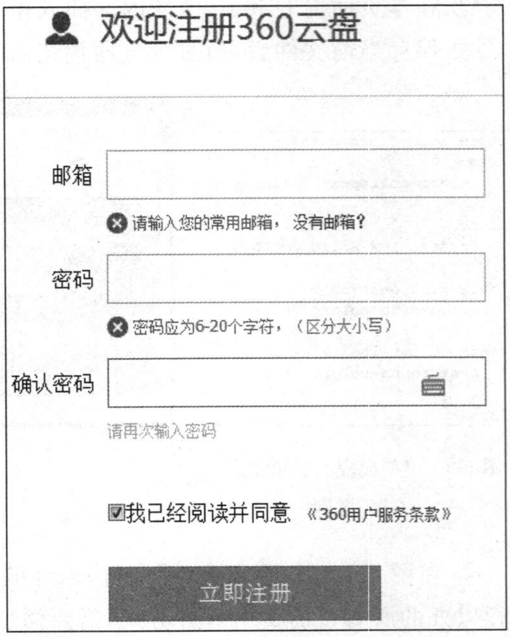

图 6-21 表单的实际应用

2. 认识表单域

使用 Dreamweaver CS6 可以创建表单、向表单中添加对象以及使用行为来验证用户输入的信息等。表单对象包含在表单域中，表单域定义了一个表单的开始和结束，在 HTML 4 中所有表单对象都要放在表单域中才会生效，而在 HTML 5 中开发者可以把它们书写在任何地方，只需为该元素指定 form 属性，属性值与该表单的 id 属性值相对应即可。

创建表单域的方法如下。

(1) 启动 Dreamweaver CS6，创建 HTML 5 文档，将光标定位在希望表单出现的位置上。在插入面板中选择“表单”类别，然后单击其中的按钮。

(2) 这时弹出如图 6-22 所示的对话框，用户可以根据实际情况对参数进行设置，单击“确定”按钮后，软件在页面的设计视图中会自动添加红色虚线矩形，这就是表单的轮廓指示线，如图 6-23 所示。

图 6-22 “标签编辑器”对话框

表单对应的属性面板中各参数名称及功能如表 6-1 所示。

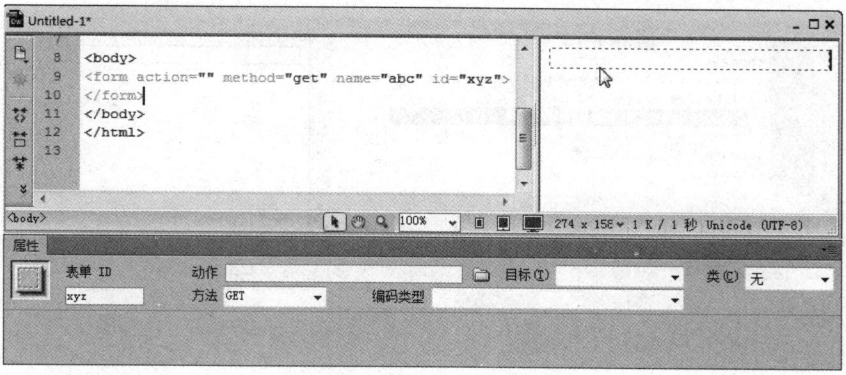

图 6-23　添加表单域

表 6-1　表单的参数名称及功能

属 性	名　称	功　　能
ID	表单标识名称	表单的名称，该名称可以使用脚本语言引用或控制该表单
name	表单名称	表单的名称，与 ID 具有相同的意思
action	动作	该属性用于定义将表单数据发送到哪个地方，其值采用 URL 的方式，即处理表单数据的页面或脚本
method	方法	默认值：浏览器一般默认方法为 GET
		GET：把表单值添加给 URL，并向服务器发送 GET 请求。因为 URL 被限定在 8192 个字符内，所以内容过多的表单不要使用 GET 方法
		POST：在消息正文中发送表单值，并向服务器发送 POST 请求
ectype	编码类型	设置发送表单到服务器的媒体类型，它只在发送方法为 POST 时才有效，其默认值为 application/x-www-form-urlencode；如果创建的是文件上传域，则应该选择 multipart/form-data
target	目标	_blank：指的是在新窗口中打开目标文档
		_parent：指的是在显示当前文档窗口的父窗口中打开目标文档
		_self：指的是在当前窗口打开目标文档
		_top：指的是在当前窗口的窗体内打开目标文档

6.3.2　常见表单对象

表单域定义完成后，就可以为表单添加各种表单对象了。首先将光标定位在表单域内要插入表单对象的地方，然后在插入面板的“表单”类别中选择要插入的表单对象即可。下面分别介绍常见表单对象的使用方法及其属性设置。

1. 添加文本字段

【案例 6-7】　添加文本域对象。

① 在插入面板的“表单”类别中单击 I 按钮，即可插入文本域表单对象，如图 6-24 所示。

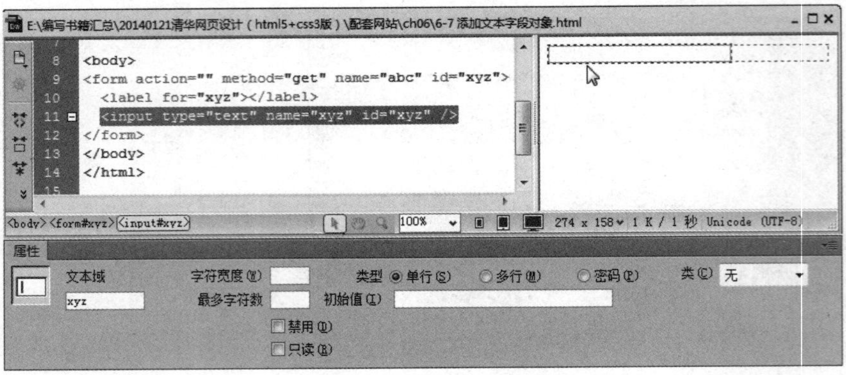

图 6-24 添加文本字段对象

文本域属性面板中的各参数名称及功能如表 6-2 所示。

表 6-2 文本域属性面板中的参数名称及功能

属 性	对应属性面板中的名称	功 能
name	文本域	该名称是后期程序处理数据的依据
size	字符宽度	用于设置文本域中最多可显示的字符数
maxlength	最多字符数	用于设置文本域在单行文本域中最多可输入的字符数
value	初始值	用于设置在首次加载表单时域中显示的值
class	类	用于设置当前对象应用何种 CSS 规则
readonly	只读	用于设置文字域是否具有可编辑性
disabled	禁用	禁用当前文本域

② 文本域中除了能够输入单行的文本,还能够插入多行文本来实现文本内容的滚动效果。在文本域属性面板中,单击“多行”单选按钮,此时文本域和属性面板均发生变化,如图 6-25 所示。

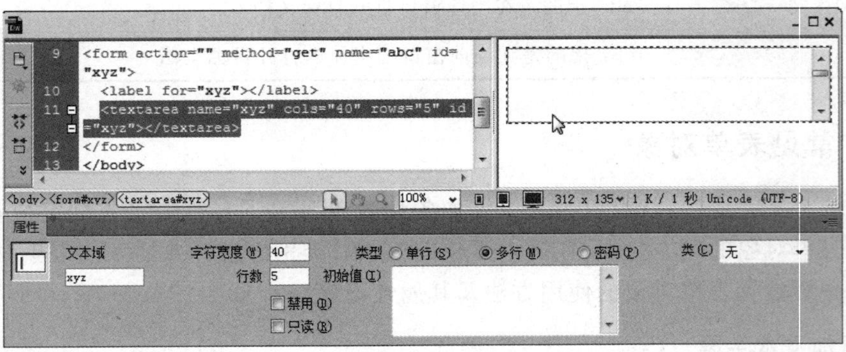

图 6-25 多行文本域

与单行文本域不同的是,多行文本域属性面板中“字符宽度”设置对应代码视图中

cols 属性,“行数”设置对应代码视图中 rows 属性。

③ 此外,在文本域属性面板中,单击“密码”单选按钮,文本域就变为密码框了,其属性设置和单行文本域相同,只不过在预览时文本框的内容将以“ * ”号的形式显示。

2. 添加复选框

复选框一次可以选择一个,也可以选择多个,主要用于标记该项内容是否提前被选中。

【案例 6-8】 添加复选框对象。

① 创建表单域,将光标定位在表单域中。在插入面板的“表单”类别中单击“复选框”按钮,即可插入复选框。在复选框后面输入相应的文字,即可完成复选框的整个内容。

② 按照此种办法,可以添加多个复选框,如图 6-26 所示。需要特别注意的是,若要多个复选框组成一组为某一选项提供选择,则需要将该组内的复选框设置为相同的名称。

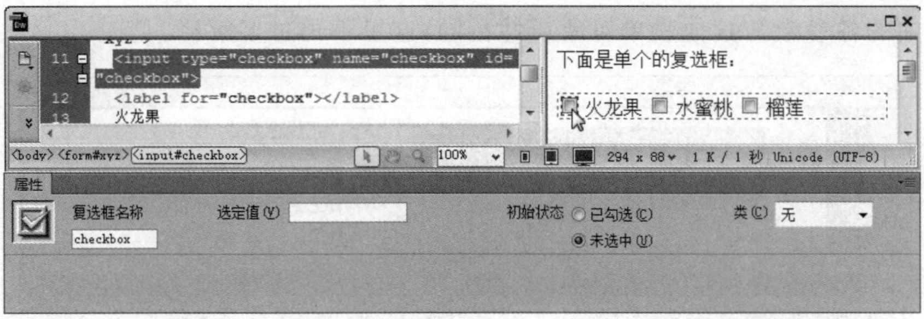

图 6-26　添加复选框对象

选择某一复选框,其属性面板中的各参数名称及功能如表 6-3 所示。

表 6-3　复选框属性面板中的各参数名称及功能

属　性	对应属性面板中的名称	功　　能
name	复选框名称	指定复选框对象的名称,用来区别复选框的内容
value	选定值	当用户选择复选框时,该值将被递交到服务器进行参数运算
checked	初始状态	当浏览器载入表单时,用于设置复选框是否被预先选中

3. 添加单选按钮组

单选按钮对象用于设计者希望访问者在多个选项中只能选择一个选项时使用。

【案例 6-9】 添加单选按钮组。

① 新建 HTML 5 文档,并在其中创建表单域,将光标定位在表单中。

② 在插入面板的“表单”类别中单击“单选按钮组”按钮,打开“单选按钮组”对话框,如图 6-27 所示。

③ 在“名称”文本框中,输入单选按钮组的名称。单击加号按钮向该组添加一个单

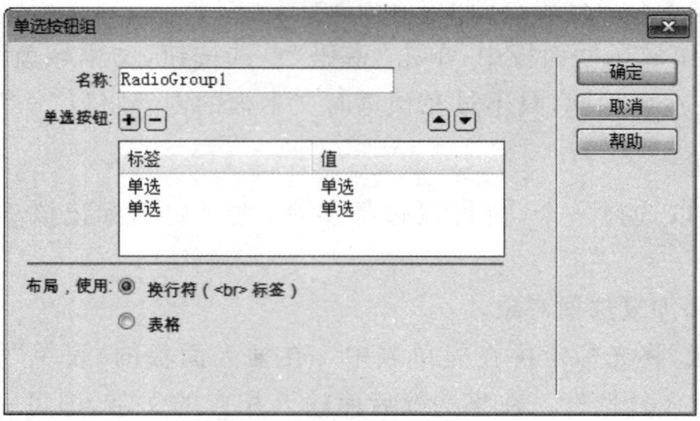

图 6-27 “单选按钮组”对话框

选按钮,单击向上或向下箭头按钮对这些单选按钮重新进行排序。根据需要选择使用“换行符”或“表格”来设置之前创建的单选按钮组的布局。设置完成后,单击“确定”按钮,即可插入一组单选按钮,如图 6-28 所示。选择单选按钮组中的某个单选按钮,可以发现其属性面板中的各参数与其他表单对象属性雷同,这里不再过多解释。

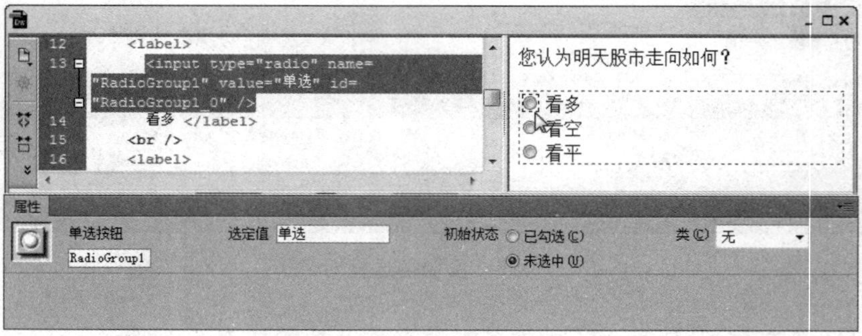

图 6-28 插入单选按钮组

4. 添加列表或菜单

列表或菜单表单对象能够显示多个选项,用户可以在滚动列表或下拉菜单中进行选择,在滚动列表中用户可以选择多个选项,在下拉菜单中只能选择一个选项。

【案例 6-10】 添加列表或菜单。

① 新建 HTML 5 文档,并在其中创建表单域,将光标定位在表单中。

② 在插入面板的“表单”类别中单击按钮,即可在表单域中插入一个菜单选项。

③ 选择刚才创建的表单对象,在其属性面板中选择“菜单”类型或“列表”类型。若选择“菜单”类型,表单在浏览器中将只有一个选项可见;若选择“列表”类型,表单在浏览器中将显示一组可选项。这里以“菜单”类型为例进行讲解。

④ 将该表单设置为“菜单”类型,单击“列表值”按钮。这时打开“列表值”对话框,如图 6-29 所示。在该对话框中,单击按钮增加一个项目标签,单击按钮则可以删除一个项目标签。根据需要为每个菜单项设置相应的值。

⑤ 单击“确定”按钮,返回软件主界面。通过浏览器预览后的效果如图 6-30 所示。

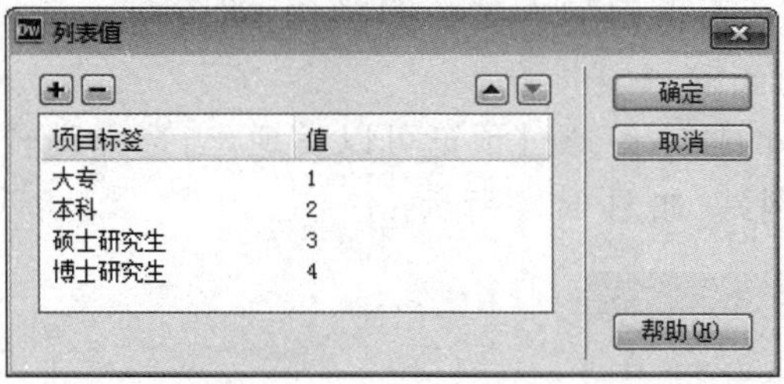

图 6-29　“列表值”对话框

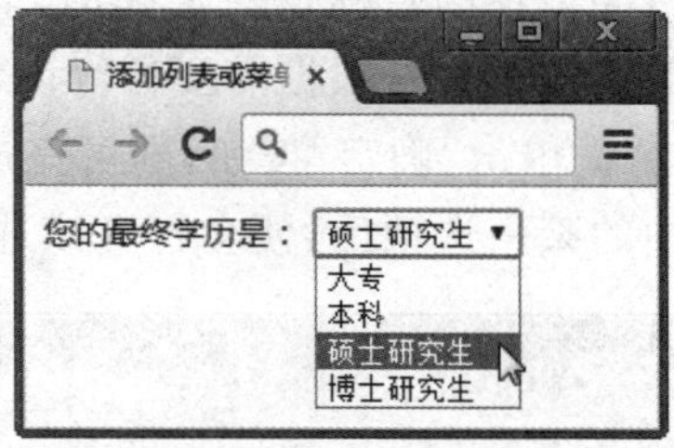

图 6-30　菜单对象预览效果

⑥ 将该表单设置为“列表”类型，此时“高度”和“选定范围”属性处于可编辑状态，这里将高度设置为 3，并选中“允许多选”复选框，如图 6-31 所示。通过浏览器预览后的效果如图 6-32 所示。

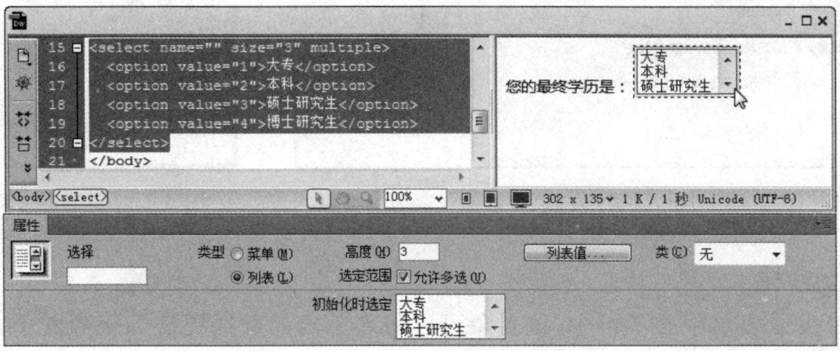

图 6-31　列表表单对象相关属性

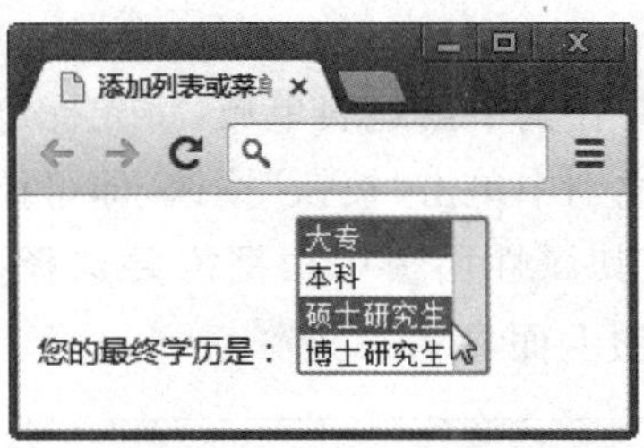

图 6-32　列表对象预览效果

5. 添加跳转菜单

在跳转菜单中选择某一选项，可以链接到任何指定的 URL，这种表单通常用于实现导航效果。

【案例 6-11】 添加跳转菜单。

① 新建 HTML 5 文档，并在其中创建表单域，将光标定位在表单中。

② 在插入面板的“表单”类别中单击“跳转菜单”按钮，打开“插入跳转菜单”对话框。

③ 根据需要添加跳转菜单的内容。单击按钮增加一个菜单项，在“文本”区域输入

跳转菜单项的名称,在“选择时,转到 URL”文本框内输入跳转的路径,如图 6-33 所示。其他选项读者可根据需要自行设置。

④ 单击“确定”按钮,即可完成跳转菜单的插入。通过预览可以发现,当选择跳转菜单中的某一选项后,便会打开该选项对应的网站,如图 6-34 所示。

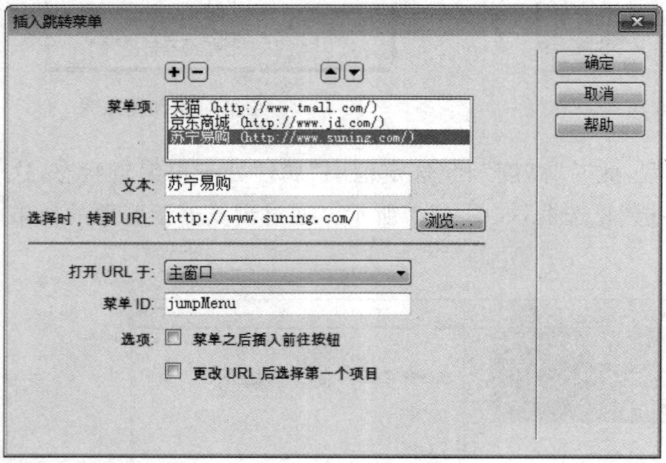

图 6-33 “插入跳转菜单”对话框

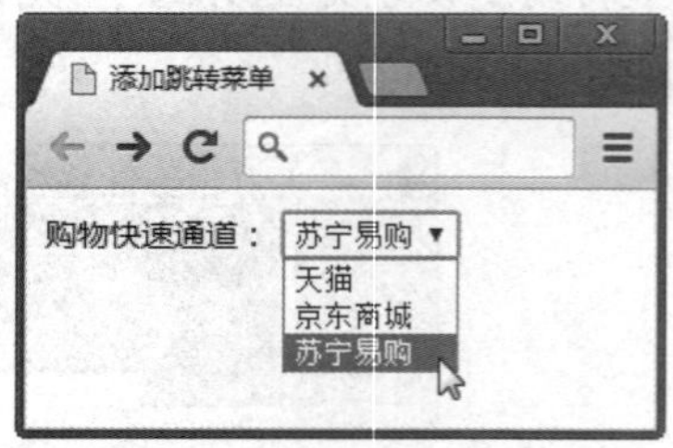

图 6-34 跳转菜单预览效果

6. 添加按钮

按钮对象在表单中必不可少,该对象可以将表单内的数据提交到服务器中,或者重置该表单。默认状态下按钮外观一般不能满足实际需要,通常需要配合 CSS 对按钮进行美化,具体内容后续章节陆续讲解,这里仅对按钮对象的添加进行讲述。

【案例 6-12】 添加按钮。

① 新建 HTML 5 文档,并在其中创建表单域,将光标定位在表单中。

② 在插入面板的“表单”类别中单击“按钮”按钮,即可插入一个按钮。

③ 选择刚插入的按钮,在其属性面板中根据需要选择按钮的动作,如图 6-35 所示。修改“值”的内容,可以改变按钮上面显示的文本。

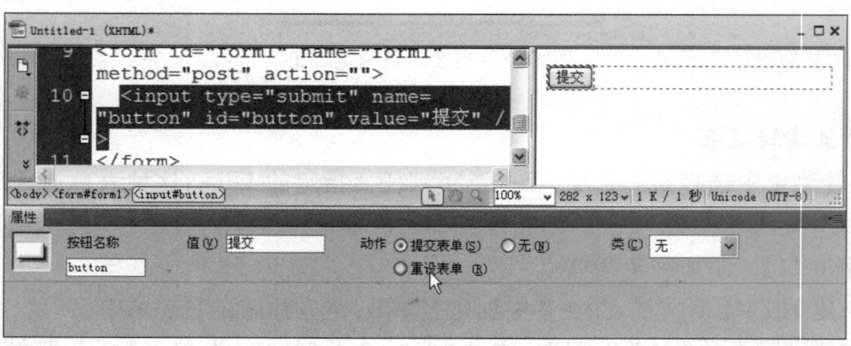

图 6-35 添加按钮对象

在属性面板中,“动作”包含 3 种。选择“提交表单”时,单击按钮后,表单数据将被提交到指定页面或脚本；选择“重设表单”时，单击按钮后，将清除表单中的内容；选择“无”时，单击按钮后，无任何动作。

7. 表单的自动验证

在 HTML 5 中，通过对元素使用属性的方法，可以实现表单提交时自动验证的功能，这里向读者介绍 required 属性和 pattern 属性。

required 属性可以被使用在大多数的元素上（隐藏元素、图片元素除外）。在提交时，如果该元素内容为空，则不允许提交。

pattern 属性适用于以下 input 类型：text、search、url、telephone、email 和 password。该属性规定了用于验证输入字段的标准，开发者可以通过正则表达式完成对标准的创建。

【案例 6-13】 表单的自动验证。

① 新建 HTML 5 文档，在其中创建两个表单域，并在其中插入两组文本域和提交按钮。

② 插入完成后，分别为 input 元素添加 required 属性和 pattern 属性，具体的代码如图 6-36 所示。

```
<body>
<form action="" method="get" id="a">
  <p> 姓名:
    <input name="a" id="a" type="text" required>
    <input name="a" id="a" type="submit" value="提交">
  </p>
</form>
<form action="" method="get" id="b">
  <p>输入:
    <input name="b" type="text" pattern="[A-z]{3}"
placeholder="请在此输入3个字母">
    <input name="b" type="submit" value="提交">
  </p>
</form>
</body>
```

图 6-36　插入 required 属性和 pattern 属性

③ 保存当前网页文档，在浏览器中预览时，在违反预设条件的前提下分别单击“提交”按钮，此时预设的 required 属性和 pattern 属性会自动判断文本域中的值是否符合要求，并显示警告文字，如图 6-37 和图 6-38 所示。

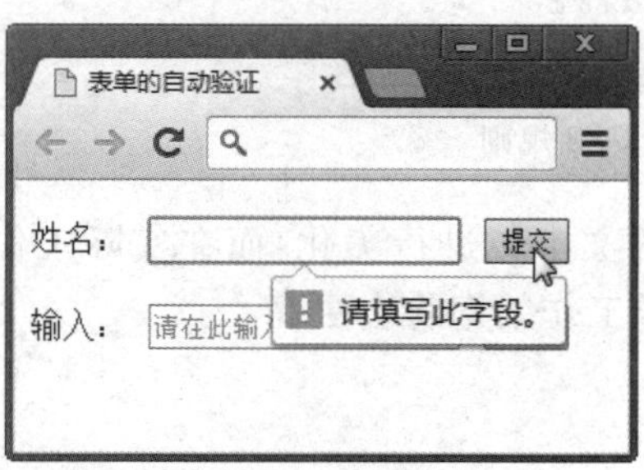

图 6-37　无输入内容时提交

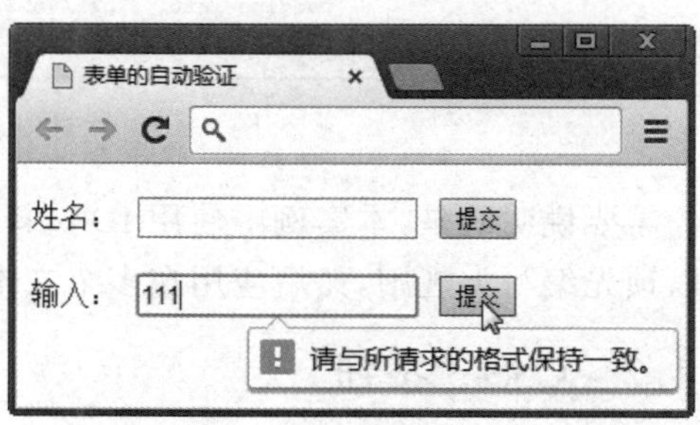

图 6-38　输入格式错误时提交

6.4 CSS 在表单中的应用

通过 Dreamweaver 软件自动创建的表单,外观风格一般不能满足工作需要。因此,本节主要向读者介绍使用 CSS 控制表单外观的基本方法。通过本节的学习,读者能够掌握美化表单的基本思路和过程。

6.4.1 文本域的美化

通过 CSS 样式可以对文本域内的字体、颜色以及背景图像加以控制。下面以实例的形式介绍如何使用 CSS 美化文本域。

【案例 6-14】 文本域的美化。

① 在空白的 HTML 5 文档中创建表单域,并将光标定位在表单中。

② 在插入面板的“表单”类别中单击“文本字段”按钮,创建两个文本框,并将该文本框的 ID 属性分别设置为 textfield-1 和 textfield-2,此时效果如图 6-39 所示。

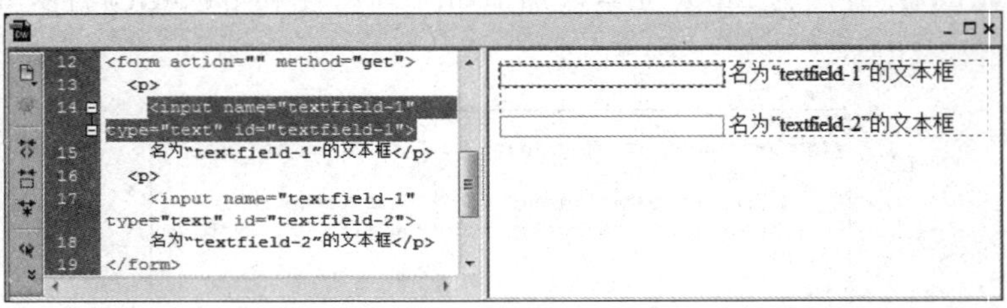

图 6-39 插入两个文本框

③ 在当前页面顶部 head 区域的内部,插入对应的 CSS 样式规则,如图 6-40 所示。保存当前页面,通过浏览器预览后的效果如图 6-41 所示。

```
<style type="text/css">
#textfield-2 {
    width: 150px;/*设置文本域宽度*/
    height: 20px;/*设置文本域高度*/
    line-height: 20px;/*设置文本域内文字行高，目的让文字垂直居中*/
    color: #666;/*设置文本域内文字颜色*/
    font-size: 14px;/*设置字体大小*/
    border: 1px solid #D4D4D4;/*使用线框美化文本域*/
    background: url(6-14username_bg.jpg) no-repeat left center;
    /*为文本域添加背景图像，并使其水平居左，垂直居中对齐*/
    padding-left: 20px;/*设置左边距，为图像预留显示位置*/
}
</style>
```

图 6-40 针对 textfield-2 编写 CSS 规则

需要说明的是,本案例中使用 ID 选择符对具体的文本域进行美化,而在实际工作中可以预先编写类规则,然后应用在多个文本域中,这样工作效率将会更高。

6.4.2 CSS 3 按钮

按钮在网页中出现的频率较多,在实际工作中有多种方法能够实现按钮效果:一是使用 a 元素,再配合相应的 CSS 规则使其呈现按钮外观,例如网上购物中“加入购物车”按钮;二是使用 button 元素创建按钮;三是使用 input 元素的 button 类型创建按钮,例如

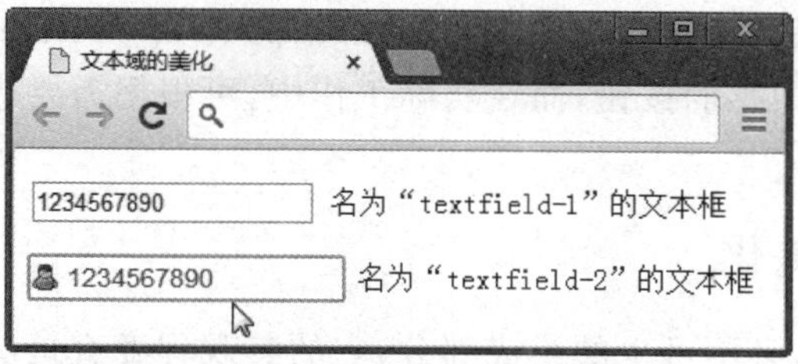

图 6-41　美化后的文本域预览效果

用户注册时的“立即注册”按钮。

需要说明的是，button 元素与<input type="button">相比，提供了更为强大的功能和更丰富的内容。<button>与</button>标签之间的所有内容都是按钮的内容，但不同的浏览器会提交不同的值，其中包括任何可接受的正文内容，比如文本或多媒体内容。在需要提交用户表单内容时，建议读者请使用 input 元素在 HTML 表单中创建按钮。

【案例 6-15】 CSS 3 按钮。

① 启动 Dreamweaver CS6，创建空白 HTML 5 文档。在文档中创建表单域，并将光标定位在表单域中。

② 在插入面板的“表单”类别中单击“按钮”按钮，创建一个按钮，并将该按钮的 id 属性设置为 mybutton，value 属性设置为 Down Load。

③ 在当前页面顶部 head 区域内，针对 mybutton 对象编写 CSS 规则，如图 6-42 所示。保存当前页面，当鼠标悬停在按钮上时即可看到效果，如图 6-43 所示。

```
<style type="text/css">
#mybutton {
    font: 30px "微软雅黑";
    text-shadow: 1px 1px 0 rgba(255,255,255,0.4);/*设置字体阴影效果*/
    cursor: pointer;/*设置鼠标悬停时有"手型"显示*/
    padding: 10px 20px;
    background-color: #48b5f2;
    background-repeat: no-repeat;
    background-position: bottom left;/*设置背景图载入时，图像左下角对齐*/
    background-image: url(6-15button_bg.png);
    background-clip: border-box;/*从border区域向外裁剪背景*/
    border-radius: 8px;/*圆角边框*/
    box-shadow: 0 0px 5px #fff inset;/*设置按钮高光效果*/
    transition-property: background-position;/*规定设置过渡效果的 CSS 属性的名称*/
    transition-duration: 1s;/*规定完成过渡效果需要多少秒*/
    border: 1px solid #84acc3;/*设置按钮边框*/
}
#mybutton:hover {
    background-position: top left;
}/*设置鼠标悬停时背景图像定位的位置*/
</style>
```

图 6-42　mybutton 对象的 CSS 规则

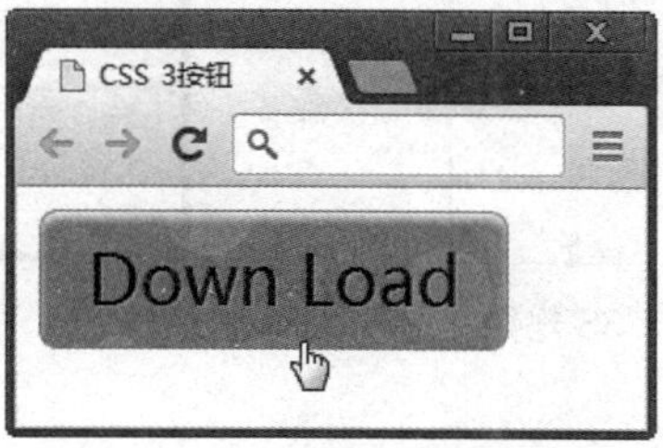

图 6-43　CSS 3 按钮最终效果

本案例中利用 CSS 3 的 box-shadow、background-clip、border-radius 和 transition 等属性,创建了一个具有动感的按钮,而在实际工作中,可根据需要进行相关设置,并不拘泥于当前制作思路。

6.4.3 搜索框的美化

搜索框是一个网站必不可少的组成部分,它的美观程度直接决定着网站的用户体验。这里以实例的形式向读者介绍搜索框的美化过程。

【案例 6-16】 搜索框的美化。

① 启动 Dreamweaver CS6,创建空白 HTML 5 文档,在文档中创建名为 search_box 的 DIV 容器,并在容器中创建表单域。

② 将光标定位在表单域中,在插入面板的“表单”类别中单击“文本字段”按钮,插入一个单行文本框。在文本框的后面,继续插入图像域,此时的页面结构如图 6-44 所示。

```
<div id="search_box" >
  <form action="" method="get">
    <label for="textfield"></label>
    <input name="textfield" type="text"  class="searchinput" id="textfield" value="请输入查找关键字"/>
    <input name="" type="image" src="6-16search_go.gif" class="searchaction">
  </form>
</div>
</body>
```

图 6-44 当前页面结构

③ 为了改变表单的外观样式,这里拟定义 searchinput 和 searchaction 类规则,分别作用在文本框和图像域上,使其改变外观。在当前页面顶部 head 区域内,编写相关 CSS 规则,如图 6-45 所示。

④ 保存当前页面,通过浏览器预览即可看到效果,如图 6-46 所示。

```
<style type="text/css">
#search_box {
    border: #CCC 1px solid;
    height: 27px;
    width: 210px;
}
.searchinput {
    border: 0;/*取消搜索框默认边框样式*/
    padding-left: 3px;
    width: 170px;
    height: 25px;
    line-height: 25px;
    float: left;
    color: #636365;
    font-size: 14px;
}
.searchaction {
    float: left;
    width: 21px;
    height: 17px;
    margin-top: 5px;
    margin-left: 5px;
}
</style>
```

图 6-45 案例 6-16 的 CSS 规则

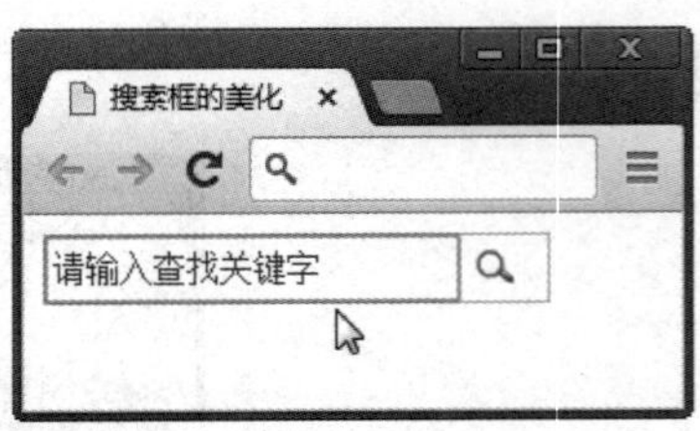

图 6-46 “搜索框的美化”预览效果

6.5　过程指导——“Yuze App 注册”页面的制作

本节主要使用表单对象创建一个注册页面所需的基本信息，再结合 CSS 阴影和 CSS 圆角等内容，实现对表单的美化。通过本节的学习，读者能够掌握表单元素的基本使用方法，以及巩固 border-radius、box-shadow 和 CSS 定位的相关知识。

6.5.1　过程分析

通过对实际任务的理解，本节需要完成的页面最终效果如图 6-47 所示。从最终效果来看，整个页面的布局较为简单，通过深思熟虑，页面布局如图 6-48 所示。

图 6-47　Yuze App 注册页面最终效果

6.5.2　步骤详解

1. 前期准备工作

(1) 启动 Dreamweaver CS6，创建站点，然后将新建的 HTML 5 空白文档保存在该站点中，并命名为 index. html。

(2) 在站点中创建 images 和 style 两个文件夹，分别存放页面修饰图片和 CSS 样式文件。

(3) 创建一个外部 CSS 样式表 style. css，将其与 index. html 文档进行链接。

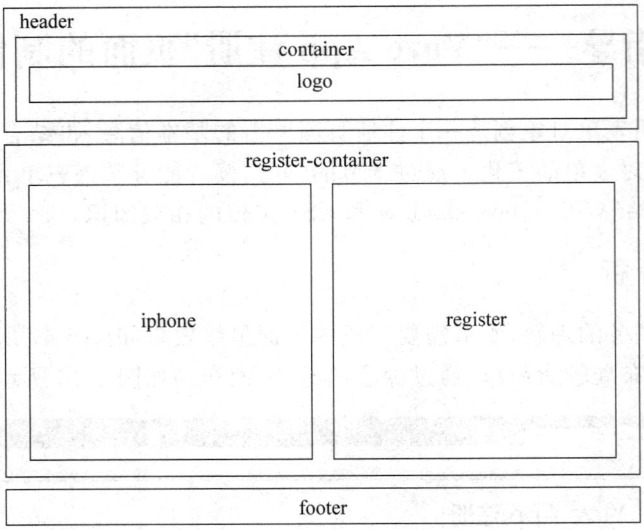

图 6-48 布局示意图

2. 页面初始化与头部区域的制作

(1) 在代码视图中,使用手动输入的方式根据布局示意图创建嵌套的相关容器,此时的页面结构如图 6-49 所示。

(2) 切换到 style. css 文件中,创建初始化规则和对应容器的 CSS 规则,如图 6-50 和图 6-51 所示。

```
<header class="header">
  <div class="container">
    <div class="logo">
      <h1><a href="">Yuze App 注册</a></h1>
    </div>
  </div>
</header>
```

图 6-49 页面头部区域的页面结构

```
body {
    background: #f8f8f8;
    text-align: left;
    font-family: "微软雅黑";
    color: #555;
    font-size: 16px;
    font-weight: 400;
}
a {
    text-decoration: none;
    color: #555;
}
```

图 6-50 页面初始化规则

(3) 保存当前页面,通过浏览器预览后的效果如图 6-52 所示。

3. 注册区域的制作

(1) 在<header class="header"></header>标签的后面,创建用于盛放注册区域所有元素的容器,具体页面结构如图 6-53 所示。

(2) 在<div class="iphone"></div>标签内部,插入预先准备好的手机图像。然后切换到 style. css 文件中,创建相关 CSS 规则,如图 6-54 所示。

(3) 在<div class="register"></div>标签内部,使用多个表单元素创建注册时所需的基本对象,具体的页面结构如图 6-55 所示。

(4) 在实际工作中,要想制作出精美的表单效果就需要逐个对不同的表单类型编写 CSS 规则,切换到 style. css 文件中,具体规则如图 6-56 和图 6-57 所示。

```
.header {
    margin: 0 auto;
    padding-bottom: 5px;
    background: #f8f8f8  url(../images/pattern.jpg) left top repeat;
    border-top: 4px solid #eb4141;
    -moz-box-shadow: 0 1px 5px 0 rgba(0,0,0,.8);
    -webkit-box-shadow: 0 1px 5px 0 rgba(0,0,0,.8);
    box-shadow: 0 1px 5px 0 rgba(0,0,0,.8);/*设置容器的阴影效果，并
且指定阴影的颜色和透明度*/
}
.container {
    width: 940px;
    margin-right: auto;
    margin-left: auto;
}
.container:before, .container:after {
    display: table;
    content: "";
    line-height: 0;
}
.container:after {
    clear: both;
}/*使用伪类的方式清除浮动*/
.logo {width: 400px;}
.logo h1 {
    padding-left: 50px;
    font-family: "微软雅黑";
    font-size: 36px;
    font-weight: 400;
}
```

图 6-51　页面头部相关容器 CSS 规则

图 6-52　页面头部预览效果

这里对该容器同时应用两个类规则

```
<header class="header">
  <div cl...
</header>
<div class="register-container container">
  <div class="iphone"></div>
  <div class="register"></div>
</div>
```

图 6-53　注册区域的页面结构

```
.register-container {
    margin-top: 50px;
}
.iphone {
    text-align: right;
    float: left;
}
.iphone img {
    margin-right: 10px;
}
```

图 6-54　手机图像的 CSS 规则

```
<div class="register">
  <form action="" method="post">
    <h2>Yuze App注册</h2>
    <label for="username">用户名</label>
    <input type="text" id="username" name="usertname" placeholder="请在这里输入用户名">
    <label for="tel">手机号码</label>
    <input type="text" id="tel" name="tel" placeholder="请在这里输入手机号码">
    <label for="email">邮箱地址</label>
    <input type="text" id="email" name="email" placeholder="请在这里输入邮箱地址">
    <label for="password">密码</label>
    <input type="text" id="password" name="password" placeholder="请在这里输入登录密码">
    <label for="passwordagain">确认密码</label>
    <input type="password" id="passwordagain" name="passwordagain" placeholder="请再次输入登录密码">
    <button type="submit">注册</button>
  </form>
</div>
```

图 6-55　使用多个表单元素创建注册时所需的基本对象

```
.register {
    float: left;
    padding-top: 100px;
    width: 460px;
}
.register form {
    padding: 20px 50px 40px 50px;
    background: #f8f8f8 url(../images/pattern.jpg)
left top repeat;
    -moz-border-radius: 8px;
    -webkit-border-radius: 8px;
    border-radius: 8px;
    -moz-box-shadow: 0 1px 5px 0 rgba(0,0,0,.3);
    -webkit-box-shadow: 0 1px 5px 0 rgba(0,0,0,.3);
    box-shadow: 0 1px 5px 0 rgba(0,0,0,.3);
}
.register form h2 {
    margin-bottom: 25px;
    padding-bottom: 15px;
    background: url(../images/pencil.png) 35px 6px
no-repeat;
    border-bottom: 2px dotted #bbb;
    font-size: 30px;
    font-weight: 400;
    text-align: center;
}
```

图 6-56 表单 CSS 规则(1)

```
.register form input {
    width: 95%;
    height: 30px;
    background: #fcfcfc;
    border: 1px solid #ddd;
    -moz-border-radius: 2px;
    -webkit-border-radius: 2px;
    border-radius: 2px;
    -moz-box-shadow: 0 1px 3px 0 rgba(0,0,0,.1) inset;
    -webkit-box-shadow: 0 1px 3px 0 rgba(0,0,0,.1) inset;
    box-shadow: 0 1px 3px 0 rgba(0,0,0,.1) inset;
    color: #888;
    font-size: 16px;
    display: block;
}
.register form label {
    margin: 7px 0 10px 5px;
    font-size: 16px;
    text-align: left;
}
.register form button {
    display: block;
    cursor: pointer;
    width: 95%;
    height: 42px;
    margin-top: 25px;
    padding: 0;
    background: #eb4141;
    -moz-border-radius: 3px;
    -webkit-border-radius: 3px;
    border-radius: 3px;
    border: 0;
    -moz-box-shadow: 0 15px 30px 0 rgba(255,255,255,.1) inset;
    -webkit-box-shadow: 0 15px 30px 0 rgba(255,255,255,.1) inset;
    box-shadow: 0 15px 30px 0 rgba(255,255,255,.1) inset;
    font-size: 16px;
    font-family: "微软雅黑";
    color: #fff;
}
```

图 6-57 表单 CSS 规则(2)

在上述的规则中,大部分规则用于实现圆角边框和阴影效果。另外,在样式代码属性方面，由于多种浏览器使用的内核不同，需要针对不同的内核单独编写，例如 box-shadow（针对 Internet Explorer 浏览器）、-webkit-box-shadow（针对 Chrome 浏览器）和-moz-box-shadow（针对火狐浏览器）规则，其本质是一条规则。

(5) 保存当前页面，通过浏览器预览即可看到效果。

4. footer 区域的制作

(1) 在<div class="register-container container"></div>标签的后面，使用 footer 元素创建版权区域的内容，具体结构如图 6-58 所示。

```
<header class="header">
  <div cl...
</header>
<div class="register-container container">
  <div c...
</div>
<footer id="footer">Copyright &copy; 2015 宇泽互联 rights reserved.</footer>
```

图 6-58　版权区域页面结构

(2) 切换到 style.css 文件中，创建"#footer {text-align: center;}"CSS 规则，保存当前页面，通过浏览器预览即可看到最终效果。

至此，"Yuze App 注册页面"的制作到此结束，读者可以根据自己的需要修改相关 CSS 的内容，让页面变得更加漂亮。

6.6　自主任务——"网站后台登录"页面的制作

结合本章所讲的知识，完成"网站后台登录页面"的制作，请读者在制作过程中着重体会 CSS 控制表单对象的方法和思路。页面最终效果和布局如图 6-59 和图 6-60 所示。

图 6-59　网站后台登录页面最终效果

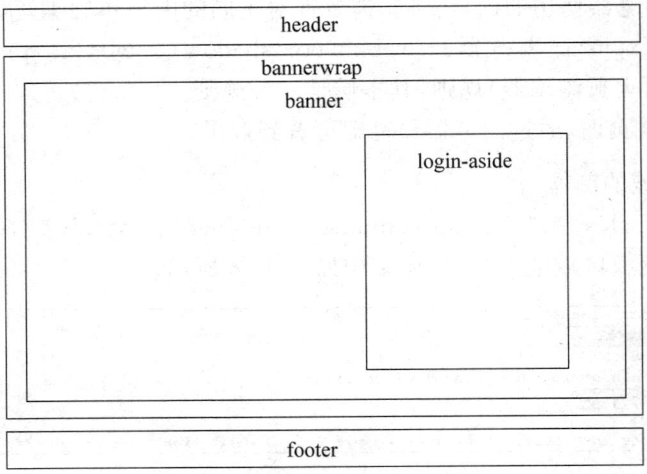

图 6-60　网站后台登录页面布局示意图

6.7　习题

1. 表格的作用是什么?
2. 在 CSS 中 border-collapse 属性的作用是什么?
3. 使用伪类选择器制作一组 10 行 6 列隔行换色的表格。
4. 表单的作用是什么? 常见的表单对象有哪些?
5. 在 HTML 5 中哪两种属性能够实现表单的自动验证?
6. 如何创建复选框和单选按钮?
7. 按照图 6-61 所示的页面效果制作登录框。

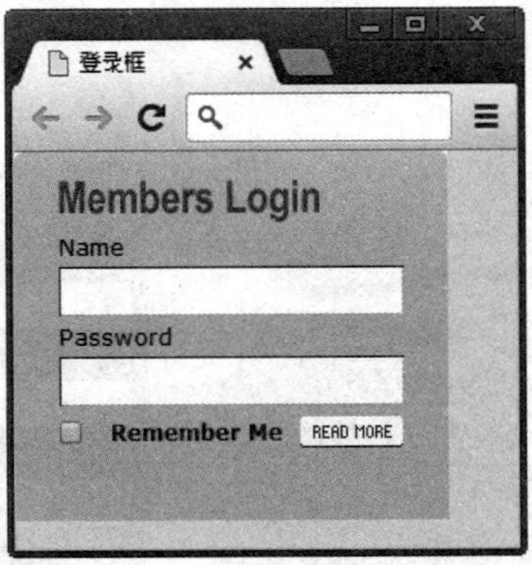

图 6-61　习题 7 页面效果

第 7 章

框架、模板与 CSS 3 新增布局

【本章导读】

框架为开发者提供一个将浏览器窗口划分多个区域的方法；模板的灵活运用能够帮助开发者快速地创建布局结构类似的页面；CSS 布局的相关知识能够创建适合多种设备(台式机、平板电脑和智能手机等)的网页。本章主要围绕框架、模板与 CSS 布局三个方面的内容，着重讲解它们在 Dreamweaver 中的操作方法。

【学习目标】

- 了解框架的基本概念，能够使用框架创建简单网页；
- 掌握将某个页面保存为模板的方法，并能够通过模板快速创建多个页面；
- 掌握 CSS 盒布局的相关知识；
- 能够灵活使用@media query 创建出适合多种设备显示的页面。

7.1 框架

HTML 5 已经摒弃了 HTML 框架。最初，HTML 框架提供了在浏览器窗口中显示多个网页的方式，但从目前的发展来看，框架往往意味着非常严重的可访问性问题，它难以适应搜索引擎和移动设备。因此本节仅向读者介绍 HTML 5 中框架知识保留的内容。

7.1.1 基本概念

1. frame 元素

框架(Frame)是浏览器窗口中的一个区域，包含在框架集中，它是框架集的一部分，每个框架中放置一个网页内容，组合起来就是浏览者看到的框架式网页。

2. iframe 元素

iframe 元素会创建包含另外一个文档的内联框架。虽然 HTML 5 摒弃了框架，但并不意味着对框架不支持。之所以 iframe 元素能被 HTML 5 保留，主要原因是 Web 应用经常要利用<iframe>实现一些集成任务，例如在网页中包含搜索框和广告等。

3. frameset 元素

框架集(Frameset)实际是一个网页文件，用于定义文档中框架的布局和属性，包括框架的数目、框架的大小和位置以及在每个框架中显示的页面的 URL。

4. 框架与框架集的关系

当设计人员准备使用多个框架制作一个网页时，框架集文档就是生成框架本身的文档。框架集本身不包含要在浏览器中显示的内容，只是向浏览器提供应该如何显示一组框架，以及在这些框架中应显示哪些文档的有关信息。例如，某个页面被创建为两个框架，那么它实际包含三个文件：一个框架集文件、两个框架内容文件。

7.1.2 使用 iframe 元素创建框架页面

iframe 提供了一个简单的方式把一个网站的内容嵌入另一个网站，但笔者仍然建议读者谨慎使用 iframe 元素。究其原因，当页面包含框架元素后，iframe 在加载资源时可能用光所有的可用连接，从而阻塞主页面资源的加载速度，给用户的感觉就是网页非常慢，从而降低用户的浏览体验。

iframe 元素的语法如下。

```
<iframe src="URL" width="x" height="x" scrolling="[OPTION]" frameborder="x">
</iframe>
```

参数说明如下。

src：文件的路径，既可以是 HTML 文件，也可以是文本。

width、height：设置子页面在父页面显示时的大小。

scrolling：当 SRC 指定的 HTML 文件在指定的区域显示不完时，设置滚动选项，如果设置为 No，则不出现滚动条；如设置为 Auto 则自动出现滚动条；如设置为 Yes，则显示滚动条。

frameborder：区域边框的宽度，取值为 0 时，不显示边框。

【案例 7-1】 使用 iframe 元素创建框架页面。

① 启动 Dreamweaver CS6，新建空白 HTML 5 文档，并在其中插入简单代码，如图 7-1 所示，将该页面保存为“7-1 iframe 元素(子页面). html”。

② 再次新建空白 HTML 5 文档，使用<iframe>标签将刚才保存的页面嵌入当前页面中，其页面结构如图 7-2 所示。

③ 将包含 iframe 元素的页面保存为“7-1 iframe 元素(父页面). html”，通过浏览器预览即可看到效果，如图 7-3 所示。

```
<body>
<h1 id="my">hello,我是子页面</h1>
</body>
```

图 7-1 子页面结构

```
<body>
<iframe  src="7-1 iframe元素(子页面).html" id="test" width=
"200" height="200" scrolling="no" frameborder="1"></iframe>
</body>
```

图 7-2 父页面结构

图 7-3 包含框架页面的预览效果

7.2　模板

假如网站中包含许多风格、布局类似的页面，对于这类页面如果每个页面都逐个制作，不仅浪费资源而且效率十分低。为了提高网站建设的效率，避免重复操作，利用 Dreamweaver CS6 中的模板功能可以有效解决此类问题。

7.2.1　模板是什么

模板是一种预先设计好的网页样式，在制作布局类似的页面时，只需要套用这种模板就可以快速创建另一个页面。

1. 模板的区域

在模板中有两种区域，一种是锁定区域，一种是可编辑区域，创建模板的过程就是指定和命名可编辑区域的过程。在编辑模板时，设计者可以修改模板的任何编辑区域和锁定区域，而当设计者基于模板创建另外的网页时，只能修改那些标记为可编辑的区域，网页中那些被锁定的区域是不可改变的。

2. 模板的作用范围

从模板创建的文档与该模板保持链接状态，因此，当模板被用户修改时，所有使用这种模板的网页都将随之改变，除非将这个网页与模板进行分离。

3. 创建模板的途径

(1) 从空白文档中创建模板。使用 Dreamweaver 的新建功能可以直接创建模板。在菜单栏中执行“文件”→“新建”命令，打开“新建文档”对话框。在该对话框左侧，选择“空模板”选项卡，并在“模板类型”列表中选择需要的模板即可。

(2) 从现有文档中创建模板。从现有文档中创建模板是实际工作中经常使用的处理方法，图 7-4 所示的是某个网站的子页面，而图 7-5 所示的页面是以图 7-4 所示页面为模板创建的。

从上述两幅图可以看出，使用模板创建的页面，不但网页风格相同，而且某些局部内容(例如，页面头部导航、页面版权区域)也完全相同，这样不仅避免了重复设计的麻烦，而且提高了网页制作的效率。

7.2.2　使用模板快速创建页面

下面以制作实例的形式讲解模板从创建到应用的一系列工作流程，请读者注意学习创建模板可编辑区域的方法，以及依托该模板创建另一页面的操作。

【案例 7-2】　使用模板快速创建页面。

使用模板创建网页大致分为四个阶段，即前期准备阶段、基于现有文档创建模板阶段、创建可编辑区域阶段、基于模板创建新页面阶段。为了更好地体会整个过程，这里不再对网页具体的制作过程进行讲述。

图 7-4 作为模板的页面

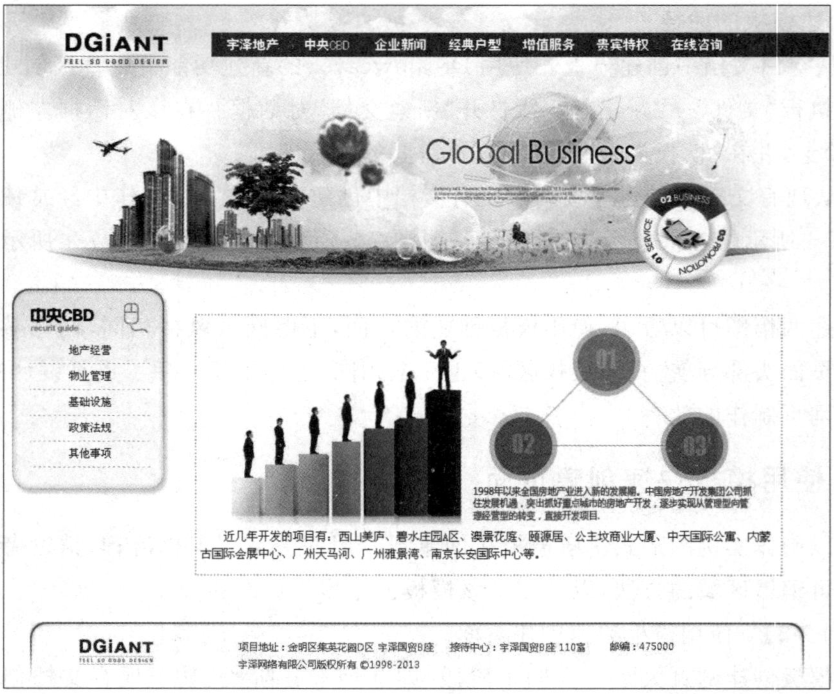

图 7-5 基于模板创建的页面

(1) 前期准备阶段

① 启动 Dreamweaver CS6,创建新站点,并在其中建立存放图像的 images 文件夹,以及存放 CSS 样式文件的 style 文件夹。

② 新建 HTML 5 文档,创建一个拟作为模板的页面 page. html,如图 7-4 所示。

(2) 基于现有文档创建模板阶段

① 打开 page. html 页面,执行"文件"→"另存为模板"命令,打开"另存模板"对话框。

② 在对话框中的"站点"下拉列表中选择站点,在"另存为"文本框中输入模板名称 muban,如图 7-6 所示。单击"保存"按钮,即可将当前页面保存为用于创建其他页面的模板。

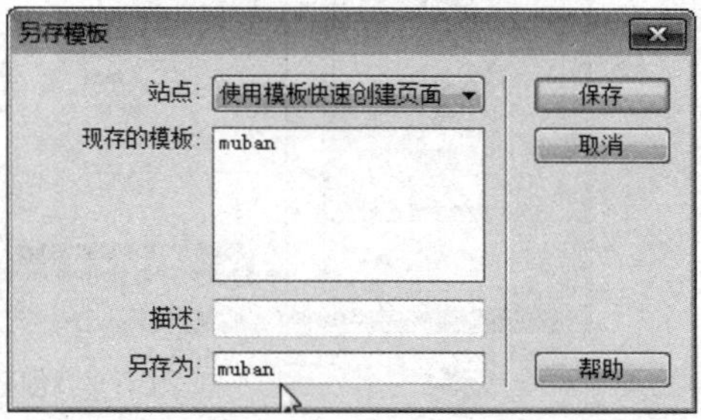

图 7-6　"另存模板"对话框

此时,系统自动在站点根文件夹下创建一个名为 Templates 的文件夹,并将创建的模板文件(扩展名为. dwt)muban. dwt 保存在该文件夹下,如图 7-7 所示。

(3) 创建可编辑区域阶段

① 当模板创建成功后,即刻进入模板编辑状态,即编辑的是 muban. dwt 文档。在该文档中,选择名为 left_side 的左侧导航栏。

② 执行菜单栏中的"插入"→"模板对象"→"可编辑区域"命令,打开"新建可编辑区域"对话框,如图 7-8 所示。在该对话框的"名称"文本框中输入可编辑区域的名称 left_side_nav,单击"确定"按钮,模板中就建立了一个可编辑区域。

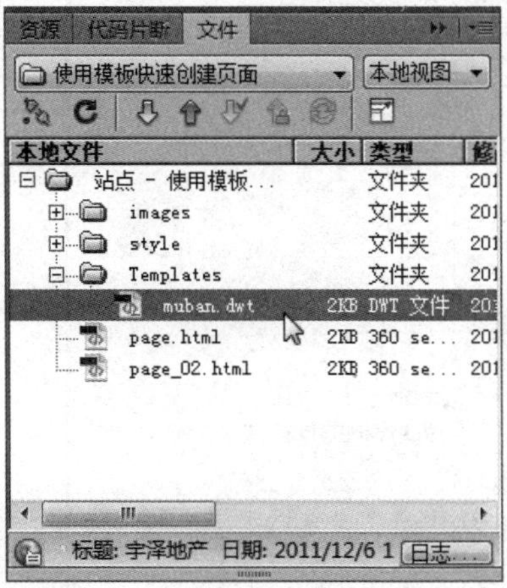

图 7-7　模板存放的位置

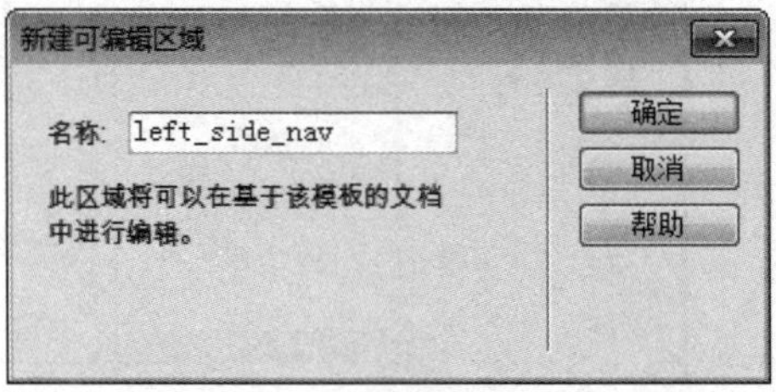

图 7-8　"新建可编辑区域"对话框

③ 同样的处理办法,选择页面主内容区域名为 content_content 的 DIV 容器,为该区域定义可编辑区域,定义完成后的页面效果如图 7-9 所示。

仔细观察可以发现,图中可编辑区域左上角均有淡蓝色底纹的标签加以显示。如果想要删除某个可编辑区域,只需在选中该区域的情况下执行"模板"→"删除模板标记"命

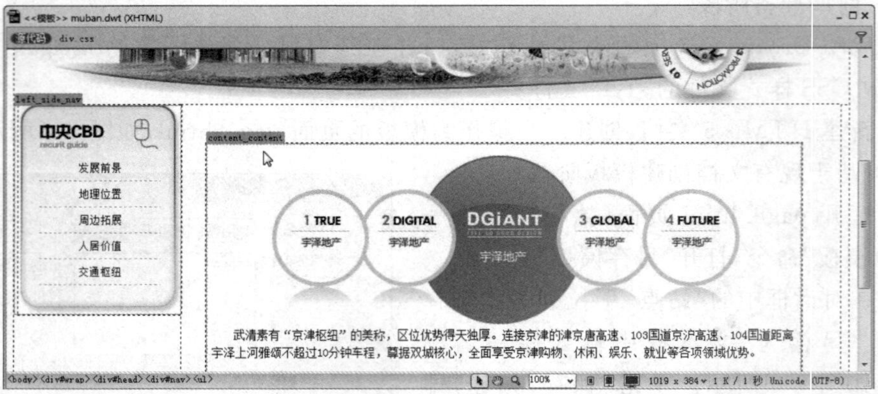

图 7-9　创建模板的可编辑区域

令即可。

(4) 基于模板创建新页面阶段

之前的步骤已经完整地创建了一个页面模板，如何使用该模板快速地创建其他网页呢？具体操作如下。

① 在 Dreamweaver CS6 菜单栏中执行“文件”→“新建”命令，打开“新建文档”对话框，选择“空白页”选项卡，将文档类型设置为 HTML 5，然后选择“模板中的页”选项卡，在“站点”列表中选择当前站点下的模板文件 muban，如图 7-10 所示。单击“创建”按钮，即可基于模板创建一个新页面。

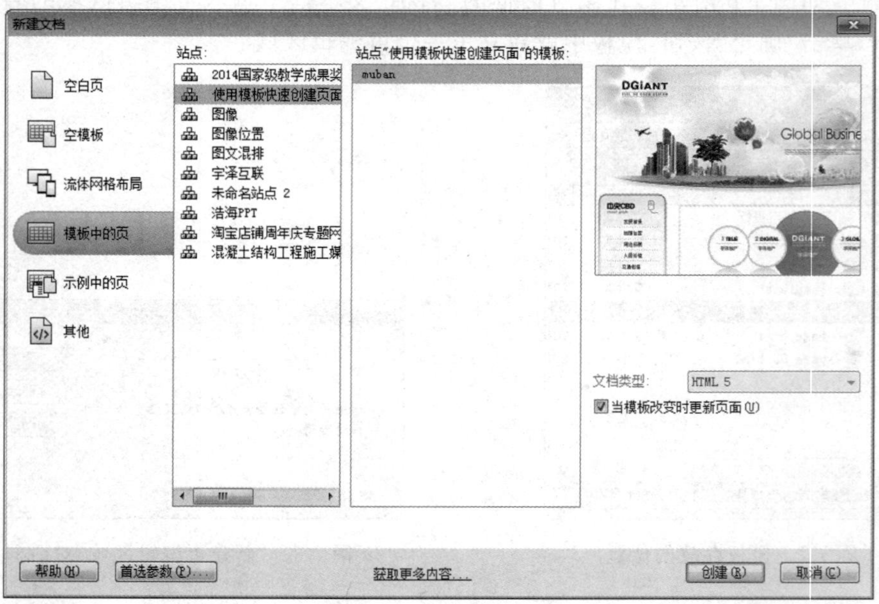

图 7-10　基于模板新建网页

② 通过仔细观察可以发现，在新建的页面右上角有“模板：muban”文字标签，这表示当前文档是基于模板 muban 而建立的。

③ 将光标移至页面其他区域，光标将变成⊘形状，表示该区域不可编辑；将光标移至之前定义的可编辑区域，则可以修改其中的内容。

④ 在标有 left_side 和 content_content 名称的区域内快速修改内容，即可完成另外一个页面的制作，如图 7-11 所示。需要注意的是，不要将模板文件移动到 Templates 文件夹之外或者将任何非模板文件放在 Templates 文件夹中。

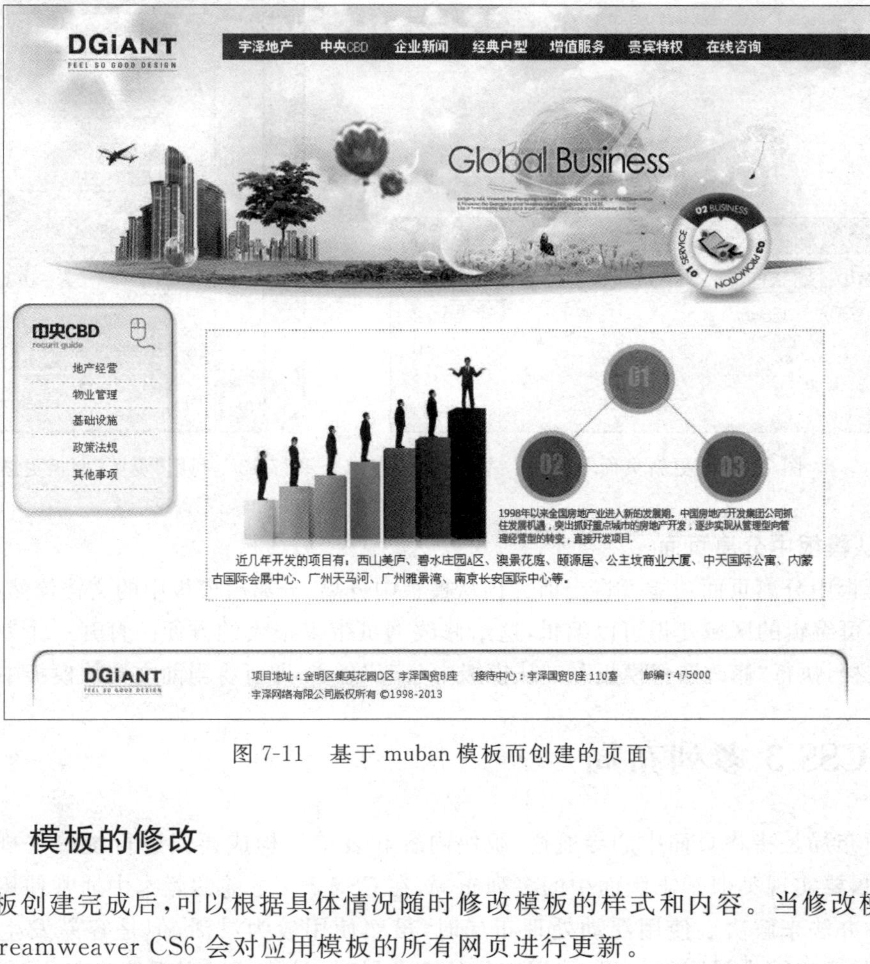

图 7-11　基于 muban 模板而创建的页面

7.2.3　模板的修改

模板创建完成后，可以根据具体情况随时修改模板的样式和内容。当修改模板并保存后，Dreamweaver CS6 会对应用模板的所有网页进行更新。

1. 更新基于模板的文档

修改模板后，Dreamweaver 会提示用户更新基于该模板的文档。可以使用以下方法未更新文档。

(1) 在文档编辑窗口中执行“修改”→“模板”→“更新页面”命令，打开“更新页面”对话框，如图 7-12 所示。根据需要选择更新站点的所有页面，还是只更新特定模板的页面。

(2) 在“文件”面板“资源”选项卡中，单击左侧分类中的“模板”按钮，打开“模板”面板。在模板上右击，在弹出的菜单中选择“更新站点”，如图 7-13 所示。在打开的“更新页面”对话框内，根据需要进行设置即可。

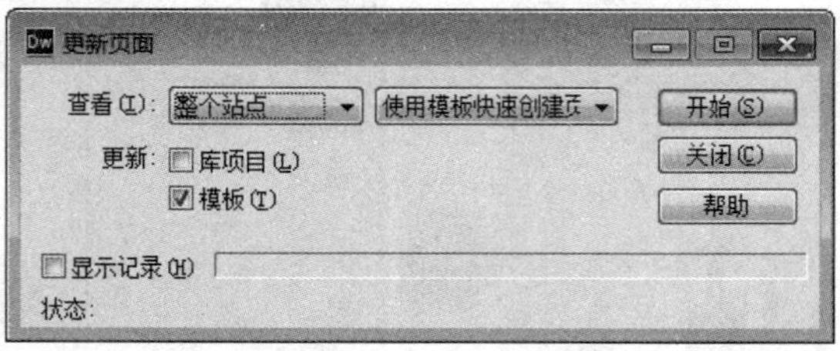

图 7-12 “更新页面”对话框

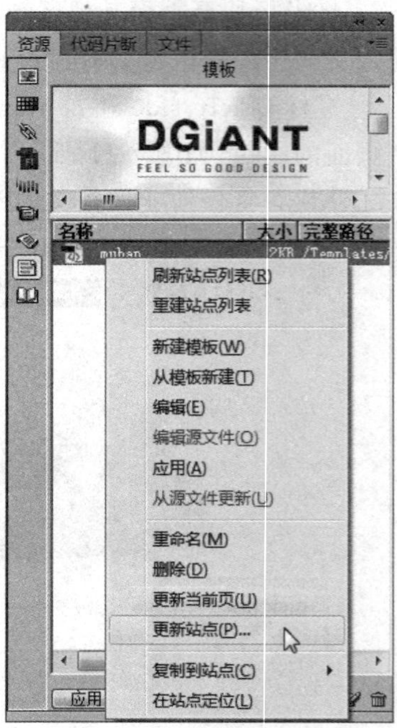

图 7-13 利用“资源”面板更新站点

2. 从模板中分离页面

从模板中分离页面功能可将当前文档从模板中分离,分离后模板中的文档依然存在,只是原来不可编辑的区域变得可以编辑,这给修改网页带来很大的方便。打开一个基于模板创建的文档,执行“修改”→“模板”→“从模板中分离”命令,即可将当前文档从模板中分离。

7.3 CSS 3 多列布局

页面布局是指将页面中的导航栏、版块内容和表单等构成要素进行统筹安排。在实际工作中,要实现类似杂志版面中的多列布局,在 CSS 2.1 之前的版本中通常使用浮动和定位两种办法来解决。使用浮动处理布局时,虽然使用较为灵活,但是容易发生错位现象,而且需要编写大量附加代码;使用定位处理布局时,虽然可以实现精确定位,但是这种布局形式不具有自适应能力,各个板块之间缺乏联动。

为了解决上述困难,CSS 3 新增了多列自动布局功能,利用该功能可以自动将内容划分为指定的列数进行排列。本节将详细讲解多列布局的基本属性和使用方法。

7.3.1 使用 columns 属性创建多列布局

在 CSS 3 中 columns 属性是多列布局的基本属性,该属性可以同时定义列数和每列的宽度。

【案例 7-3】 使用 columns 属性创建多列布局。

① 新建 HTML 5 文档,在其中使用 article 元素、h1 元素、h2 元素和 p 元素创建相关

结构，使之能够表现一篇散文的结构，具体结构代码如图 7-14 所示。

② 在当前页面的 head 区域，创建对应的 CSS 规则，具体代码如图 7-15 所示。需要提醒读者的是，Internet Explorer 不支持 columns 属性。CSS 代码中在某个属性前添加-webkit前缀，其目的是处理不同浏览器之间的兼容问题，这里的-webkit-columns 是 Chrome 浏览器的私有属性。

```
<body>
<article>
  <h1>夜雨诗意（节选）</h1>
  <h2>余秋雨</h2>
  <p>早年为了学写古...</p>
  <p>翻来翻去，眼下...</p>
  <p>光听着窗外夜色...</p>
  <p>夜雨款款地剥夺...</p>
</article>
</body>
```

图 7-14　案例 7-3 的页面结构

```
<style type="text/css">
article {
    -webkit-columns: 200px 3;
    columns: 200px 3;
}/*设置网页文档分3栏显示，每栏宽度为200px*/
h1 {
    background: #6CF;
    padding: 5px;
    text-align: center;
}
h2 {
    font-size: 16px;
    text-align: center;
}
p {text-indent: 2em;}
</style>
```

图 7-15　包含 columns 属性的 CSS 规则

③ 保存当前网页文档，通过浏览器预览后的效果如图 7-16 所示。

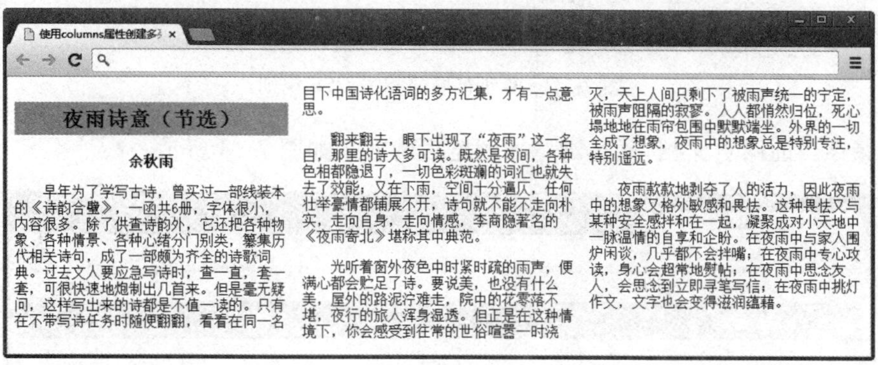

图 7-16　多列布局预览效果

7.3.2　多列布局的相关属性

1. column-width

column-width 属性用于定义指定对象单列显示的宽度，不可以取负值。

2. column-count

column-count 属性用于定义指定对象显示的列数，取值为大于 0 的整数。

3. column-gap

column-gap 属性用于定义列与列之间的宽度，不可以取负值。

4. column-rule

column-rule 属性用于定义每列之间边框的宽度、样式和颜色。

5．column-span

column-span 属性用于定义元素的跨列显示。取值为 1 时，仅在当前栏中显示；取值为 all 时，将横跨所有栏进行显示。

【案例 7-4】 多列布局的相关属性。

① 使用案例 7-3 中的页面结构，进一步对 CSS 规则进行修改。具体修改的内容如图 7-17 所示。

```
<style type="text/css">
article {
    -webkit-column-width: 150px;/*设置每列宽度*/
    -webkit-column-count: 4;/*设置列数*/
    -webkit-column-gap: 3em;/*设置列与列之间距离*/
    -webkit-column-rule: 1px #F63 dashed;/*设置列与列之间的样式*/
}
h1 {
    background: #6CF;
    padding: 5px;
    text-align: center;
    -webkit-column-span: all;/*设置标题跨行显示*/
}
h2 {
    font-size: 16px;
    text-align: center;
    -webkit-column-span: all;/*设置标题跨行显示*/
}
p {
    text-indent: 2em;
}
</style>
```

图 7-17　多列布局的相关 CSS 规则

② 保存当前网页文档，通过浏览器预览后的效果如图 7-18 所示。

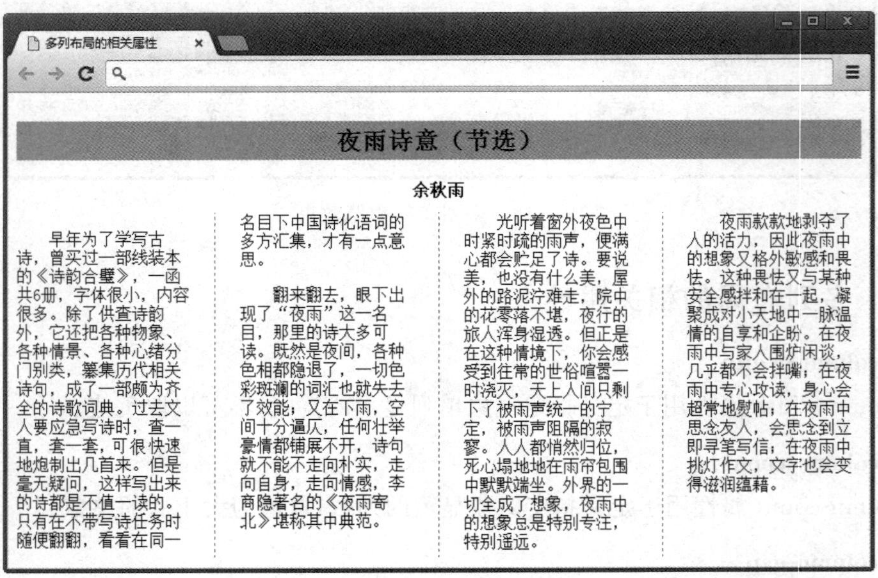

图 7-18　“多列布局的相关属性”预览效果

7.4　CSS 3 弹性盒布局

在 CSS 3 中新增了 box 属性，通过该属性可以实现弹性盒布局，开发者可以轻松创建自适应浏览器窗口的弹性布局。

7.4.1　使用盒布局

为了适应弹性盒布局的需要，CSS 3 新增了与 box 相关的多个属性，借助这些属性可以方便地控制页面布局，具体属性如表 7-1 所示。

表 7-1　CSS 3 中新增的与盒布局相关的属性

属　性	解　释
box-align	定义使用该元素中的文字、图像或子元素水平方向或垂直方向的对齐方式
box-flex	定义元素在盒子内的自适应尺寸
box-ordinal-group	定义元素的显示顺序
box-orient	定义元素的排列方式
box-lines	定义元素分列显示
box-pack	定义元素在水平框中的水平位置，以及垂直框中的垂直位置

需要特别说明的是，要使用弹性盒布局，用户需要将对象设置为盒子显示，即将对象的 display 属性值设置为 box。此外，为了兼容 Firefox、Safari 和 Chrome 浏览器，开发者可以使用 display：-moz-box；和 display：-webkit-box；私有属性进行声明。

【案例 7-5】 使用盒布局。

① 使用 Dreamweaver CS6 创建 HTML 5 文档，在其中创建如图 7-19 所示的结构代码。从代码结构来看，由于 article 对象为块级元素，所以在默认状态下 id＝"left_sidebar"的 article 对象、id＝"contents"的 article 对象和 id＝"right_sidebar"的 article 对象，应该纵向排列。

② 为了区分各个板块的内容边界，以及展现盒布局的具体效果，这里在当前页面的 head 区域创建对应的 CSS 规则，如图 7-20 所示。

③ 保存当前页面文档，在浏览器中预览即可看到效果，如图 7-21 所示。

从图中可以看出，本案例中由于对父级对象 wrapper 应用了“display：-webkit-box；”属性，致使其子对象 left_sidebar、contents 和 right_sidebar 在没有应用 float 属性的情况下，实现了横向排列。

7.4.2　弹性盒布局相关属性详解

7.4.1 小节简单介绍了盒布局的使用方法，细心的读者可以发现在案例 7-5 中，将 left_sidebar、contents 和 right_sidebar 三个容器的宽度都进行了设定，这种处理办法不能跟随浏览器宽度的变化而变化，如何解决这个问题呢？

```
<body>
<div id="wrapper">
  <article id="left_sidebar">
    <h2>左侧边栏</h2>
    <ul>
      <li><a href="#">文本导航</a></li>
      <li><a href="#">文本导航</a></li>
      <li><a href="#">文本导航</a></li>
      <li><a href="#">文本导航</a></li>
    </ul>
  </article>
  <article id="contents">
    <h2>文本内容</h2>
    <p>文本内容文本内...</p>
    <p>文本内容文本内...</p>
    <p>文本内容文本内...</p>
  </article>
  <article id="right_sidebar">
    <h2>右侧边栏</h2>
    <ul>
      <li><a href="#">文本导航</a></li>
      <li><a href="#">文本导航</a></li>
      <li><a href="#">文本导航</a></li>
      <li><a href="#">文本导航</a></li>
    </ul>
  </article>
</div>
</body>
```

图 7-19 案例 7-5 的页面结构

```
<style type="text/css">
#wrapper {
    display: -webkit-box;
    display: box;
}/*将当前对象设置为盒子显示*/
#left_sidebar {
    background: #FC0;
    padding: 5px;
    width: 200px;
}
#right_sidebar {
    background: #39C;
    padding: 5px;
    width: 200px;
}
#contents {
    background: #C69;
    padding: 5px;
    width: 300px;
}
</style>
```

图 7-20 案例 7-5 的 CSS 规则

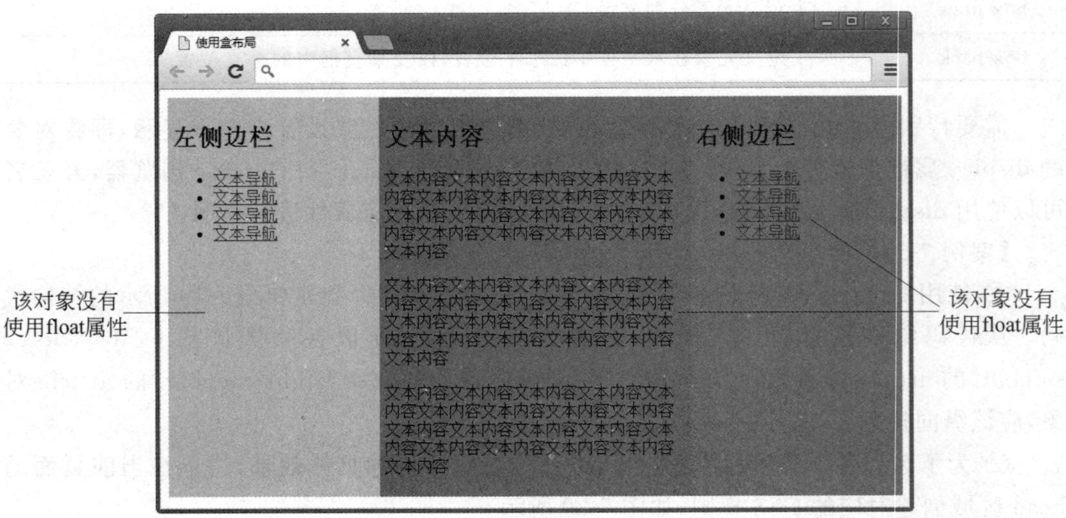

图 7-21 盒布局预览效果

1. box-flex 属性

box-flex 属性规定框的子元素是否可伸缩其尺寸。可伸缩元素能够随着框的缩小或扩大而缩写或放大,只要框中有多余的空间,可伸缩元素就会扩展来填充这些空间。

box-flex 属性的值是一个整数或小数。当盒子中定义多个 box-flex 属性的子元素时,浏览器会将所有 box-flex 属性值相加,然后根据各自的值占总值的比例分配剩余空间,例如盒子 A 中包含 B 和 C 两个子元素,其中 B 的 box-flex 属性值为 1,C 的 box-flex 属性值为 2,则说明 B 占据 1/3 的剩余空间,C 占据 2/3 的剩余空间。

【案例 7-6】　box-flex 属性。

① 使用案例 7-5 中的代码结构，继续完善相关内容。

② 在 head 区域的 CSS 规则中，删除 id="contents"的 article 对象中原来指定宽度为 300px 的样式代码，新增"-webkit-box-flex：1；"代码。保存当前页面文档，在浏览器中预览即可看到效果，如图 7-22 所示。

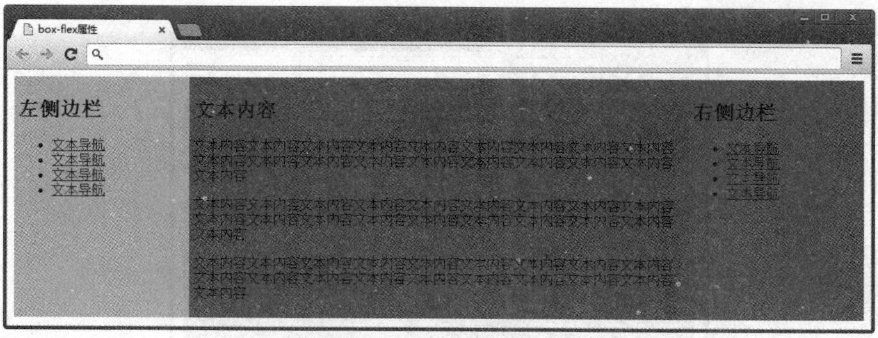

图 7-22　box-flex 属性预览效果

2. box-ordinal-group 属性

box-ordinal-group 属性用来控制各个元素的显示顺序，其值越小的元素越会显示在前面，其值相同的多个元素，它们显示的次序取决于原次序。

【案例 7-7】　box-ordinal-group 属性。

① 使用案例 7-5 中的代码结构，继续完善相关内容。

② 在 head 区域的 CSS 规则中，分别为 left_sidebar、contents 和 right_sidebar 三个容器增加"-webkit-box-ordinal-group：3；""-webkit-box-ordinal-group：2；"和"-webkit-box-ordinal-group：1；"三个 CSS 规则。保存当前页面文档，在浏览器中预览即可看到效果，如图 7-23 所示。

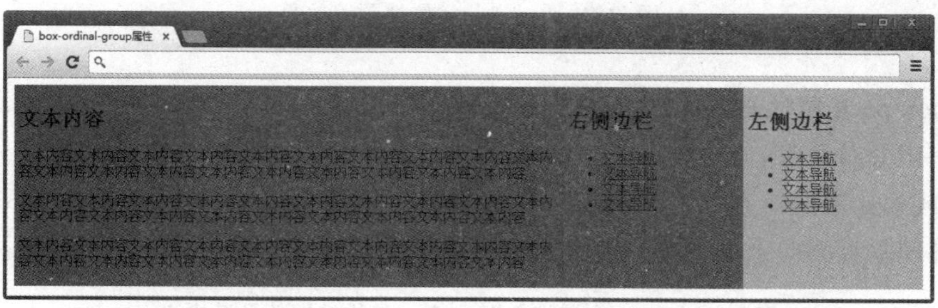

图 7-23　box-ordinal-group 属性预览效果

从图中可知，虽然没有改变 HTML 5 的结构代码，但是通过盒布局的相关属性，同样可以改变各个容器显示的次序，这种处理方法方便开发者对布局进行调整。

3. box-orient 属性

在 CSS 3 中，box-orient 属性用于指定元素的排列方向，设计者可以简单地将多个元素的排列方式从水平方向改变为垂直方向，或者垂直方向改变为水平方向。

【案例 7-8】 box-orient 属性。

① 使用案例 7-5 中的代码结构,继续完善相关内容。

② 在 head 区域的 CSS 规则中,针对 wrapper 容器修改 CSS 规则,在其中增加“-webkit-box-orient:vertical;”规则。

③ 保存当前页面文档,在浏览器中预览即可看到效果,如图 7-24 所示。

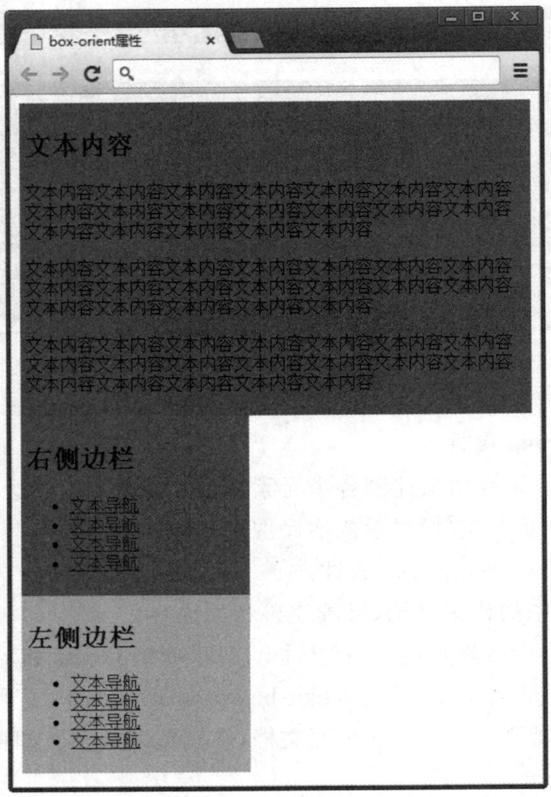

图 7-24 box-orient 属性预览效果

4. box-pack 属性与 box-align 属性

在使用盒布局时,通常将 box-pack 属性与 box-align 属性组合使用来指定元素中文字、图像或子元素的对齐方式。box-pack 属性用于管理水平方向上的空间,box-align 属性用于管理垂直方向上的空间。两个属性的取值及其含义详见表 7-2。

表 7-2 box-pack 属性与 box-align 属性的取值及其含义

属 性	取 值	含 义
box-pack	start	所有子元素显示在盒子的左侧,剩余空间显示在盒子的右侧
	end	所有子元素显示在盒子的右侧,剩余空间显示在盒子的左侧
	center	剩余空间在盒子的两侧平均分布
	justify	剩余空间在子元素之间平均分布,在第一个和最后一个元素的前、后不分配空间

续表

属　性	取 值	含　　义
box-align	start	所有子元素显示在盒子的顶部，剩余空间显示在盒子的底部
	end	所有子元素显示在盒子的底部，剩余空间显示在盒子的顶部
	center	剩余空间在盒子的上下两侧平均分布
	baseline	所有元素按照它们的基线排列
	stretch	所有子元素高度被拉伸，调整到适合盒子的高度

【案例 7-9】 box-pack 属性与 box-align 属性。

① 使用 Dreamweaver CS6 创建 HTML 5 文档，在其中创建如图 7-25 所示的结构代码。

```
<body>
<div id="box">
  <div><img src="7-9 images/1.png" width="128" height="128"></div>
  <div><img src="7-9 images/2.png" width="128" height="128"></div>
  <div><img src="7-9 images/3.png" width="128" height="128"></div>
  <div><img src="7-9 images/4.png" width="128" height="128"></div>
</div>
</body>
```

图 7-25　案例 7-9 的页面结构

② 在当前页面的 head 区域创建对应的 CSS 规则，如图 7-26 所示。

```
<style type="text/css">
#box {
    border: 1px #FF0000 solid;
    display: -webkit-box;/*定义该容器使用盒模型进行显示*/
    width: 580px;
    height: 400px;
    -webkit-box-pack: center;
    /*设置其子元素水平方向居中对齐*/
    -webkit-box-align: center;
    /*设置其子元素垂直方向居中对齐*/
}
#box div {
    border: 1px #FF0000 solid;
    margin: 5px;
}
</style>
```

图 7-26　设置容器以盒模型形式显示

③ 保存当前页面文档，在浏览器中预览即可看到效果，如图 7-27 所示。此外，通过改变 box 容器的 box-pack 属性与 box-align 属性的不同参数，还可以使其内部的子元素布局产生多样变化，如图 7-28 和图 7-29 所示。

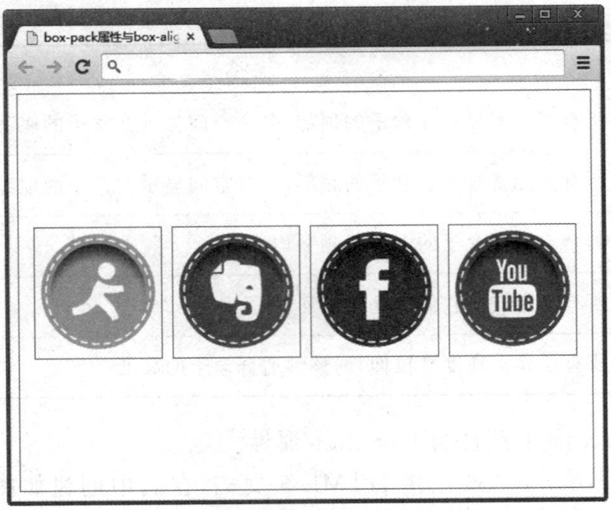

图 7-27　案例 7-9 的预览效果(1)

图 7-28　案例 7-9 的预览效果(2)

图 7-29　案例 7-9 的预览效果(3)

7.5　适合移动设备的响应式布局

目前，移动设备发展迅速，浏览者已经不局限于通过台式机上网浏览网页，平板电脑和智能手机是发展较快的移动终端，越来越多的浏览者通过这些终端设备访问站点，因此，如何提高用户在不同终端设备上的体验是开发者需要解决的问题。

7.5.1　响应式布局

随着现在各种终端的快速发展，制作出能够适应不同分辨率、不同平台、不同屏幕大小的网页尤为重要，这不仅使得网站适应不同终端的能力更强，同时也为用户带来了良好的体验。

响应式布局也可以称为响应式 Web 设计，它仅仅是一个设计理念，这个理念是为解决移动互联网浏览效果而诞生的。其核心思想就是一个网站能够兼容多个终端，而不是为每个终端做一个特定的版本。

响应式布局的优点如下。

(1) 面对不同分辨率设备灵活性强。

(2) 能够快捷解决多设备显示适应问题。

响应式布局的缺点如下。

(1) 需要对应多种设备编写 CSS 代码，效率低下。

(2) 代码累赘，加载时间加长。

(3) 即使使用了响应式布局也不能兼容所有设备，多方面因素影响而达不到最佳效果。

(4) 在多种设备下看到的页面效果会有不同，一定程度上改变了网站原有的布局结构，有可能会出现访问者对网站的辨识度不高的情况。

响应式布局虽然有多种缺点，但无法掩盖其优点——让访问者能够在多种设备环境下得到良好的体验。

需要特别指出的是，设计者在决定使用响应式布局前，需要了解目标人群的上网模式，如果针对的是桌面端的人群，暂时不要使用响应式布局；如果针对的是移动端的人群，还是有必要使用响应式布局的。

7.5.2　使用 CSS 3 的 Media Queries 实现响应式布局

在 CSS 3 中新增了 Media Queries 模块，该模块允许添加媒体查询(media query)表达式用于指定媒体类型，然后根据不同的媒体类型选择相应的样式。

1. media query 的语法

媒体查询让 CSS 可以更精确作用于不同的媒体类型和同一媒体的不同条件。媒体查询的大部分媒体特性都接受 min 和 max 用于表达“大于或等于”和“小于或等于”。通过这个标签属性，可以很方便地在不同的设备下实现丰富的界面，具体的语法如下。

```
@media 设备名称 only (选取条件) not (选取条件) and(选取条件),设备二{sRules}
```

这里设备名称指的是CSS中的设备类型,常见的有以下内容。

(1) all:用于所有设备类型。

(2) screen:用于计算机显示器。

(3) projection:用于投影显示,如幻灯片演示。

(4) handheld:用于小型或手持设备。

(5) print:用于打印预览模式。

(6) braille:用于触觉反馈设备。

2. 如何使用media query

(1) 在<link>中使用@media

用户可以通过<link>标签中设置media属性来添加Media Queries规则。例如:

```
<link rel="stylesheet" type="text/css" media="screen and (max-width:800px)"
href="style-A.css">
<link rel="stylesheet" type="text/css" media="screen and (max-width:600px)"
href="style-B.css">
```

上述代码的含义是,当设备显示宽度小于或等于800像素时,页面引用style-A. css样式文件渲染页面;当设备显示宽度小于或等于600像素时,页面引用style-B. css样式文件渲染页面。

(2) 在样式表中嵌入@media

在样式表中嵌入@media直接书写即可。例如:

```
@media screen and (max-width:700px) {
#content {
    background:red;
}
}
```

上述代码的含义是,当设备显示宽度小于或等于700像素时,名为content的容器背景色设置为红色。

【案例7-10】 media query。

① 使用Dreamweaver CS6创建HTML 5文档,在其中创建如图7-30所示的结构代码。

② 为适应屏幕,多数的移动浏览器会把HTML网页缩放到设备屏幕的宽度。开发者可以使用meta标签的viewport属性来进一步设置。在当前页面的head区域内输入代码"<meta name="viewport" content="width=device-width, initial-scale=1. 0">"。该代码的作用是告诉浏览器使用设备屏幕宽度作为内容的宽度,并且忽视初始的宽度设置。

③ 在当前页面的head区域内,创建初始化状态下页面的一般性规则如图7-31所示。保存当前页面文档,通过浏览器预览可知无论如何缩放浏览器窗口大小,其页面内容均无变化,如图7-32所示。

```
<body>
<div id="pagewrap">
  <div id="header">
    <h2>header</h2>
    <p>文本内容</p>
  </div>
  <div id="content">
    <h2>content</h2>
    <p>文本内容</p>
    <p>文本内容</p>
    <p>文本内容</p>
    <p>文本内容</p>
  </div>
  <div id="sidebar">
    <h2>sidebar</h2>
    <p>文本内容</p>
    <p>文本内容</p>
  </div>
  <div id="footer">
    <h2>footer</h2>
    <p>文本内容</p>
  </div>
</div>
</body>
```

图 7-30　案例 7-10 的页面结构

```
#pagewrap, #header, #content,
#sidebar, #footer {
    padding: 5px;
    border: 1px solid red;
    margin-bottom: 5px;
}
#pagewrap {
    width: 1000px;
    margin: 20px auto;
}
#header {
    height: 130px;
    background: #FF0;
}
#content {
    width: 650px;
    float: left;
}
#sidebar {
    width: 300px;
    background: #FF0;
    float: right;
}
#footer {
    clear: both;
}
```

图 7-31　案例 7-10 的初始 CSS 规则

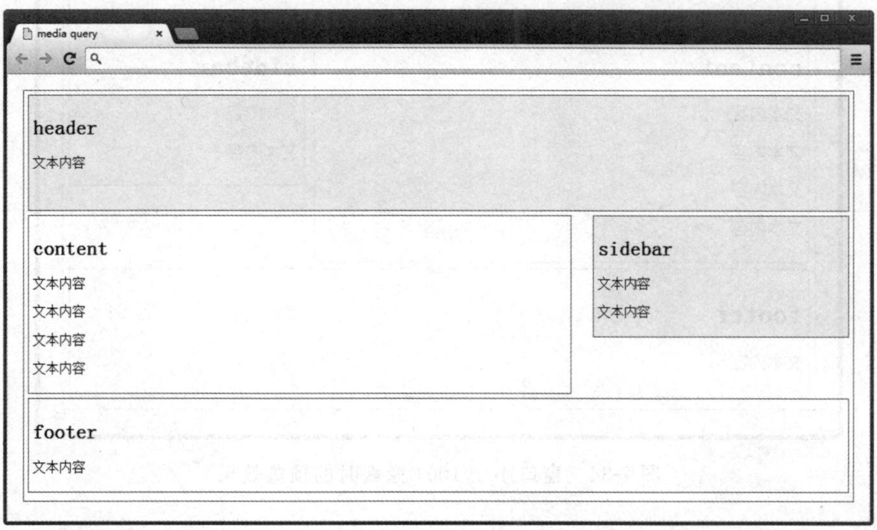

图 7-32　案例 7-10 的初始预览效果

④ 为了能让浏览器在缩小的同时，内容跟随窗口大小自动调整，需要单独为其编写 CSS 规则，如图 7-33 所示。预览后的效果如图 7-34 所示。

⑤ 假如显示宽度一直减小，有可能损害浏览者的体验效果，这里拟将页面布局进行改变，以应对显示区域减小时的情况。具体的 CSS 规则如图 7-35 所示。预览后的效果如图 7-36 所示。

本案例中，当显示区域小于 700 像素时，将页面的侧边栏放置到主要内容区域的下方，页面布局的改变使得浏览者无论在桌面端还是移动端都能够看到页面的内容，体验效果有所增加。

```
/*--当设备显示宽度小于或等于1004像素时，使用以下规则--*/
 @media screen and (max-width:1004px) {
#pagewrap {
    width: 95%;
}/*设置宽度为显示器宽度的95%*/
#content {
    width: 65%;
}
#sidebar {
    width: 30%;
}
}
```

图 7-33　显示宽度小于或等于 1004 像素时的 CSS 规则

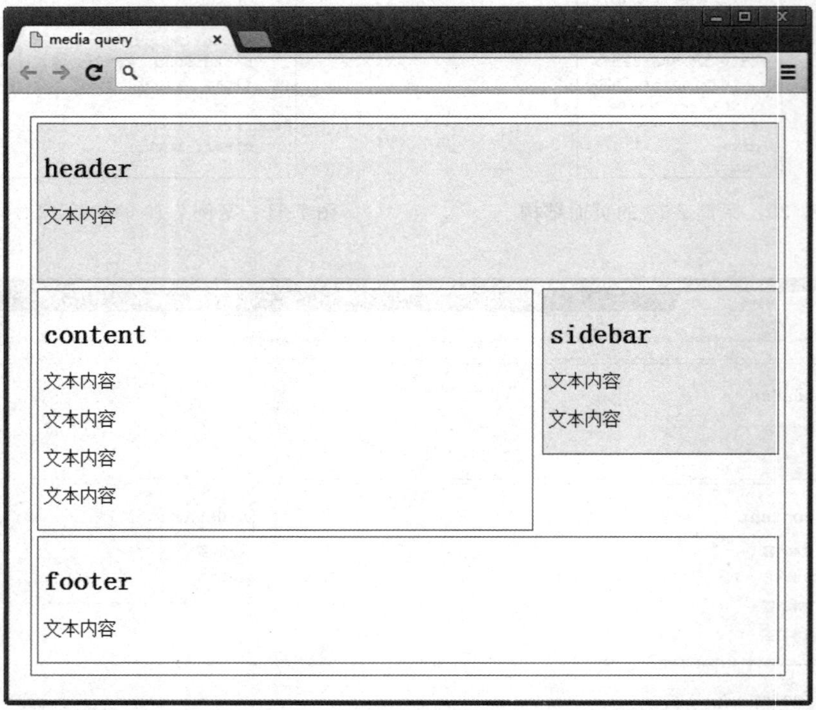

图 7-34　窗口小于 1004 像素时的预览效果

```
/*--当设备显示宽度小于或等于700像素时，使用以下规则--*/
@media screen and (max-width:700px) {
#content {
    width: auto;
    float: none;
}/*设置容器宽度为自动，即宽度自适应，同时去除浮动属性，各个
块级容器纵向排列*/
#sidebar {
    width: auto;
    float: none;
}
}
```

图 7-35　显示宽度小于或等于 700 像素时的 CSS 规则

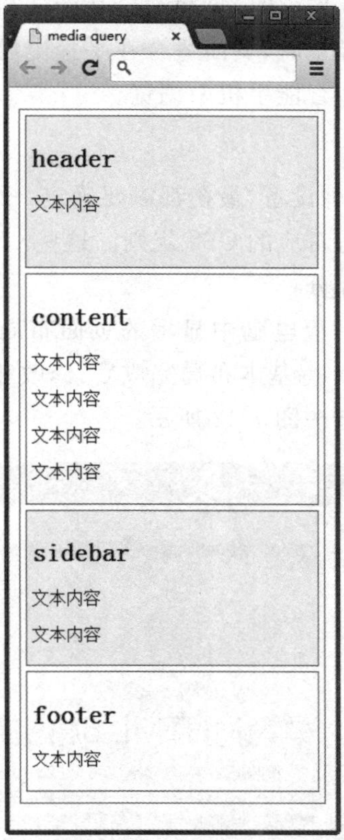

图 7-36　窗口小于 700 像素时的预览效果

7.6　过程指导——制作适合多种设备终端显示的响应式页面

本节将从响应式页面的设计构思出发，结合相关 CSS 的内容，向读者详细讲解响应式页面的制作方法，请读者着重体会响应式页面在制作之初的思维过程。

7.6.1　过程分析

本节的任务是完成适合多种设备终端显示的响应式页面，这里将多种设备范围限制为台式机桌面显示、平板电脑显示和手机屏幕显示。

1. 了解设备分辨率

在使用响应式布局设计页面时，需要提前了解终端设备的显示分辨率，目前主流台式机桌面显示分辨率为 1440×900 以上；平板电脑显示分辨率为 1024×768 以上；智能手机显示分辨率为 480×800 以上。其实，在实际工作中某个网页并不能适应所有终端设备，而是适应常见的多种设备而已。

在了解常规分辨率以后，本案例中拟将响应式页面的宽度做三个方面的划分，第一个是当显示分辨率宽度超过 1300 像素时，页面适合在台式机中浏览；第二个是当显示分辨率大于 600 像素并小于 1300 像素时，页面适合在平板电脑中浏览；第三个是当显示分辨率小于 400 像素时，页面适合在智能手机中浏览。

2. 确定基本页面

无论响应式页面适合多少种设备，最初都需要确定一个基本页面布局，当基本页面确定完成后，再根据不同设备编写对应的 CSS 规则。这些 CSS 规则并非将整个页面的规则重新编写，而是修改其中的一部分。

就本案例而言，这里将在平板电脑中显示的页面布局作为基本布局开始，如图 7-37 所示，布局示意如图 7-38 所示。待基本布局完成后，修改相应的 CSS 规则，即可得到台式机和智能手机的布局，如图 7-39～图 7-42 所示。

图 7-37　屏幕宽度在 600 像素至 1300 像素时预览效果

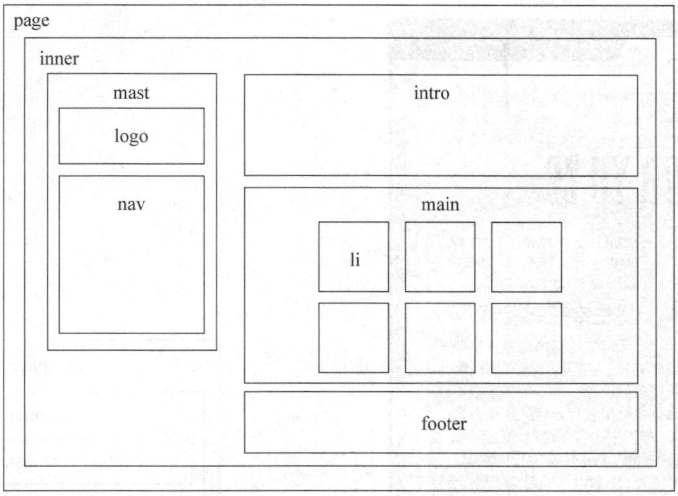

图 7-38　布局示意图(平板电脑)

图 7-39　屏幕宽度在大于 1300 像素时预览效果

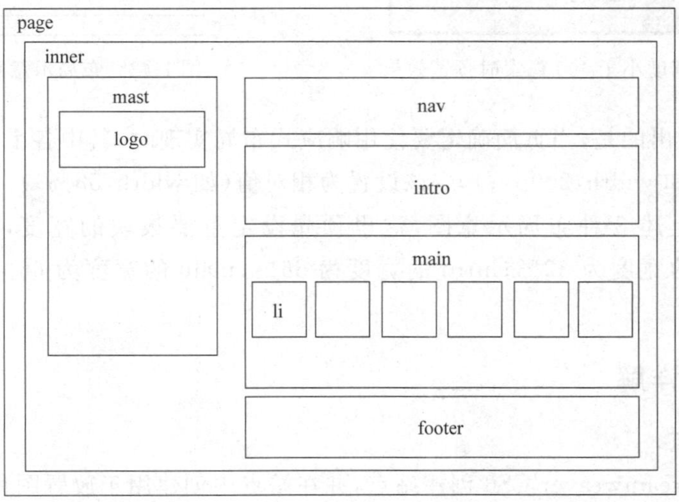

图 7-40　布局示意图(台式机)

图 7-41　屏幕宽度小于 400 像素时预览效果

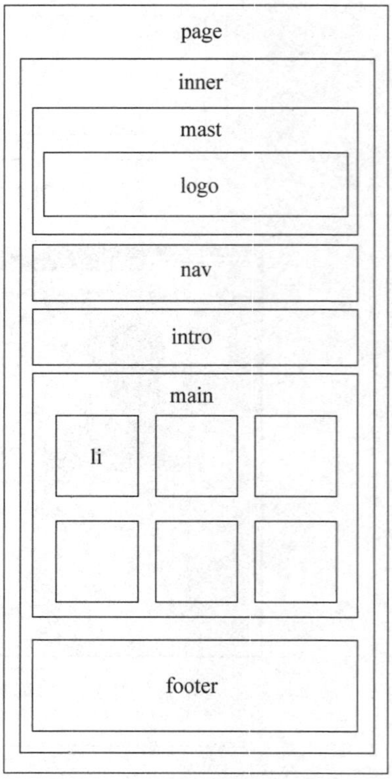

图 7-42　布局示意图(智能手机)

需要特别指出的是，当页面确定要使用响应式布局实现时，其中各个容器的宽度不能设置为固定值(如 width:200px;)，应该设置为相对值(如 width:58%;)。所以，在整体规划过程中根据上述 3 种布局示意图，这里预先设定重要板块的宽度，inner 的宽度为 93.75%；mast 的宽度为 32%；intro 的宽度为 66%；main 的宽度为 66%；footer 的宽度为 66%。

7.6.2　步骤详解

1. 创建站点

(1) 启动 Dreamweaver CS6 创建站点，并在站点中创建用于放置图片的 images 文件夹和放置 CSS 文件的 style 文件夹。

(2) 创建空白 HTML 5 文档，并将该文档重命名为 index. html。

(3) 新建空白 CSS 文档，并将该文档重命名为 style. css。

(4) 将外部样式文件 style. css 链接到 index. html 页面。

(5) 在页面的 head 区域，插入"<meta name="viewport" content="width=device-width, initial-scale=1.0">"标签，用于告诉终端设备的浏览器使用设备屏幕宽度作为内容的宽度，并且忽视初始的宽度设置。

2. 平板电脑环境下左侧导航的制作

(1) 在设计视图的页面中，在插入面板的"常用"类别中单击"插入 Div 标签"按钮，使用软件可视化界面插入嵌套的 DIV 容器。读者也可以将光标定位在代码视图中手动输入相关标签创建嵌套的 DIV 容器，具体的页面结构如图 7-43 所示。

(2) 切换到 style. css 文件中，创建系列初始化规则，如图 7-44 和图 7-45 所示。

```
<body>
<div id="page">
  <div class="inner">
    <div class="mast"></div>
  </div>
</div>
</body>
```

图 7-43　页面初始化结构

```
html, body, div, span, h1, h2, h3, h4, h5, h6, p, a, em,
font, img, ins, ol, ul, li {
    margin: 0;
    padding: 0;
    border: 0;
    outline: 0;
    font-size: 100%;
    vertical-align: baseline;/*设置元素的垂直对齐方式*/
    background: transparent;/*设置背景为透明*/
}
body {line-height: 1;}/*设置行高为1*/
ol, ul {list-style: none;}/*清除列表的默认样式外观*/
body {
    background: #E4E4E4 url(../images/bg.png);
    color: rgba(0, 0, 0, 0.82);/*设置字体颜色和透明度*/
    font: normal 100% "微软雅黑";
    -moz-text-shadow: 0 1px 0 rgba(255, 255, 255, 0.8);
    -webkit-text-shadow: 0 1px 0 rgba(255, 255, 255, 0.8);
    text-shadow: 0 1px 0 rgba(255, 255, 255, 0.8);
    /*设置页面所有文字均有阴影效果*/
    -webkit-text-size-adjust: none;
}
```

图 7-44　初始化页面规则(1)

```
a {
    color: #890101;
    text-decoration: none;
    -moz-transition: 0.2s color linear;
    -webkit-transition: 0.2s color linear;
    transition: 0.2s color linear;
}/*设置超链接颜色和过渡效果*/
a:hover {color: #DF3030;}
p {text-indent: 2em;}
/*设置段落缩进2个汉字的距离*/
.inner {
    margin: 0 auto;
    width: 93.75%;
}/*设置页面核心区域居中，宽度为93.75%*/
#page {
    background: url(../images/rag.png) repeat-x;
    padding: 2em 0;
}
img {max-width: 100%;}
/*设置图像元素最大宽度为原始尺寸的100%*/
.mast {
    float: left;
    width: 32%;
}
```

图 7-45　初始化页面规则(2)

(3) 在应用 mast 类的 DIV 容器内部使用 h1 元素创建标题,使用 ul 元素创建导航列表。将 h1 元素命名为 logo,并插入图像,将 ul 元素应用 nav 类,此时的页面结构如图 7-46 所示。

```
<div id="page">
  <div class="inner">
    <div class="mast">
      <h1 id="logo"><a href="#"><img src="images/logo.png"></a></h1>
      <ul class="nav">
        <li><a href="#">HTML 5共享</a></li>
        <li><a href="#">HTML 5资讯</a></li>
        <li><a href="#">HTML 5教程</a></li>
        <li><a href="#">HTML 5资源</a></li>
        <li><a href="#">HTML 5模板</a></li>
      </ul>
    </div>
  </div>
</div>
```

图 7-46 创建左侧导航

(4) 切换到 style.css 文件中,创建与列表相关的 CSS 规则,如图 7-47 所示。需要说明的是,nav 类中的宽度设置为 65%,该数字指的是宽度设置为父一级容器宽度的 65%,由于应用 nav 类的 ul 元素父一级元素为 mast 元素,所以该元素的实际宽度等于"屏幕宽度"乘以 32%再乘以 65%。通过浏览器预览后的效果如图 7-48 所示。

```
#logo {
    background:
url(../images/logo-bg.png) no-repeat
50% 0;
}
#logo a {
    padding-top: 117px;
    height: 162px;
    display: block;
    text-align: center;
}
ul.nav {
    margin: 2em auto 0;
    width: 65%;/*宽度为父一级宽度的65%*/
}
ul.nav a {
    font: bold 16px/1.2 "微软雅黑";
    display: block;
    text-align: center;
    padding: 1em 0.5em 1em;
    border-bottom: 1px #333333 dashed;
}
ul.nav a:hover {color: #F00;}
```

图 7-47 左侧导航对应 CSS 规则

图 7-48 左侧导航预览效果

3. 平板电脑环境下右侧内容的制作

(1) 将光标定位在拆分视图的代码视窗内,手动插入多个 DIV 容器,具体结构如图 7-49 所示。需要说明的是,<div class="section intro"></div>的含义指该 DIV 容器同时应用 section 类和 intro 类规则。

(2) 根据页面内容的需要在第一个 DIV 容器内部插入标题和段落文字,具体的页面结构如图 7-50 所示。

(3) 切换到 style.css 文件中，创建相关的 CSS 规则，如图 7-51 所示。通过浏览器预览后的效果如图 7-52 所示。

```
<body>
<div id="page">
  <div class="inner">
    <div class="mast">
      <h1 id...
    </div>
    <div class="section intro"></div>
    <div class="section main"></div>
    <div class="footer"></div>
  </div>
</div>
</body>
```

图 7-49　创建页面右侧内容的结构代码

```
<div class="section intro">
  <div>
    <h2>"为何HTML...</h2>
    <p> 按照语义结构创...</p>
    <p>没有采纳HTM...</p>
  </div>
</div>
<div class="section main"></div>
<div class="footer"></div>
```

图 7-50　丰富应用 intro 类容器的内容

```
.section:after, ul.nav:after {
    content: ".";
    display: block;
    height: 0;
    clear: both;
    visibility: hidden;
}/*使用伪类的方式清除某个对象的浮动属性*/
.intro, .main, .footer {
    float: right;
    width: 66%;
}
.intro {
    margin-top: 117px;
}
.intro div {
    line-height: 1.4;
}/*设置行高为1.4倍行高*/
.intro h2 {
    font: normal 2em "微软雅黑";
    text-align: center;
    margin-bottom: 0.25em;
}
```

图 7-51　应用 intro 类容器的 CSS 规则

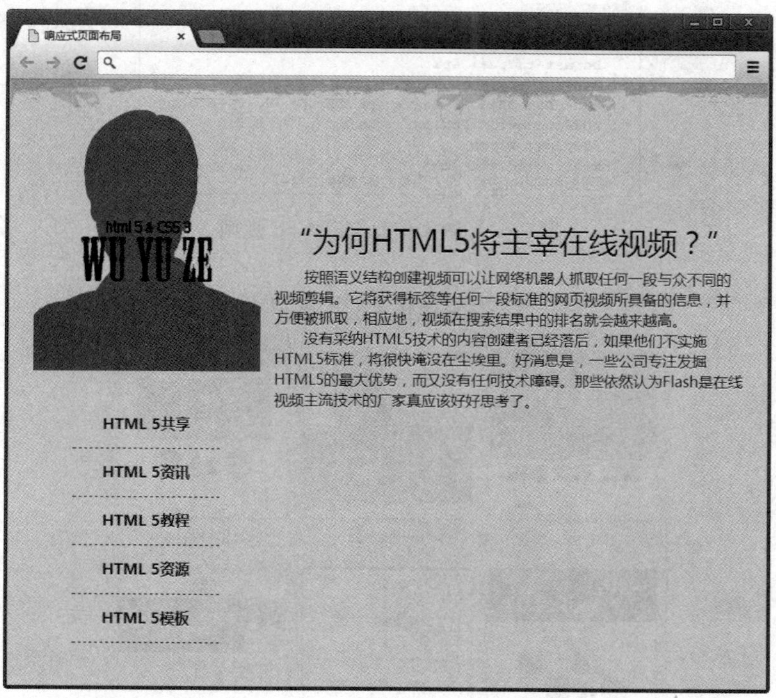

图 7-52　平板电脑环境下的预览效果

(4) 在应用 main 类的 DIV 容器内部，创建标题和有序列表并插入图像，此时的页面结构如图 7-53 所示。

```
<div class="section main">
  <h2>HTML 5&amp;CSS 3</h2>
  <ol>
    <li class="figure"> <a href="#"><img src="images/01.jpg"> <span>HTML 5网站欣赏</span> </a> </li>
    <li class="figure"> <a href="#"><img src="images/02.jpg"> <span>HTML 5网站欣赏</span> </a> </li>
    <li class="figure"> <a href="#"><img src="images/03.jpg"> <span>HTML 5网站欣赏</span> </a> </li>
    <li class="figure"> <a href="#"><img src="images/04.jpg"> <span>HTML 5网站欣赏</span> </a> </li>
    <li class="figure"> <a href="#"><img src="images/05.jpg"> <span>HTML 5网站欣赏</span> </a> </li>
    <li class="figure"> <a href="#"><img src="images/06.jpg"> <span>HTML 5网站欣赏</span> </a> </li>
  </ol>
</div>
```

图 7-53　使用有序列表作为容器制作图文信息列表

(5) 切换到 style.css 文件中,创建相关的 CSS 规则,如图 7-54 所示。通过浏览器预览后的效果如图 7-55 所示。

```
.main h2 {
    font-size: 1.4em;
    text-align: center;
    margin: 0.75em 0 1em;
}
.figure {
    float: left;
    font-size: 14px;
    line-height: 1.1;
    margin: 0 3.1% 1.5em 0;
    text-align: center;
    width: 30%; /*这里的宽度不是固定值，而是相对值，可
以实现图像随窗口大小变化而自动变化*/
    text-transform: uppercase;
    letter-spacing: 0.05em;
}
.figure img {
    -webkit-border-radius: 4px;
    -moz-border-radius: 4px;
    border-radius: 4px;
    -webkit-box-shadow: 0 2px 4px rgba(0, 0, 0, 0.5);
    -moz-box-shadow: 0 2px 4px rgba(0, 0, 0, 0.5);
    box-shadow: 0 2px 4px rgba(0, 0, 0, 0.5);
    display: block;
    margin: 0 auto 1em;
}/*设置图像的圆角边框，以及图像四周的阴影效果*/
```

图 7-54　图文信息列表 CSS 规则

图 7-55　图文信息列表预览效果

(6) 在应用 footer 类的 DIV 容器内部，插入与版权相关的文字内容，具体结构如图 7-56 所示。切换到 style. css 文件中，创建相关的 CSS 规则，如图 7-57 所示。至此，适合平板电脑的基本页面布局已经全部完成。

```
<div class="footer">
  <p>Illustrations by <a href="#">dx</a>, words by <a href="#">wf</a>.</p>
  <p>What remains is by <a href="#">wyz</a>.</p>
</div>
```

图 7-56　版权部分的页面结构

4. 使用@media query 编写显示宽度大于 1300 像素时的 CSS 规则

(1) 根据预先绘制完成的布局示意图，设置某个容器的具体位置。

(2) 切换到 style. css 文件中，创建如下规则。

```
@media screen and (min-width:1300px) { 具体规则要书写在此大括号内 }
```

(3) 在@media query 语句结构内创建相应的 CSS 规则，如图 7-58 所示。

```
.footer {
    background:
url(../images/ornament.png)
 50% 0 repeat-x;
    font-size: 12px;
    text-align: center;
    padding: 40px 0 20px;
}
.footer p {
    margin-bottom: 0.5em;
}
```

图 7-57　与版权部分相关的 CSS 规则

```
@media screen and (min-width:1300px) {
.mast {
    float: none;
    width: auto;
}
#logo {
    float: left;
    width: 32%;
}
.nav {
    float: right;
    margin: 40px 0 1em;
    text-align: center;
    width: 66%;
}/*设置导航右侧浮动，宽度与基本布局页面
中其余右侧容器的宽度相同*/
.nav li {
    float: left;
    margin-right: 3.3%;
    width: 16%;
}/*设置横向导航的宽度与间隔距离*/
.intro {margin-top: 1em;}
.figure {
    margin-right: 2.5%;
    width: 14%;
}/*设置图文信息列表中图像的宽度和间隔距离*/
}
```

图 7-58　显示宽度大于 1300 像素时的 CSS 规则

(4) 在创建过程中，用户可以通过 Dreamweaver CS6 窗口下方的“窗口大小”调整当前预览区域的显示状态，如图 7-59 所示。保存当前页面，通过浏览器预览后即可看到效果。

5. 使用@media query 编写显示宽度小于 600 像素时的 CSS 规则

根据预先绘制完成的布局示意图，切换到 style. css 文件中，创建显示宽度小于 600 像素时的 CSS 规则，如图 7-60 所示。通过浏览器预览后即可看到效果。

至此，当前案例适合多种设备显示的响应式页面布局已经制作完成。此外，读者还可以向 CSS 规则中添加多种显示宽度不同状态下的 CSS 规则，这里不再赘述。

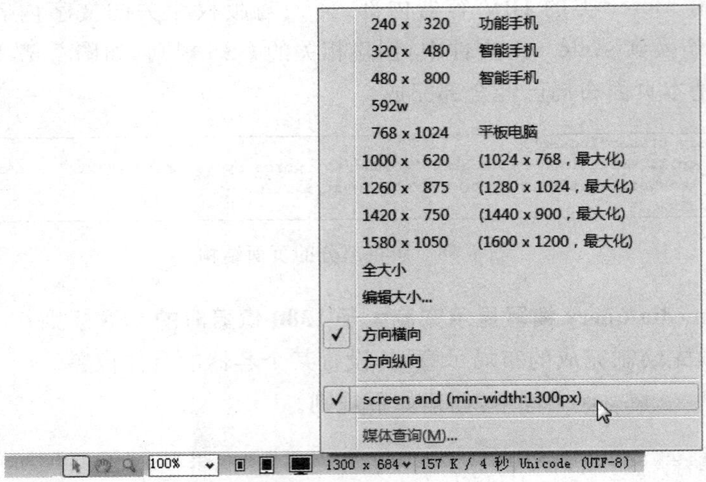

图 7-59 调整预览状态

```
@media screen and (max-width:600px) {
.mast, .intro, .main, .footer {
    float: none;
    width: auto;
}/*清除所有重要板块的浮动属性，使其垂直排列*/
#logo {
    background: none;
}/*由于智能手机显示区域有限，这里不再显示装饰性图像*/
#logo a {
    padding-top: 20px;
    height: 80px;
    display: block;
}
ul.nav {
    margin: 0 auto;
    width: 100%;
}
ul.nav li {
    float: left;
    margin-right: 3%;
    width: 17%;
}
ul.nav a {
    font: 14px "微软雅黑";
    font-weight: bold;
}
.intro {margin-top: 10px;}
.intro h2 {font-size: 1.4em;}
}
```

图 7-60 显示宽度小于 600 像素时的 CSS 规则

7.7 自主任务——制作简单响应式页面

根据 7.6 节的案例制作，读者应该了解和掌握创建响应式页面的基本流程，通过本节实训的训练，可以进一步掌握响应式布局页面的方法，页面最终效果如图 7-61 和图 7-62 所示。

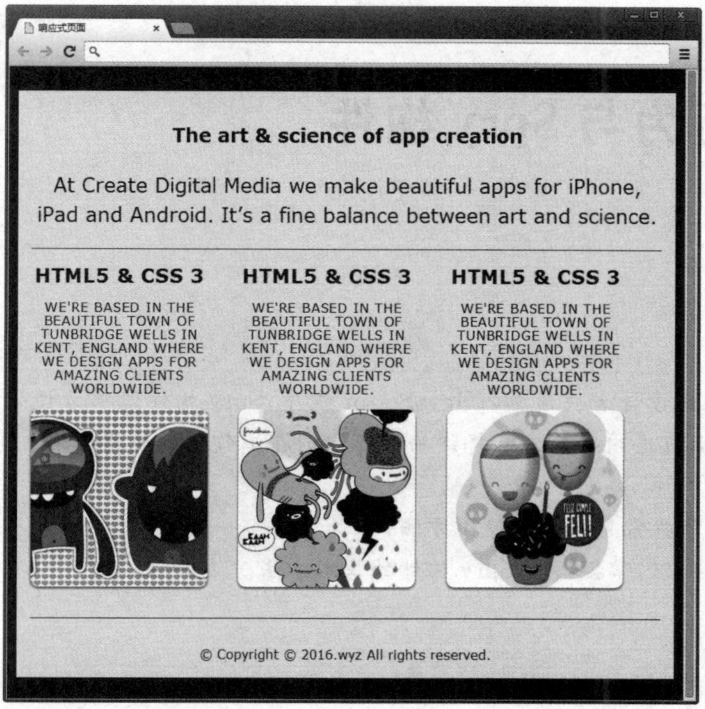

图 7-61　显示宽度大于 600 像素时预览效果

图 7-62　显示宽度小于 600 像素时预览效果

7.8　习题

1. 什么是 iframe 元素？

2. 制作网页中，模板的作用是什么？如果修改模板中的内容，其他页面会自动更新吗？

3. 如何将一个已经完成的网页创建为模板？

4. 在 CSS 3 中，如果想创建多列布局，需要使用哪个属性来完成？

5. 如果对某个容器使用 display：-webkit-box；属性，则该容器内部的子对象将会有何变化？

6. 在使用盒布局时，通常将哪两个属性组合使用来指定元素中文字、图像或子元素的对齐方式？

7. 什么是响应式布局？在什么情况下使用响应式布局？

8. 在响应式页面的 head 区域通常出现如下的代码。

```
<meta name="viewport" content="width=device-width, initial-scale=1, maximum
-scale=1"/>
```

该代码的含义是什么？

第 8 章

行为与 Spry 构件

【本章导读】

行为能够帮助不熟悉编程的设计者快速插入 JavaScript 程序；Spry 构件能够方便地制作出多级菜单栏、选项卡式面板等内容。本章将详细讲解它们在工作中的使用方法。

【学习目标】

- 了解行为的基本概念，掌握常见行为的使用方法；
- 熟悉 Spry 构件的相关知识，掌握插入 Spry 构件的基本方法。

8.1 行为

行为其实就是标准的 JavaScript 程序。在 Dreamweaver CS6 中提供了很多行为动作，每个动作可以完成特定的任务，设计者只要在这些特定的功能动作中选择需要的行为，不仅可以实现网页特效，还不需要自己编写 JavaScript 程序，极大地方便了不熟悉编程的设计者。

8.1.1 事件与动作相关概念

行为是动作和触发该动作的事件的结合体。要想在页面中添加行为，需要首先制定一个动作，然后再制定触发该动作的事件，这样才能将行为添加到页面中。

1. 事件

事件是触发动态效果的原因，它可以被附加到各种页面元素上，也可以被附加到 XHTML 标记中。与鼠标相关的 3 个常见事件是 onClick 事件、onMouseOver 事件和 onMouseOut 事件，不同浏览器支持的事件种类和数量不同，通常较高版本的浏览器能够支持更多的事件。

2. 动作

动作是一段预先编写的 JavaScript 代码，是最终需要完成的动态效果。例如，打开浏览器窗口、弹出窗口、交换图像等都是动作。在 Dreamweaver CS6 中使用内置行为，系统会自动的向页面添加 JavaScript 代码，对于不太熟悉 JavaScript 的设计人员非常适合。

3. 事件与动作之间的关系

在将行为附加到某个页面元素之后，每当该元素的某个事件发生时，浏览器即会调用与这一事件关联的动作（JavaScript 代码）。例如，将 onMouseOver 事件与一段 JavaScript 代码相关联，当鼠标指针指向页面元素上时，就可以执行相应的 JavaScript 代码（动作）。一个事件可以触发多个动作，读者还可以在官方网站获取更多的行为。

8.1.2　行为面板

在 Dreamweaver CS6 中，执行“窗口”→“行为”命令，或者按 Shift＋F4 键，即可打开“行为”面板，如图 8-1 所示。行为面板包含以下选项。

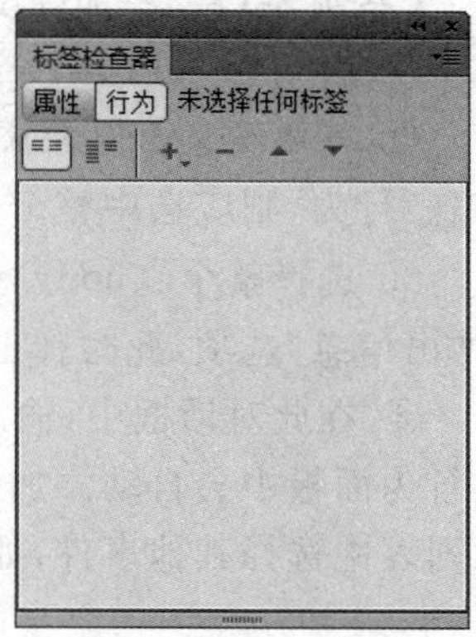

图 8-1　“行为”面板

（1）显示设置事件：仅显示附加到当前文档中的事件，每个类别的事件都包含在可折叠的列表中，如图 8-2 所示。

（2）显示所有事件：按字母顺序显示属于特定类别的所有事件。

（3）添加行为：显示行为菜单，如图 8-3 所示，其中包含可以附加到当前选定元素的动作。当从该列表中选择一个动作时，将出现一个对话框，用户可以在对话框中指定该动作的参数。如果菜单上的所有动作都处于灰色禁用状态，则表示选定的元素无法生成任何事件。

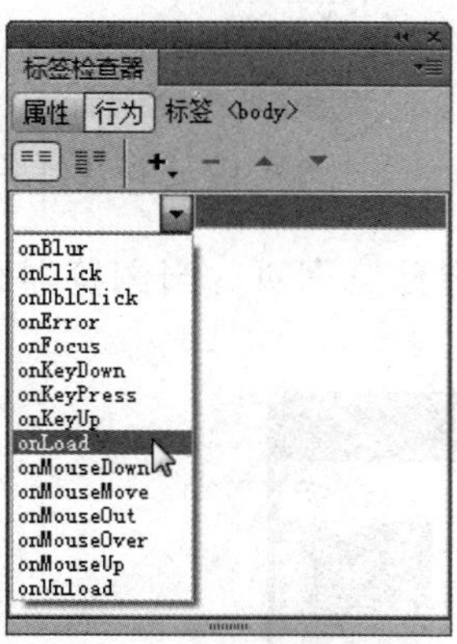

图 8-2　显示设置事件

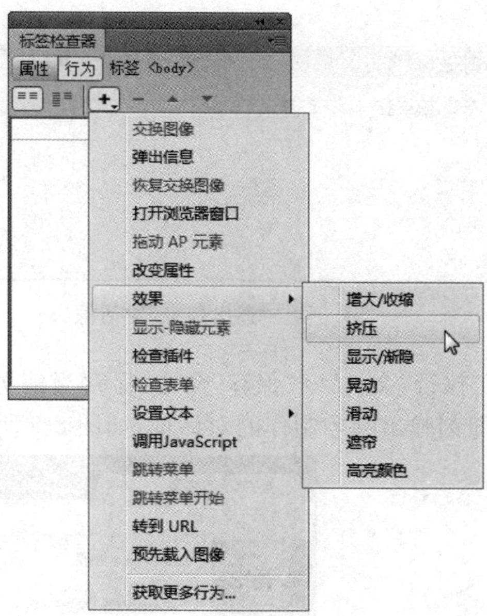

图 8-3　添加行为菜单

（4）删除事件：从行为列表中删除所选的事件和动作。

（5）向上箭头和向下箭头：在行为列表中上下移动特定事件的选定动作。对于不能在列表中上下移动的动作，箭头按钮将处于禁用状态。

8.1.3 “弹出信息”行为

使用“弹出信息”行为将显示一个包含指定消息的 JavaScript 警告窗口，该警告窗口包含 JavaScript 警告和一个“确定”按钮。使用此行为只能提供信息，而不能为用户提供选择。弹出信息一般有两种形式：一种是打开网页后自动弹出信息对话框；另一种是通过单击某个对象弹出对话框。

【案例 8-1】 添加弹出信息行为。

① 启动 Dreamweaver CS6，打开一个编辑完成的页面。

② 若要给某个对象添加“弹出消息”行为，则应选中这个对象；若要给网页添加“弹出消息”行为，则应选中整个页面。这里选择整个页面，为整个页面添加行为。

③ 选择整个＜body＞标签后，单击行为面板中的 按钮，在弹出下拉菜单中选择“弹出信息”选项，此时弹出“弹出信息”对话框。

④ 在此对话框中，输入弹出信息的文本内容，如图 8-4 所示。单击“确定”按钮，这时在行为面板中会自动添加一个 onLoad 事件。此外，根据实际需要还可以在事件选择下拉列表中选择其他事件，如图 8-5 所示。

图 8-4 “弹出信息”对话框

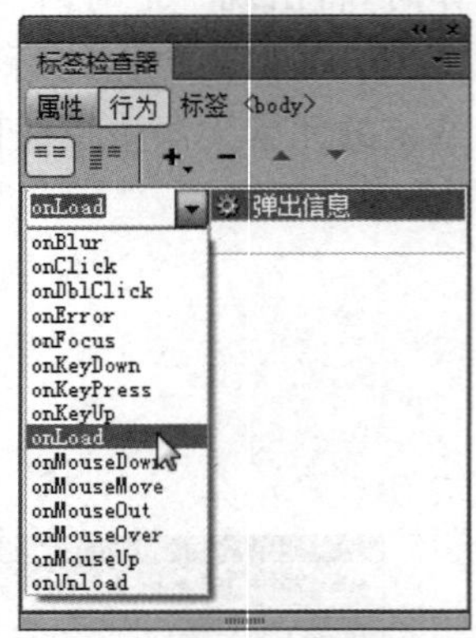

图 8-5 选择其他事件

⑤ 执行“文件”→“保存”命令，保存当前页面，按 F12 键预览网页。当浏览器载入页面时，即刻弹出刚才制作的对话框，如图 8-6 所示。

图 8-6 应用弹出信息行为效果

8.1.4 “打开浏览器窗口”行为

使用“打开浏览器窗口”行为可以在一个新的窗口中打开其他 URL,还可以指定新窗口的属性、特性和名称。这里以制作一个随主页打开而自动打开的广告窗口页面为例,向读者讲解这个行为的使用方法。

【案例 8-2】 添加打开浏览器窗口行为。

① 启动 Dreamweaver CS6,创建 HTML 5 文档,在页面中创建一个 DIV 容器,并在其中插入一幅图像,然后将其保存为 tanchuang.html,作为后面使用的弹出的广告窗口。

② 再创建一个空白页面,输入相关内容,作为站点主页保存为 index.html。

③ 在 index.html 页面中,选择整个＜body＞标签中的内容,即选中整个页面主体。然后单击行为面板中的 + 按钮,在弹出下拉菜单中选择“打开浏览器窗口”,这时弹出“打开浏览器窗口”对话框。

④ 在“打开浏览器窗口”对话框中,单击“浏览”按钮,在弹出对话框内选择刚才创建的广告窗口页面 tanchuang.html。根据需要设置窗口宽度和高度,选中必要属性,如图 8-7 所示。

⑤ 设置完成后,单击“确定”按钮,此时在行为面板中会自动添加一个页面加载的 onLoad 事件,如图 8-8 所示。

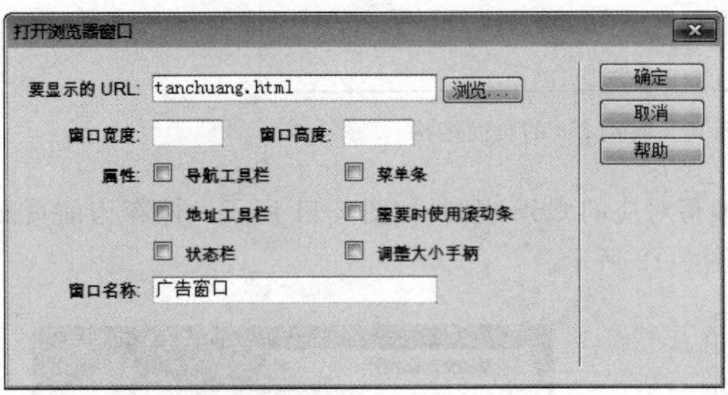

图 8-7 “打开浏览器窗口”对话框

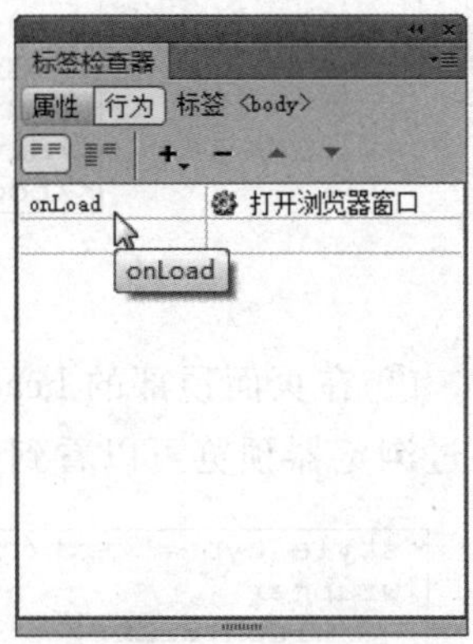

图 8-8 当前行为面板

⑥ 保存当前文档,使用浏览器预览。当打开主页时,广告窗口会在浏览器窗口随着主页的打开而打开,如图 8-9 所示。

8.1.5 “改变属性”行为

“改变属性”行为可改变对象某个属性的值,例如 DIV 容器的背景颜色或表单的某个动作。这里运用“改变属性”行为制作鼠标悬停位置下 DIV 容器变换颜色的实例。

【案例 8-3】 添加改变属性行为。

① 启动 Dreamweaver CS6,创建 HTML 5 文档,在页面中创建名为 wrapper 的 DIV 容器,并在其中插入一组 DIV 容器,此时页面结构如图 8-10 所示。

图 8-9　打开浏览器窗口行为预览效果

```
<body>
<div id="wrapper">
  <div id="box_1" class="box">box_1</div>
  <div id="box_2" class="box">box_2</div>
  <div id="box_3" class="box">box_3</div>
  <div id="box_4" class="box">box_4</div>
  <div id="box_5" class="box">box_5</div>
  <div id="box_6" class="box">box_6</div>
</div>
</body>
```

图 8-10　案例 8-3 的页面结构

② 在页面顶部的 head 区域，编写对应的 CSS 规则，如图 8-11 所示。保存当前页面，通过浏览器预览可以看到效果，如图 8-12 所示。

```
<style type="text/css">
#wrapper {
    width:321px;
    height:220px;
    padding:5px 0 0 5px;
    border:1px #666 dotted;
}
.box {
    width:100px;
    height:100px;
    border:1px #333 solid;
    float:left;
    margin:0 5px 5px 0;
    text-align:center;
    line-height:100px;
}
</style>
```

图 8-11　案例 8-3 的 CSS 规则

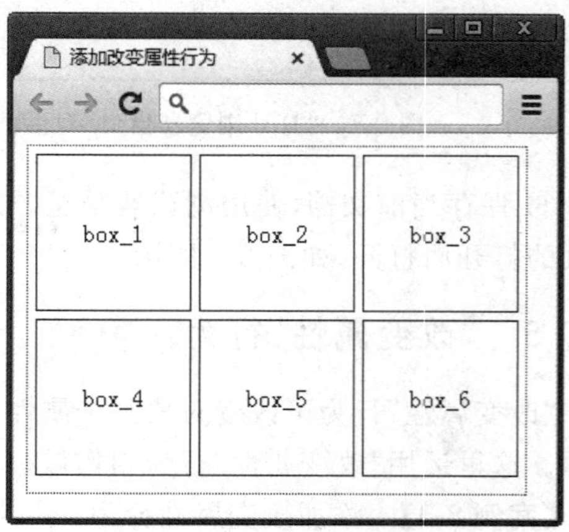

图 8-12　页面预览效果

③ 在设计视图中，选择名为 box_1 的 DIV 容器，然后单击行为面板中的+按钮，在弹出下拉菜单中选择“改变属性”选项，这时弹出“改变属性”对话框。

④ 在此对话框的“元素类型”下拉列表框中选择 DIV 选项，在“元素 ID”下拉列表框中选择 DIV "box_1"选项，在“属性”下拉列表框中选择 backgroundColor 选项，在“新的值”文本框中输入 #FFCC33，如图 8-13 所示。单击“确定”按钮，在行为面板中会自动添加一个 onFocus 事件。最后在事件选择下拉列表框中将 onFocus 事件修改为 onMouseOver 事件，如图 8-14 所示。

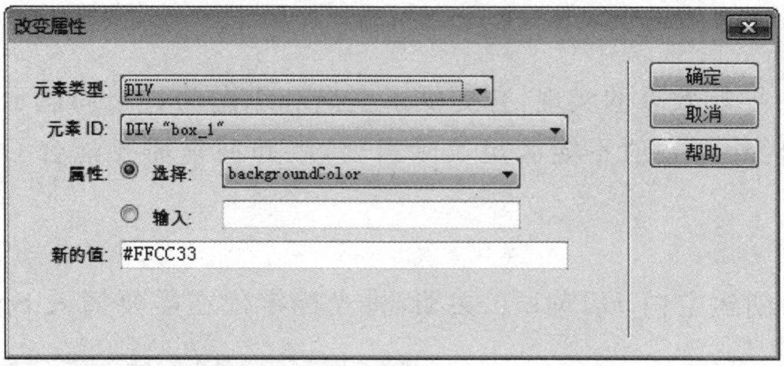

图 8-13 “改变属性”对话框

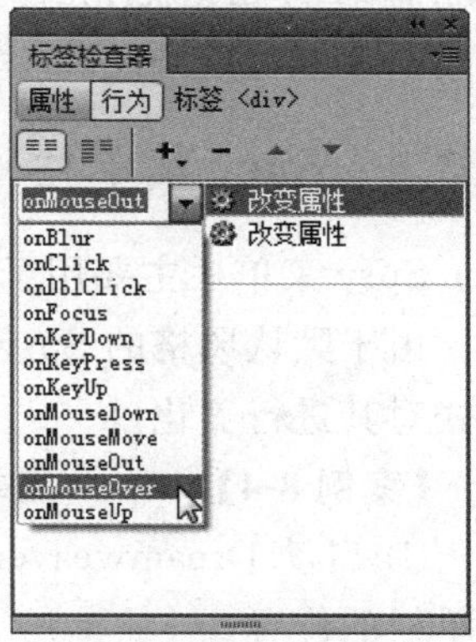

图 8-14 改变事件

⑤ 由于此时仅添加了 onMouseOver 事件，在预览时可以发现，虽然鼠标悬停时 box_1 容器的背景颜色已经改变，但光标移出该容器时，颜色并未还原，所以还需要再添加 onMouseOut 事件，如图 8-15 所示。

⑥ 重复步骤③～⑤的操作，将其他 DIV 容器进行类似设置。保存当前页面，通过浏览器预览可以发现，当鼠标悬停在某个 DIV 容器内部时，背景颜色进行改变，而当光标移出 DIV 容器时，背景颜色又恢复为原来的颜色，如图 8-16 所示。

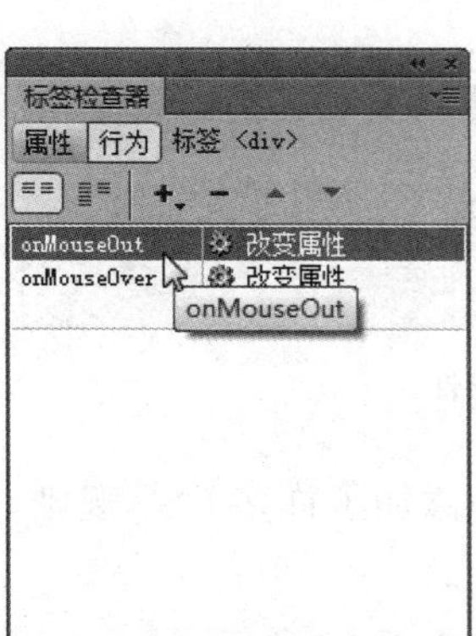

图 8-15 添加 onMouseOut 事件

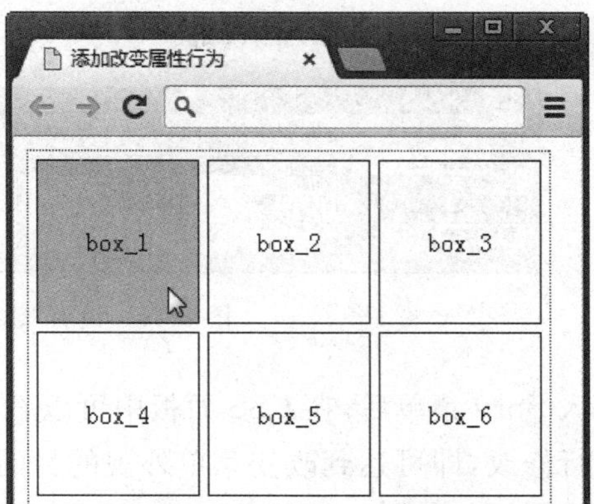

图 8-16 “添加改变属性行为”最终预览效果

最后需要说明的是，利用行为能够实现的某些效果，使用其他方法同样能够实现，例如本例中使用“改变属性”行为改变容器背景颜色，而在实际工作中完全可以使用 CSS 样式中的伪类代替。所以读者需要观察应用的环境，以及实现的难易程度决定使用何种方法。此外，可以通过官方网站获取更多的行为，方便设计者根据实际需要进行使用。

8.2 Spry 构件

Spry 构件其实是一种 Ajax 框架，该框架是由各组织结构开发的用于更好地进行 Web 体验的 JavaScript 库。使用 Spry 可以轻松地制作出多级菜单栏、选项卡式面板、折叠菜单等多种效果。

8.2.1 Spry 菜单栏

Spry 菜单栏主要用于网页中导航效果的实现，它提供了横向和纵向两种布局显示方式。由于默认风格的 Spry 菜单栏外观一般不能满足实际需要，因此通常需要配合 CSS 样式对其进行美化。

【案例 8-4】 Spry 菜单栏。

① 启动 Dreamweaver CS6，创建空白 HTML 5 文档，将光标定位在需要插入 Spry 菜单栏的位置。

② 在插入面板的 Spry 类别中单击“Spry 菜单栏”按钮，此时弹出如图 8-17 所示的对话框。根据实际需要选择菜单栏的布局方向，这里选择“水平”单选按钮。

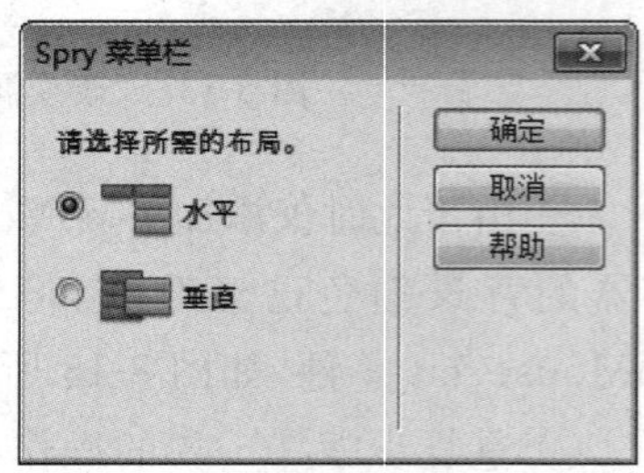

图 8-17 “Spry 菜单栏”对话框

③ 在软件设计视图中，选择“Spry 菜单栏”左上角的蓝色标签，此时属性面板显示相关参数设置，如图 8-18 所示。在该属性面板中，顶级菜单和下级菜单中的项目都可以通过单击 + 和 − 按钮进行添加和删除，还可以通过 ▲ 和 ▼ 按钮调整顺序。

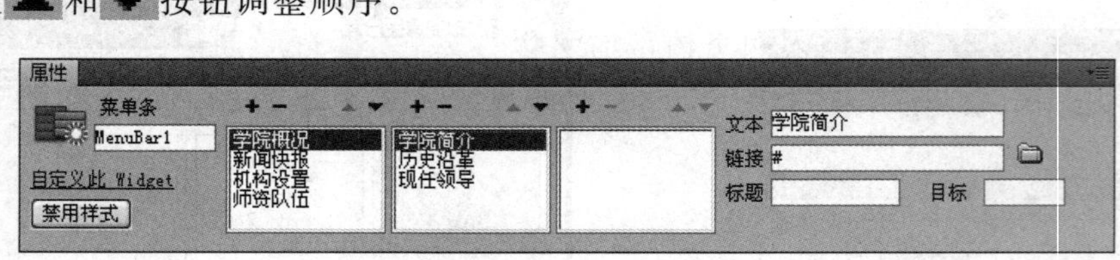

图 8-18 设置“Spry 菜单栏”属性

插入 Spry 菜单后，在 CSS 面板中可以看到软件自动添加了许多 CSS 规则，选择某些规则进行修改，即可达到改变菜单外观的目的。

④ 保存当前页面，通过浏览器预览即可看到效果，如图 8-19 所示。

8.2.2 Spry 选项卡式面板

选项卡式面板是一组面板的集合，它可以将更多的内容存储到紧凑的空间中。用户单击选项卡式面板中的标签即可查看当前面板的内容，而其他面板的内容将会被隐藏，图 8-20 所示是常见的选项卡式面板。下面以实例的形式讲解创建 Spry 选项卡式面板创建的整个过程。

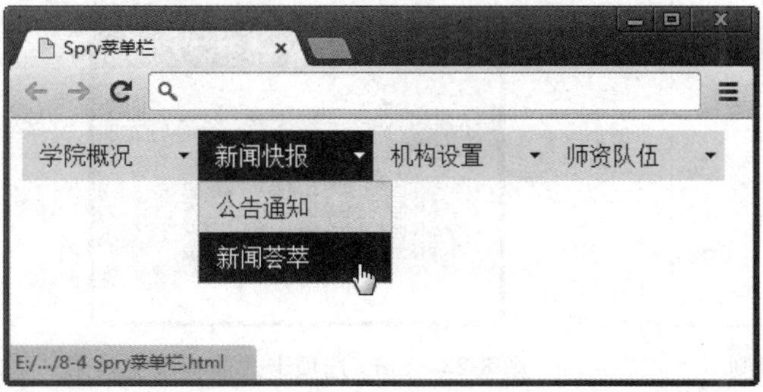

图 8-19　Spry 菜单栏预览效果

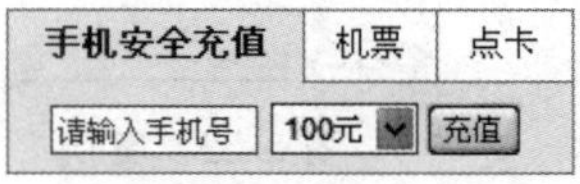

图 8-20　选项卡式面板

【案例 8-5】 Spry 选项卡式面板。

① 启动 Dreamweaver CS6，创建空白 HTML 5 文档，将光标定位在需要插入 Spry 菜单栏的位置。

② 在插入面板的 Spry 类别中单击“Spry 选项卡式面板”按钮，即可完成插入。

③ 在设计视图中，可以直接修改选项卡内部的文字内容。此外，选择“Spry 选项卡式面板”左上角的蓝色标签，属性面板即刻显示相关参数设置，如图 8-21 所示。在该属性面板中，单击+或−按钮可以添加或删除选项卡的数量。

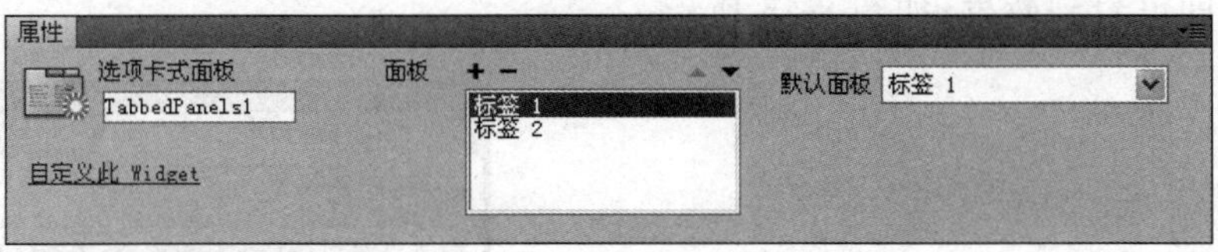

图 8-21　设置 Spry 选项卡式面板的属性

当 Spry 选项卡式面板插入网页内部时可以发现，软件自动创建并连接了外部 CSS 文档和 JavaScript 文档，并且有默认风格的外观样式作用在选项卡式面板中。

④ 根据实际需要，向选项卡式面板中添加必要的文字内容。为了进一步美化外观，这里简单编写了 CSS 样式，如图 8-22 所示。

⑤ 保存当前页面，通过浏览器预览即可看到效果，如图 8-23 所示。

8.2.3　Spry 折叠式构件

Spry 折叠式构件同样是一组面板，用来将内容存储到紧凑的空间中。单击面板上的标签即可展开或收缩折叠面板中的内容。在 Spry 折叠式构件中，每次只能有一个内容的面板处于打开状态。下面以实例的形式讲解创建 Spry 折叠式构件创建的整个过程。

```
<style type="text/css">
* {
    margin:0;
    padding:0;
}
.TabbedPanels {
    width:250px;
    height:150px;
}
.TabbedPanelsContent {
    font-size:12px;
}
.TabbedPanelsContent ul {
    padding:10px 5px 5px 20px;
}
</style>
```

图 8-22　案例 8-5 的 CSS 规则

图 8-23　Spry 选项卡式面板预览效果

【案例 8-6】 Spry 折叠式构件。

① 启动 Dreamweaver CS6,创建空白 HTML 5 文档,将光标定位在需要插入 Spry 折叠式构件的位置。

② 在插入面板的 Spry 类别中单击“Spry 折叠式”按钮,即可完成插入。

③ 在设计视图中,可以直接修改内部的文字内容。此外,选择“Spry 折叠式”左上角的蓝色标签,属性面板即刻显示相关参数设置,如图 8-24 所示。在该属性面板中,单击+或−按钮可以添加或删除选项卡的数量。

④ 根据实际需要,向 Spry 折叠式构件中添加必要的文字内容。保存当前页面,通过浏览器预览即可看到效果,如图 8-25 所示。

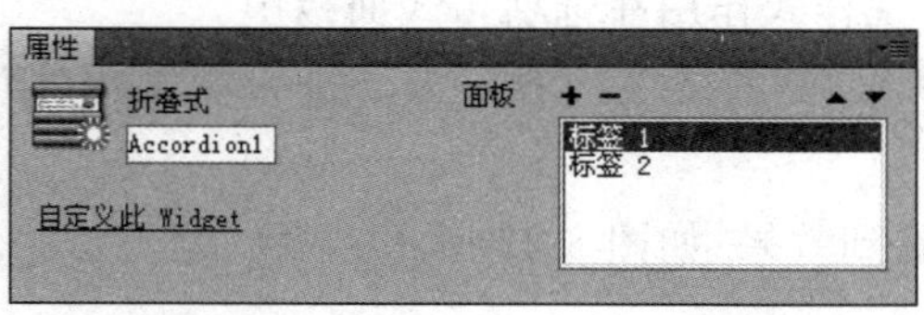

图 8-24　设置 Spry 折叠式构件的属性

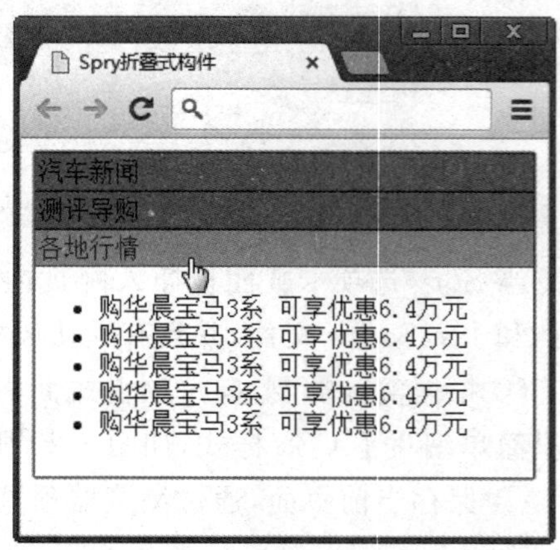

图 8-25　Spry 折叠式构件预览效果

8.3　过程指导——“精品课程”网站的设计与制作

本节以设计制作大学精品课程网站为目标,巩固练习有关布局的相关知识。通过本节的练习,读者能够掌握页面布局的基本处理方法。

8.3.1 过程分析

本实例的主要任务是设计制作大学精品课程网站。拿到页面设计稿时，不要盲目切图，而是要首先弄清网页的布局方式，分析一下版式结构，待整体页面搭建有明确规划后，再根据成熟的规划进行切图。

1. 主页面布局规划

通过成熟的构思与设计，精品课程网站的主页最终效果如图 8-26 所示，布局如图 8-27 所示。

图 8-26　精品课程网站主页最终效果图(1)

2. 子页面布局

精品课程网站的子页面采用 T 形布局，最终效果如图 8-28 所示，布局如图 8-29 所示。

8.3.2 步骤详解

1. 前期准备工作

(1) 启动 Dreamweaver CS6，在菜单栏中执行“站点”→“新建站点”命令，在弹出的对话框中设置站点名称及路径。

(2) 在站点中创建 images 和 style 两个文件夹。

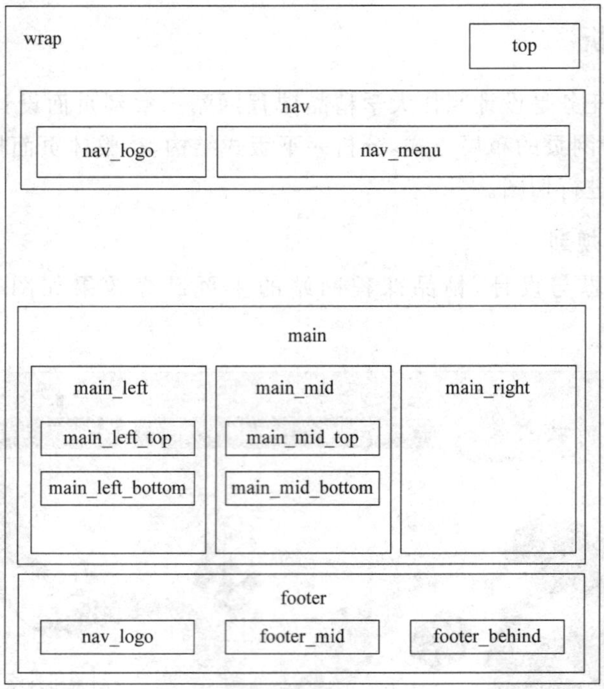

图 8-27　精品课程网站主页布局示意图(1)

图 8-28　子页效果图

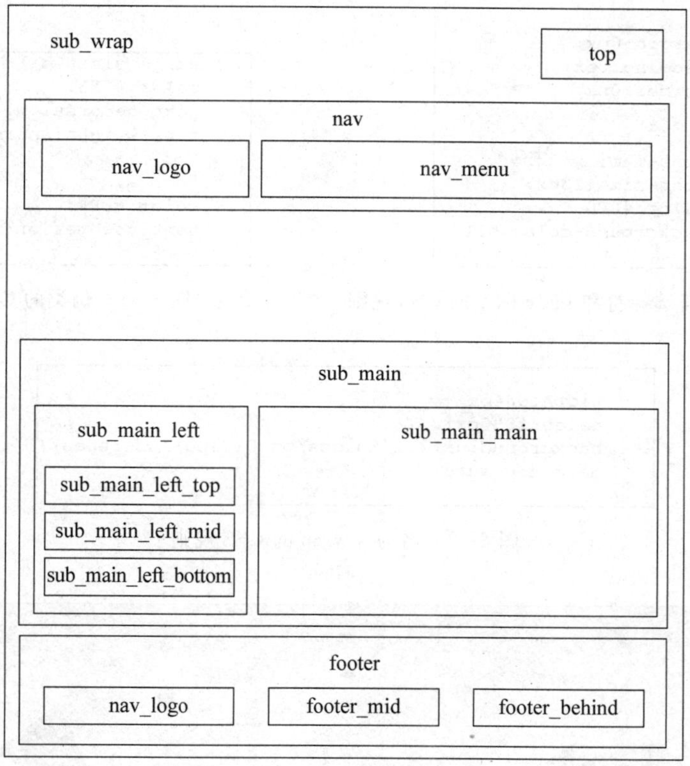

图 8-29　子页布局示意图

(3) 在 Dreamweaver CS6 的菜单栏中执行“文件”→“新建”命令，创建一个空白文档，并命名为 index. html。

(4) 创建一个外部 CSS 样式表文件，将这个 CSS 文件保存在站点的 style 文件夹下，并命名为 div. css。

(5) 在 Dreamweaver CS6 的“CSS 样式”面板中，单击“附加样式表”按钮，弹出“链接外部样式表”对话框，将之前创建的 div. css 外部样式文件链接到 index. html 页面中。

2. 开始制作主页

(1) 页面顶部的制作

① 切换到 div. css 文件中，分别创建通配符选择符的 CSS 规则、<body>标签的 CSS 规则和伪类的相应规则，如图 8-30 和图 8-31 所示。

② 切换回设计页面，将光标置于页面视图中，在插入面板的“常用”选项卡中单击“插入 Div 标签”按钮，弹出“插入 Div 标签”对话框。在“插入”下拉列表框中选择“在插入点”选项，在 ID 框中输入 wrap，最后单击“确定”按钮，即可在页面中插入 wrap 容器。切换到 div. css 文件中，创建一个名为＃wrap 的 CSS 规则，如图 8-32 所示。切换回设计页面，页面效果如图 8-33 所示。

③ 将光标定位在设计视图的 wrap 容器中，删除多余的文字，单击插入面板的“插入

```
* {
    margin:0px;
    padding:0px;
    border:0px;
}
body {
    font-family:"宋体";
    font-size:13px;
    color:#000;
    background-color:#FFF;
}
```

图 8-30　通配符选择符和 body 标签的 CSS 规则

```
a:link, a:visited {
    color:#333;
    text-decoration: none;
    font-weight: normal;
}
a:hover, a:active {
    color:#FFF;
    text-decoration: underline;
}
```

图 8-31　伪类的 CSS 规则

```
#wrap {
    width:984px;
    height:850px;
    background:url(../images/bg_01.jpg) no-repeat;
    margin:0 auto;
}
```

图 8-32　名为＃wrap 的 CSS 规则

图 8-33　页面背景效果

Div 标签”按钮，弹出“插入 Div 标签”对话框，在“插入”下拉列表框中选择“在开始标签之后”选项，并在其后方下拉列表框中选择<div id="wrap">选项，在 ID 框中输入 top，最后单击“确定”按钮，即可在 wrap 容器内部插入 top 容器。切换到 div.css 文件中，创建一个名为＃top 的 CSS 规则，如图 8-34 所示。切换回设计页面，将 top 容器中多余的文字删去，并输入“设为首页加入收藏”文字内容，页面效果如图 8-35 所示。

```
#top {
    float:right;
    width:150px;
    font-family:"黑体";
    text-align:right;
    margin-top:10px;
    margin-bottom:20px;
    padding-right:20px;
}
```

图 8-34　名为＃top 的 CSS 规则

④ 在代码视图中，修改<div id="top">标签的代码，如图 8-36 所示。再次切换回 div.css 文件中，创建一

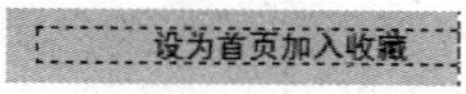

图 8-35　在＃top 内输入文字

```
  <div id="top"> <a href="#">设为首页
</a><span>|</span><a href="#">加入收藏
</a> </div>
```

图 8-36　修改标签内容

个名为＃top span 的 CSS 规则，如图 8-37 所示，返回设计视图，页面效果如图 8-38 所示。

⑤ 将光标定位在设计视图的 wrap 容器中，单击插入面板的“插入 Div 标签”按钮，弹出“插入 Div 标签”对话框。在“插入”下拉列表框中选择“在标签之后”选项，并在其后方下拉列表框中选择“＜div id＝"top"＞”选项，在 ID 框中输入 nav，最后单击“确定”按钮，即可在 top 容器后面插入 nav 容器。切换到 div. css 文件中，创建一个名为＃nav 的 CSS 规则，如图 8-39 所示。

```
#top span {
    padding-left:5px;
    padding-right:5px;
}
```

图 8-37　名为＃top span 的 CSS 规则

图 8-38　＃top 最终效果

```
#nav {
    width:984px;
    float:left;
    overflow:hidden;
}
```

图 8-39　名为＃nav 的 CSS 规则

⑥ 切换回设计页面，将 nav 层中多余的文字删去，单击插入面板的“插入 Div 标签”按钮，弹出“插入 Div 标签”对话框，在“插入”下拉菜单中选择“在开始标签之后”选项，并在其后方下拉菜单中选择“＜div id＝"nav"＞”选项，在 ID 框中输入 nav_logo，最后单击“确定”按钮，即可在 nav 容器内部插入 nav_logo 容器。切换到 div. css 文件中，创建一个名为＃nav_logo 的 CSS 规则，如图 8-40 所示。返回设计视图，页面效果如图 8-41 所示。

```
#nav_logo {
    float:left;
    width:280px;
    height:70px;
    background:
url(../images/logo.gif) no-repeat;
    margin-left:15px;
}
```

图 8-40　名为＃nav_logo 的 CSS 规则

图 8-41　插入 logo 的效果

⑦ 将光标定位在设计视图的 nav 容器中，单击插入面板的“插入 Div 标签”按钮，弹出“插入 Div 标签”对话框，在“插入”下拉列表框中选择“在标签之后”选项，并在其后方下拉列表框中选择＜div id＝"nav_logo"＞选项，在 ID 框中输入 nav_menu，最后单击“确定”按钮，即可在 nav_logo 容器后面插入 nav_menu 容器。切换到 div. css 文件中，创建一个名为＃nav_menu 的 CSS 规则，如图 8-42 所示。切换回设计页面，将 nav_menu 层中多余的文字删去，在其内部插入名为＃nav_menu_head 的容器，并创建相应的 CSS 规则，如图 8-43 所示。

```
#nav_menu {
    height:36px;
    margin:10px 0px 0px 30px;
    float:left;
}
```

图 8-42　名为＃nav_menu 的 CSS 规则

```
#nav_menu_head {
    float:left;
    width:20px;
    height:36px;
    background:url(../images/nav_menu_head.gif)
 no-repeat;
}
```

图 8-43　名为＃nav_menu_head 的 CSS 规则

⑧ 同样的方法，在＃nav_menu_head 后部插入名为＃nav_menu_mid 的容器，并创建相应的 CSS 规则，如图 8-44 所示。切换回设计页面，将 nav_menu_mid 容器中多余的文字删去，插入一组无序列表，并输入相应的文字，此时当前代码结构如图 8-45 所示。

```
#nav_menu_mid {
    float:left;
    width:580px;
    height:36px;
    background:url(../images/nav_bg.jpg)
repeat-x;
}
```

图 8-44　名为＃nav_menu_mid 的 CSS 规则

⑨ 代码修改完成后，切换到 div. css 文件中，创建 CSS 规则，如图 8-46 所示。返回设计视图，导航菜单的效果如图 8-47 所示。

```
<div id="nav_menu_mid">
  <ul>
    <li><a href="#" target="_self">课程首页</a></li>
    <li><a href="#" target="_self">课程设置</a></li>
    <li><a href="#" target="_self">教学内容</a></li>
    <li><a href="#" target="_self">方法手段</a></li>
    <li><a href="#" target="_self">教学队伍</a></li>
    <li><a href="#" target="_self">实践条件</a></li>
    <li><a href="#" target="_self">教学效果</a></li>
    <li><a href="#" target="_self">工学结合</a></li>
  </ul>
</div>
```

图 8-45　修改 nav_menu_mid 层中的代码

```
#nav_menu_mid ul {
    list-style:none;
    margin: 0px;
    padding: 0px;
}
#nav_menu_mid li {
    float:left;
    margin-top:10px;
    padding-left:11px;
}
#nav_menu_mid a {
    font-family:"黑体";
    font-size:15px;
    color:#FFF;
}
```

图 8-46　创建相应的 CSS 规则

图 8-47　导航菜单应用样式后的效果

⑩ 将光标定位在设计视图中，单击插入面板的“插入 Div 标签”按钮，弹出“插入 Div 标签”对话框，在“插入”下拉列表框中选择“在标签之后”选项，并在其后方下拉列表框中选择<div id＝"nav_menu_mid">选项，在 ID 框中输入 nav_menu_tail，最后单击“确定”按钮，即可在 nav_menu_mid 容器后面插入 nav_menu_tail 容器。切换到 div. css 文件中，创建一个名为＃nav_menu_tail 的 CSS 规则，如图 8-48 所示。切换回设计页面，删除其中的文字，即可看到页面效果如图 8-49 所示。

```
#nav_menu_tail {
    float:left;
    width:20px;
    height:36px;
    background: url(../images/nav_menu_tail.gif)
 no-repeat;
}
```

图 8-48　名为＃nav_menu_tail 的 CSS 规则

图 8-49　插入背景图像后的效果

（2）页面中部的制作

① 将光标定位在设计视图中，单击插入面板的“插入 Div 标签”按钮，弹出“插入 Div 标签”对话框，在“插入”下拉列表框中选择“在标签之后”选项，并在其后方下拉列表框中选择<div id="nav">选项，在 ID 框中输入 main，最后单击“确定”按钮，即可在 nav 容器后面插入 main 容器。切换到 div. css 文件中，创建一个名为＃main 的 CSS 规则，如图 8-50 所示。

② 将光标定位在设计视图中，删除多余的文字，单击插入面板的“插入 Div 标签”按钮，弹出“插入 Div 标签”对话框，在“插入”下拉列表框中选择“在开始标签之后”选项，并在其后方下拉列表框中选择<div id="main">选项，在 ID 框中输入 main_left，最后单击“确定”按钮，即可在 main 容器内部插入 main_left 容器。切换到 div. css 文件中，创建一个名为＃main_left 的 CSS 规则，如图 8-51 所示。

```
#main {
    float:left;
    width:984px;
    height:280px;
    margin-top:368px;
}
```

图 8-50　名为＃main 的 CSS 规则

```
#main_left {
    float:left;
    width:320px;
    height:260px;
    margin-left:10px;
}
```

图 8-51　名为＃main_left 的 CSS 规则

③ 同样的方法，在 main_left 内部插入名为 main_left_top 的容器，并创建相应的 CSS 规则，如图 8-52 所示。切换回设计页面，删除其中的文字，即可看到页面效果如图 8-53 所示。

```
#main_left_top {
    background:
url(../images/main_left_top_bg.jpg) no-repeat;
    height:35px;
}
```

图 8-52　名为＃main_left_top 的 CSS 规则

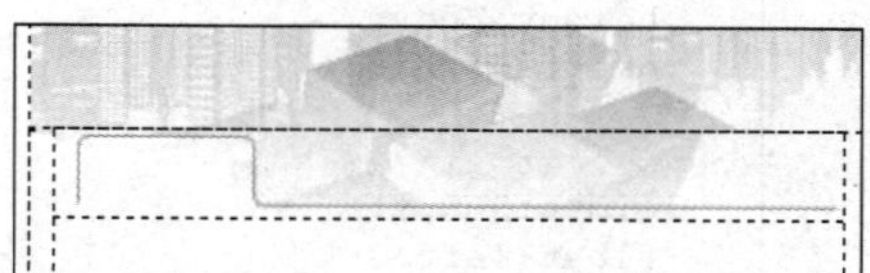

图 8-53　为＃main_left_top 增加顶部背景

④ 根据规划，main_left 区域是显示新闻列表的区域，这里使用<ul>、<li>和<span>3 个标签实现新闻列表的外观样式，具体的讲解在后续章节陆续介绍，这里读者仅需体验制作过程即可。

切换到代码视图，将光标定位在“<div id="main_left_top">”的后面，输入标题、新闻简要以及发布日期，并用不同的标签将其包围，此时结构代码如图 8-54 所示。

⑤ 切换到 div. css 文件中，为 news_list 类、<h3>、<li>、<a>和<span>标签编

```
<div id="main_left_top">
  <h3>NEWS</h3>
  <ul class="news_list">
    <li><a href="#">2011年网络思科认证报名通知</a> <span>2011-1-12</span></li>
    <li><a href="#">2011年网络思科认证报名通知</a> <span>2011-1-12</span></li>
    <li><a href="#">2011年网络思科认证报名通知</a> <span>2011-1-12</span></li>
    <li><a href="#">2011年网络思科认证报名通知</a> <span>2011-1-12</span></li>
    <li><a href="#">2011年网络思科认证报名通知</a> <span>2011-1-12</span></li>
  </ul>
</div>
```

图 8-54　新闻列表的结构代码

写相应的 CSS 规则，如图 8-55 所示。切换回设计页面，即可看到页面效果如图 8-56 所示。

⑥ 将光标定位在设计视图中，单击插入面板的“插入 Div 标签”按钮，弹出“插入 Div 标签”对话框，在“插入”下拉列表框中选择“在标签之后”选项，并在其后方下拉列表框中选择“＜div id＝"main_left_top"＞”选项，在 ID 框中输入 main_left_bottom，最后单击“确定”按钮，即可在 main_left_top 容器后面插入 main_left_bottom 容器。切换到 div.css 文件中，创建一个名为＃main_left_bottom 的 CSS 规则，如图 8-57 所示。

```
#main_left_top h3 {
    height:40px;
    font-family:Arial, Helvetica,
sans-serif;
    font-size:16px;
    font-weight:bold;
    color: #105cb6;
    padding-left:20px;
    padding-top:10px;
}
.news_list * {
    margin:0;
    padding:0;
    list-style:none;
    text-decoration : none;
}
.news_list li {
    float:left;
    padding-left:20px;
    width:300px;
    height:20px;
    overflow:hidden;
}
.news_list li a {
    width:200px;
    float:left;
}
.news_list li a:hover {
    text-decoration:none;
    color:#F32600;
}
.news_list li span {
    float:left;
    width:75px;
    color:#999999;
}
```

图 8-55　定义新闻列表所用的 CSS 规则

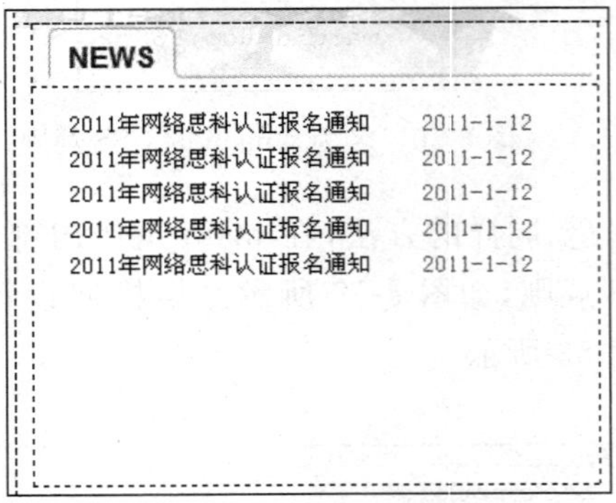

图 8-56　应用规则后新闻列表的效果

```
#main_left_bottom {
    float:left;
    width:310px;
    height:80px;
    margin-top:20px;
    margin-left:5px;
    overflow:hidden;
}
```

图 8-57　名为＃main_left_bottom 的 CSS 规则

⑦ 切换回设计页面，删除多余的文字，将图像 images/main_left_bottom_bg. gif 插入 main_left_bottom 层中，并使用热点工具绘制热点区域，如图 8-58 所示。

图 8-58　绘制热点区域

⑧ 将光标定位在设计视图中，单击插入面板的“插入 Div 标签”按钮，弹出“插入 Div 标签”对话框，在“插入”下拉列表框中选择“在标签之后”选项，并在其后方下拉列表框中选择<div id="main_left">选项，在 ID 框中输入 main_mid，最后单击“确定”按钮，即可在 main_left 容器后面插入 main_mid 容器。

同样的方法，在 main_mid 层内部插入 main_mid_top 层，切换到 div. css 文件中，分别创建名为#main_mid 和#main_mid_top 的 CSS 规则，如图 8-59 所示。切换回设计页面，删除多余的文字，将“flash/课程特色. swf”Flash 影片文件插入到 main_mid_top 层中，页面效果如图 8-60 所示。

```
#main_mid {
    float:left;
    margin-left:5px;
}
#main_mid_top {
    width:350px;
    height:114px;
    margin-top:20px;
    margin-bottom:20px;
}
```

图 8-59　创建 CSS 规则

图 8-60　插入 Flash 影片文件后的效果

⑨ 单击插入面板的“插入 Div 标签”按钮，弹出“插入 Div 标签”对话框，在“插入”下拉列表框中选择“在标签之后”选项，并在其后方下拉列表框中选择<div id="main_mid_top">选项，在 ID 框中输入 main_mid_bottom，最后单击“确定”按钮，即可在 main_mid_top 容器后面插入 main_mid_bottom 容器。切换到 div. css 文件中，创建名为#main_mid_bottom 的 CSS 规则，如图 8-61 所示。

切换回设计页面，删除多余的文字，分别插入两张装饰性图片，并输入相应的文字，如图 8-62 所示。

```
#main_mid_bottom {
    width:350px;
    height:105px;
}
```

图 8-61　名为#main_mid_bottom 的 CSS 规则

图 8-62　插入图片并输入文字

⑩ 从图中可以看出，图片和文字并不能按照规划的那样显示，下面主要针对图片和文字进行外观的美化。

将视图切换为代码视图，在<div id="main_mid_bottom">标签内部，修改相应的标签，如图 8-63 所示。

```
    <div id="main_mid_bottom">
      <ul>
        <li><a href="#"><img src="images/main_mid_bottom_01.gif" width="60" height="85" /><strong>师生交
流</strong><span>COMMUNICATION</span></a></li>
        <li><a href="#"><img src="images/main_mid_bottom_02.gif" width="60" height="85" /><strong>课程申
报表</strong><span>DECLARATION FORM</span></a></li>
      </ul>
    </div>
```

图 8-63　修改 main_mid_bottom 内部标签

⑪ 切换到 div.css 文件中，编写相应的 CSS 规则，如图 8-64 所示。切换回设计页面，即可看到页面效果如图 8-65 所示。

```
#main_mid_bottom ul li {
    float:left;
    margin-left:15px;
    display:inline;
}
#main_mid_bottom ul li a {
    display:block;
    width:150px;
    height:100px;
    text-decoration:none;
    text-align:center;
    overflow:hidden;
}
#main_mid_bottom ul li a strong {
    font-size:16px;
    font-family:"黑体";
    line-height:15px;
    font-weight:100;
    color:#333;
    overflow:hidden;
}
#main_mid_bottom span {
    display:block;
    font-family:"Arial Black", Gadget, sans-serif;
    font-size:10px;
    text-align:left;
    color:#999;
}
#main_mid_bottom a:hover strong {
    color:#39F;
}
```

图 8-64　编写相应的 CSS 规则

⑫ 将光标定位在设计视图中，单击插入面板的“插入 Div 标签”按钮，弹出“插入 Div 标签”对话框，在“插入”下拉列表框中选择“在标签之后”选项，并在其后方下拉列表框中选择<div id="main_mid">选项，在 ID 框中输入 main_right，最后单击“确定”按钮，即可在 main_mid 容器后面插入 main_right 容器。切换到 div.css 文件中，创建名为 #main_right 的 CSS 规则，如图 8-66 所示。

切换回设计页面，删除多余的文字，输入相关文字，并为标题添加环绕标签 h3，再次切换到 div.css 文件中，创建 h3、p 和伪类的相关 CSS 规则，如图 8-67 所示。切换回设计页面，此时页面效果如图 8-68 所示。

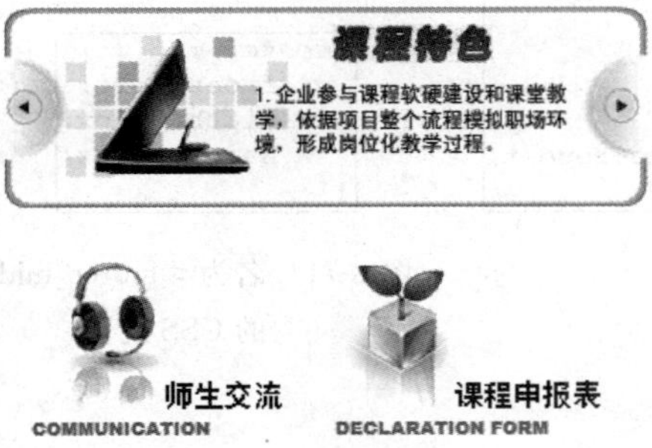

图 8-65　对图片和文字应用样式后的效果

```
#main_right {
    float:left;
    width:275px;
    height:260px;
    margin-left:5px;
    background:
url(../images/main_right_bg.jpg) no-repeat;
}
```

图 8-66　名为＃main_right 的 CSS 规则

```
#main_right h3 {
    height:20px;
    font-family:"黑体";
    font-size:15px;
    color: #105cb6;
    padding-left:20px;
    padding-top:15px;
}
#main_right p {
    text-indent:2em;
    line-height:18px;
    padding-left:13px;
    padding-right:13px;
}
#main_right a:hover {
    text-decoration:none;
    color:#F32600;
}
```

图 8-67　创建标题和段落的 CSS 规则

图 8-68　标题和段落应用样式后的效果

(3) 页面底部的制作

① 将光标定位在设计视图中，单击插入面板的“插入 Div 标签”按钮，弹出“插入 Div 标签”对话框，在“插入”下拉列表框中选择“在标签之后”选项，并在其后方下拉列表框中选择<div id="main">选项，在 ID 框中输入 footer，最后单击“确定”按钮，即可在 main 容器后面插入 footer 容器。切换到 div. css 文件中，创建名为＃footer 的 CSS 规则，如图 8-69 所示。

```
#footer {
    clear:both;
    height:65px;
    margin:0;
    padding-top:10px;
    background:url(../images/footer_bg.gif) repeat-x;
}
```

图 8-69　名为＃footer 的 CSS 规则

② 切换回设计页面，删除多余的文字，单击插入面板的“插入 Div 标签”按钮，在 footer 容器内部插入 footer_logo 容器。切换到 div. css 文件中，创建名为＃footer_logo 的 CSS 规则，如图 8-70 所示。

③ 同样的制作方法，在＃footer_logo 后部插入名为＃footer_mid 的容器，并创建相

```
#footer_logo {
    float:left;
    width:250px;
    height:60px;
    background:url(../images/footer_logo.gif) no-repeat;
}
```

图 8-70　名为＃footer_logo 的 CSS 规则

```
#footer_mid {
    float:left;
    width:520px;
    height:60px;
}
```

图 8-71　名为＃footer_mid 的 CSS 规则

应的 CSS 规则,如图 8-71 所示。

切换回设计页面,删除多余的文字,输入版权信息等内容。将视图切换为代码视图,在<div id＝"footer_mid">标签内部修改相应的标签,如图 8-72 所示。

```
<div id="footer_mid">
  <dl>
    <dd>地址：河南省郑州市东风路西段宇泽科技大学计算机学院 邮编：450000 </dd>
    <dd>Email：wufeng1121@126.com</dd>
    <dt>Copyright ©All Rights Reserved宇泽网络</dt>
  </dl>
</div>
```

图 8-72　修改 footer_mid 内部标签

④ 切换到 div.css 文件中,创建名为＃footer_mid dl 的 CSS 规则,如图 8-73 所示。切换回设计页面,页面效果如图 8-74 所示。

```
#footer_mid dl {
    font-family:"黑体";
    font-size:13px;
    color:#666;
    text-align:center;
    padding-left:15px;
    padding-top:12px;
}
```

图 8-73　名为＃footer_mid dl 的 CSS 规则

图 8-74　＃footer_mid 的效果

⑤ 在 footer_mid 后部插入名为 footer_behind 的容器,删除多余的文字,输入"友情链接"文字内容,并插入跳转菜单类型的表单。切换到 div.css 文件中,创建名为＃footer_behind 的 CSS 规则,如图 8-75 所示。切换回设计页面,页面效果如图 8-76 所示。

```
#footer_behind {
    float:left;
    width:180px;
    height:40px;
    line-height:20px;
    font-family:"黑体";
    font-size:13px;
    color:#666;
    padding-top:10px;
}
```

图 8-75　名为＃footer_behind 的 CSS 规则

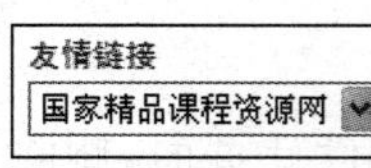

图 8-76　为跳转菜单应用样式后的效果

3. 精品课程子页的制作过程

精品课程网站子页面与主页有一定相似之处，对于子页面顶部区域的制作过程这里不再赘述，这里仅对侧边栏以及右侧内容显示区域布局的实现加以讲解。

(1) 根据前面所讲内容，自行制作子页面上部的有关区域。

(2) 将光标定位在设计视图中，单击插入面板的“插入 Div 标签”按钮，弹出“插入 Div 标签”对话框，在“插入”下拉列表框中选择“在标签之后”选项，并在其后方下拉列表框中选择<div id="nav">选项，在 ID 框中输入 sub_main，最后单击“确定”按钮，即可在 nav 容器后面插入 sub_main 容器。切换到 div.css 文件中，创建名为#sub_main 的 CSS 规则，如图 8-77 所示。

(3) 切换回设计页面，删除多余的文字，在 sub_main 容器内部再次插入 sub_main_left 容器，并为其编写 CSS 规则，如图 8-78 所示。

```
#sub_main {
    float:left;
    width:984px;
    height:auto;
    margin-top:225px;
}
```

图 8-77　名为#sub_main 的 CSS 规则

```
#sub_main_left {
    float:left;
    width:180px;
    height:300px;
    margin-left:25px;
}
```

图 8-78　名为#sub_main_left 的 CSS 规则

(4) 同样的制作方法，在 sub_main_left 容器内部插入 sub_main_left_top 容器，并为其编写 CSS 规则，如图 8-79 所示。切换回设计页面，删除多余的文字，并输入“MENU 课程设置”文字内容。将视图切换为代码视图，修改<div id="sub_main_left_top">内的标签，如图 8-80 所示。

```
#sub_main_left_top {
    width:180px;
    height:80px;
    background:url(../images/sub_main_left_top_bg.jpg)
 no-repeat;
}
```

图 8-79　名为#sub_main_left_top 的 CSS 规则

```
<div id="sub_main_left_top">
  <h3> MENU<span>课程设置</span></h3>
</div>
```

图 8-80　修改 sub_main_left_top 容器内的标签

(5) 切换到 div.css 文件中，为 sub_main_left_top 的 h3 和 span 标签创建 CSS 规则，如图 8-81 所示。切换回设计页面，页面效果如图 8-82 所示。

(6) 将光标定位在设计视图中，单击插入面板的“插入 Div 标签”按钮，弹出“插入 Div 标签”对话框，在“插入”下拉列表框中选择“在标签之后”选项，并在其后方下拉列表框中选择“<div id="sub_main_left_top">”选项，在 ID 框中输入 sub_main_left_mid，最后单击“确定”按钮，即可在 sub_main_left_top 容器后面插入 sub_main_left_mid 容器。切换到 div.css 文件中，创建名为#sub_main_left_mid 的 CSS 规则，如图 8-83 所示。

```
#sub_main_left_top h3 {
    height:30px;
    font-family:"黑体";
    font-size:20px;
    color:#39F;
    text-align:center;
    padding-top:25px;
}
#sub_main_left_top h3 span {
    color:#666;
    margin-left:5px;
    font-size:18px;
}
```

图 8-81 创建 h3 和 span 标签的 CSS 规则

图 8-82 为标题和 span 应用样式后的效果

```
#sub_main_left_mid {
    width:180px;
    height:auto;
    background:url(../images/sub_main_left_mid_bg.jpg)
 repeat-y;
}
```

图 8-83 名为#sub_main_left_mid 的 CSS 规则

(7) 切换到代码视图,将光标定位在<div id="sub_main_left_mid">的后面,插入一组无序列表,并输入相应的文字内容,此时结构代码如图 8-84 所示。

```
<div id="sub_main_left_mid">
  <ul>
    <li><a href="#">课程介绍</a></li>
    <li><a href="#">课程定位</a></li>
    <li><a href="#">课程设计</a></li>
    <li><a href="#">课程标准</a></li>
    <li><a href="#">职业技能标准</a></li>
  </ul>
</div>
```

图 8-84 插入无序列表内容

(8) 切换到 div.css 文件中,为无序列表创建相关 CSS 规则,如图 8-85 所示。切换回设计页面,此时页面效果如图 8-86 所示。之后,在 sub_main_left_mid 容器后部插入 sub_main_left_behind 容器,并为其编写 CSS 规则,如图 8-87 所示。

```
#sub_main_left_mid ul {
    padding:0 25px;
    line-height:30px;
}
#sub_main_left_mid ul li {
    list-style:none;
    text-align:center;
    border-bottom:1px dashed #CCC;
}
#sub_main_left_mid ul a:hover {
    color:#39F;
    text-decoration:none;
}
```

图 8-85 为无序列表创建 CSS 规则

图 8-86 为无序列表应用样式后的效果

```
#sub_main_left_behind {
    background:
url(../images/sub_main_left_behind_bg.jpg) no-repeat;
    height:25px;
}
```

图 8-87　创建#sub_main_left_behind 规则

(9) 同样的制作方法，对页面主内容区域进行布局，其结构代码如图 8-88 所示，完成后的 CSS 样式如图 8-89 和图 8-90 所示。

```
    <div id="sub_main_main">
      <div id="sub_main_main_top"><img src=
"../images/sub_main_main_top_01.gif" width="14"
height="14" /><span>当前位置:课程设置</span></div>
      <div id="sub_main_main_content">
        <ul class="sub_main_main_content_list">
          <li><a href="#">课程介绍</a></li>
          <li><a href="#">课程定位</a></li>
          <li><a href="#">课程整体设计</a></li>
          <li><a href="#">课程标准</a></li>
          <li><a href="#">职业技能标准</a></li>
          <li><a href="#">网络工程行业标准</a></li>
          <li><a href="#">综合布线行业标准</a></li>
        </ul>
      </div>
    </div>
```

图 8-88　主内容区域结构代码

```
#sub_main_main {
    float:left;
    height:800px;
    margin-left:10px;
}
#sub_main_main_top {
    width:720px;
    height:55px;
    background:
url(../images/sub_main_main_top_bg
.gif) repeat-x;
}
#sub_main_main_top img {
    margin-top:20px;
    margin-left:30px;
}
#sub_main_main_top span {
    color:#666;
    font-family:"黑体";
    font-size:14px;
    padding-left:10px;
}
```

图 8-89　创建页面主内容区域的 CSS 规则(1)

```
#sub_main_main_content {
    width:720px;
    height:auto;
}
.sub_main_main_content_list {
    font-size:14px;
    padding-top:20px;
    padding-left:50px;
    line-height:30px;
    list-style:square;
}
#sub_main_main_content li {
    border-bottom:1px dashed #CCC;
}
.sub_main_main_content_list
a:hover {
    color:#F00;
    text-decoration:none;
}
```

图 8-90　创建页面主内容区域的 CSS 规则(2)

(10) 返回设计视图，此时页面效果如图 8-91 所示。同首页中制作 footer 的方法一样，制作子页面的底部区域。

至此，精品课程网站的主页和子页面布局的实现工作已经基本完成了，后期还需根据实际情况增加文字链接，以及加入多媒体元素，由于篇幅所限，这里不再赘述，请读者自行练习。

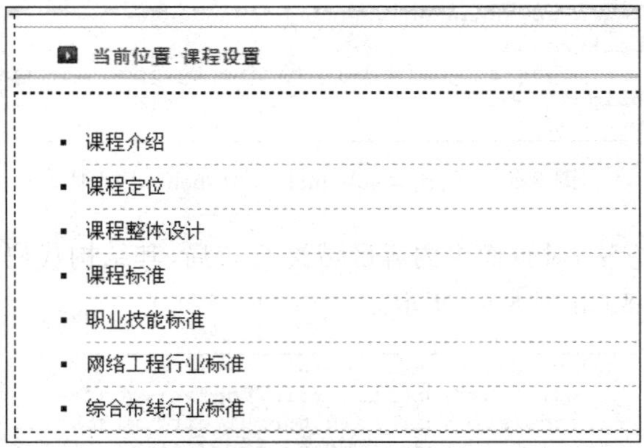

图 8-91　页面主内容区域的效果

8.4　自主任务——“精品课程”网站主页的制作

参照 8.3 节所讲内容，以建设精品课程网站为实例任务，自主完成精品课程网站主页的制作，最终效果如图 8-92 所示，布局如图 8-93 所示。

图 8-92　精品课程网站主页最终效果图(2)

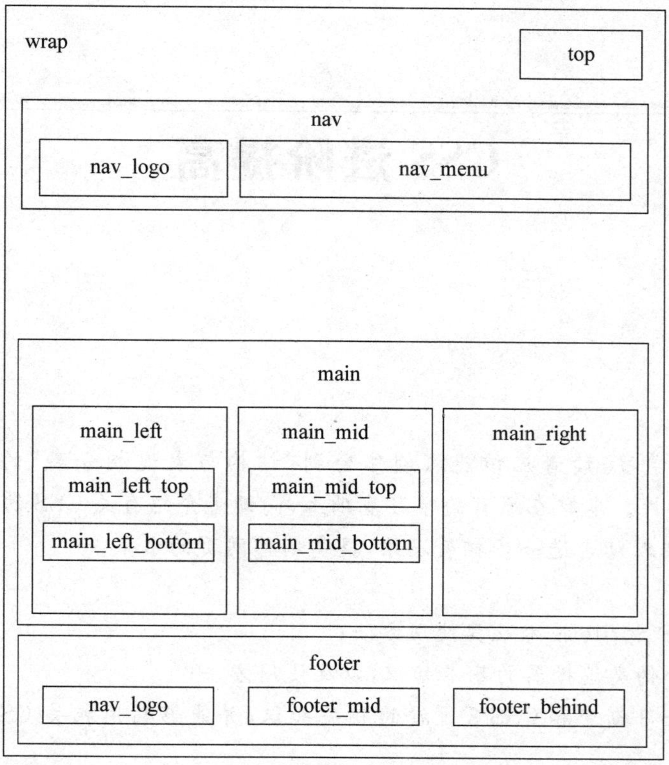

图 8-93　精品课程网站主页布局示意图(2)

8.5　习题

1. 什么是行为？什么是事件？

2. 举例说明，在网页中“行为”都应用于哪些方面？

3. 如何实现网页警告窗口的出现？

4. 什么是 Spry？

5. 在页面中添加 Spry 选项卡式面板，根据需要修改其中的 CSS 样式规则，使其外观变得美观。

第 9 章

CSS 进阶提高

【本章导读】

通过之前的学习，读者应该能深刻体会到"结构与表现相分离"的重要思想，以及HTML 5 的必要性。本章在原有的学习基础上，向读者介绍有关 CSS 的一些技巧和常用技术，希望能够帮助读者进一步拓展思维，提高制作网页的水平。

【学习目标】

- 掌握 CSS Sprite 技术及其使用方法；
- 掌握部分伪类选择器的基本知识，以及使用方法；
- 了解 CSS 3 渐变和 CSS 3 过渡的相关知识，并能够利用相关 CSS 规则实现简单效果。

9.1 CSS Sprite 技术

CSS Sprite 通常被翻译为"CSS 图像拼合"或"CSS 贴图定位"，它是目前网站开发中应用较为成熟的技术之一，该技术最重要的作用就是减轻服务器的负载，提高网页加载速度。

9.1.1 CSS Sprite 技术简述

1. 技术介绍

自从 CSS 被广泛应用，HTML 文档便倾向于语义化，一般情况下设计人员不再向标签中书写装饰性的内容，而是把这些外观呈现的任务交给 CSS。

2004 年，Dave Shea 提出了一种使用 CSS 控制组合图片的方案，该方案就是后来被广泛应用的 CSS Sprite 技术。该技术的本质就是把网页中许多要用到的小背景图片通过 Photoshop 整合到一张图片中，再利用 CSS 的 background-image 属性、background-repeat 属性、background-position 属性的组合进行背景定位。最重要的是通过调整 background-position 属性的属性值，使图片改变位置，让访问者看到的仅是应该看到的，那些不该看到的背景就被遮盖住了。

由于多张背景图片被整合在一张图片内，当页面加载时并不是单独加载每张图片，而是一次性加载组合过的整张图片，因此大大减少了 HTTP 请求的次数，减轻服务器压力，这就是诸多大型网站都在使用 CSS Sprite 的重要原因。此外，提前加载的图片被储存在浏览器的缓存中，后期调用时可以直接读取，缩短了鼠标悬停时加载图片的时间延迟，增强了访问者的视觉体验。

2. 技术应用

CSS Sprite 技术常被应用在大型网站的背景控制中，图 9-1 和图 9-2 所示是一些 CSS Sprite 使用范例。

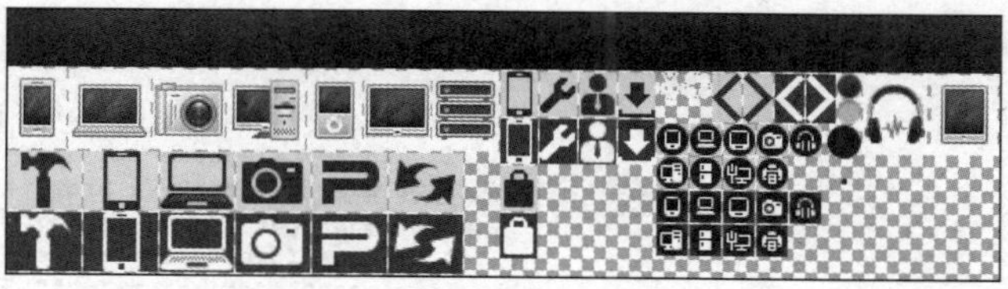

图 9-1　太平洋电脑网部分背景图片

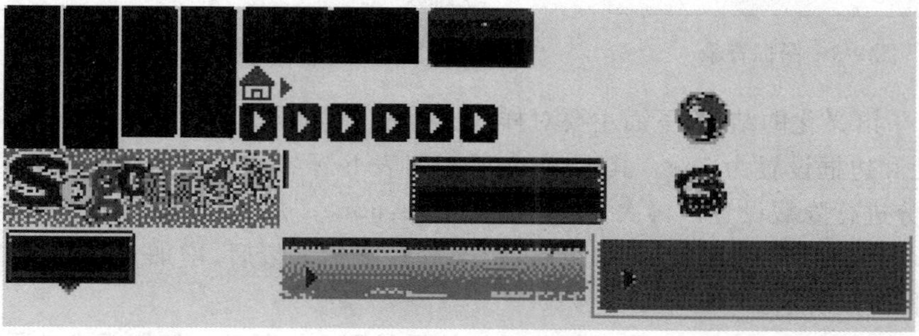

图 9-2　搜狐网的部分背景图片

3. 优缺点

CSS Sprite 非常值得学习和应用，但网站中是否应该使用 CSS Sprite 还需要根据实际情况进行分析，它的优点主要表现在以下两个方面。

(1) 能够有效减少网页的 HTTP 请求，大幅提高页面性能。

(2) 能够有效减少图片的字节数。例如，将三张大小均为 2KB 的图片拼合成一张图片后总字节数小于 6KB。

缺点主要表现在以下两个方面。

(1) CSS Sprite 大多使用固定的像素定位，灵活性较差。

(2) 在开发的时候较为麻烦，需要用 Photoshop 或其他测量工具计算出每个背景元素的精确位置。

总之，网页设计者需要整体权衡一下利弊，在可维护性和降低负载之间选择最适合的方式。

9.1.2　CSS Sprite 技术详解

为了使读者更容易地理解 CSS Sprite，这里以某网站的图标背景为例，演示如何使用 CSS Sprite 技术实现页面效果。

【案例 9-1】 CSS Sprite 技术详解。

本案例使用的是一张由多个图标整合在一起的图标背景图片,如图 9-3 所示,拟通过调整背景图片的 background-position 属性值,实现在相应文字列表的左侧显示对应图标。

① 启动 Dreamweaver CS6,创建空白 HTML 5 文档。在文档中使用一组无序列表对文字内容进行规划,具体的结构代码如图 9-4 所示。

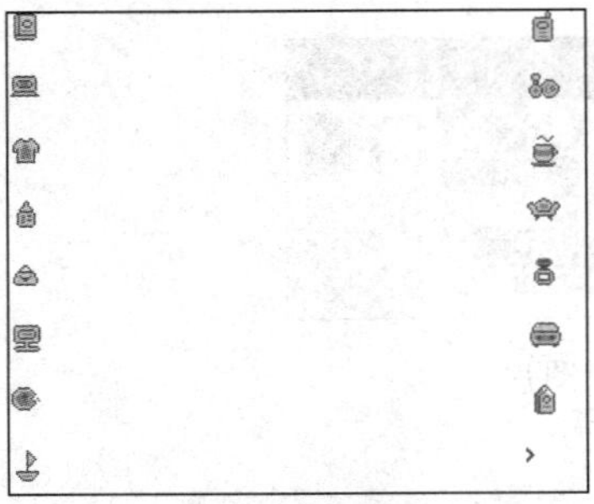

图 9-3 图标背景

```
<body>
<nav id="nav">
  <ul>
    <li class="books"><a href="#">图书</a></li>
    <li class="telephone"><a href="#">手机</a></li>
    <li class="clothes"><a href="#">服装</a></li>
    <li class="car"><a href="#">汽车</a></li>
    <li class="furniture"><a href="#">家具</a></li>
    <li class="life"><a href="#">生活</a></li>
    <li class="mamicare"><a href="#">孕婴</a></li>
  </ul>
</nav>
</body>
```

图 9-4 案例 9-1 的结构代码

② 有了语义化的结构,下面主要对样式进行定义：首先,从大到小进行定义,将外边距、内边距和边框设置为 0px。其次,定义所有列表 li 标签的宽度为 80px,高度为 20px,超出的部分进行隐藏设置。再次,使用“list-style：none;”规则,清除 li 的默认样式,并且设置 li 标签中的内容缩进 20px 的距离,用于放置图标。最后,增加背景图片,具体的样式代码如图 9-5 所示。

③ 保存页面文档,通过浏览器预览后的效果如图 9-6 所示。仔细观察效果图可以发现,虽然每个列表中都有背景图片,但显示的都是图标背景中的第一个图标,并不是根据文字内容显示对应图标的效果。

```
#nav ul {
    margin: 0px;
    padding: 0px;
    border: 0px;
}
#nav li {
    width: 80px;
    height: 20px;
    overflow: hidden;
    list-style: none;
    padding-left: 20px;
    background: url(ico_bg.gif) no-repeat 0 0;
}
#nav li a {text-decoration: none;}
```

图 9-5 ul 和 li 的 CSS 样式规则

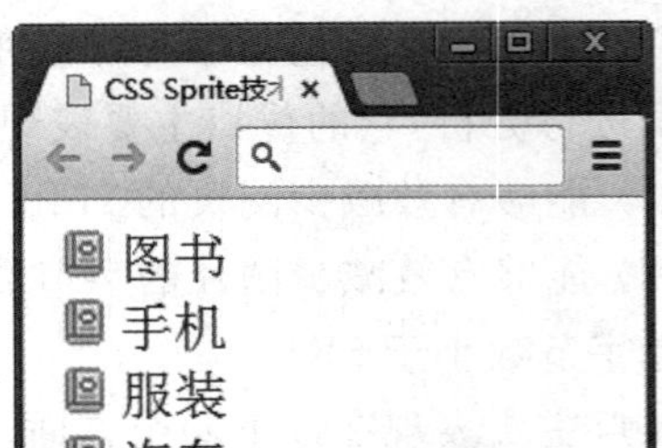

图 9-6 案例 9-1 的预览效果

④ 为了解决上述问题,需要针对每个不同类别的列表 li 标签,分别编写对应的 CSS 样式,以达到想要的页面效果。添加部分 CSS 样式,利用 background-position 属性改变背景图片的位置,具体的 CSS 样式代码如图 9-7 所示。

⑤ 保存当前页面文档，再次预览可以看到页面效果，如图 9-8 所示。

```
#nav li.books {
    background-position: 0px 0px;
}
#nav li.telephone {
    background-position: -250px 0px;
}
#nav li.clothes {
    background-position: 0 -60px;
}
#nav li.car {
    background-position: -250px -150px;
}
#nav li.furniture {
    background-position: -250px -90px;
}
#nav li.life {
    background-position: -250px -60px;
}
#nav li.mamicare {
    background-position: 0px -90px;
}
```

图 9-7 改变背景图片的位置

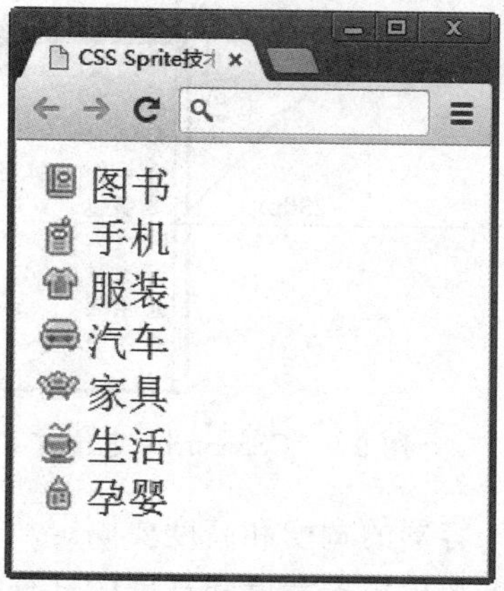

图 9-8 案例 9-1 的最终预览效果

从图中可以看出，不同的列表内容左侧显示不同类型的图标，达到了预想的效果。引起图标改变的原因在于应用于每个列表的类，通过 background-position 属性定位在背景图片的不同位置，从而显示不同的图标。

分析图 9-7 所示的样式代码可知，为了实现每个<li>标签对应的图标有所不同，本案例中针对每个不同的列表分别定义不同的类名，并在 CSS 样式中通过修改定位坐标，使之能得到相应的图标。

这里有个十分重要的问题，既然某些图标位于水平方向 250px，垂直方向 150px 的位置上，为什么在 CSS 样式中调用时却使用负值呢？

background-position 属性值为负值的情况需要这样理解：本实例中用于显示列表的区域宽度为 80px，高度为 20px，要想显示对应的图标势必要移动背景图片，使图标精确显示在列表中。根据 background-position 属性的定义可知，属性值中的第一个数字表示水平位置，第二数字表示垂直位置，而默认状态下元素及其元素背景是以左上角为原点进行定位，这就是为什么在未进行背景定位时所有图标均显示为图标背景中左上角图标的原因。

对于其他列表项来说，由于需要显示不同的图标，就要对背景图片进行移动处理。"background-position：50px 100px;"这条规则说明，图像将被移动到距左 50px，距顶 100px 的位置上，即图片向右移动了 50px，向下移动了 100px。反过来，如果图片被向左或向上移动，则 background-position 的属性值为负值。本案例中，以 class 类名为 car 的列表为例，样式代码为"＃nav li. car {background-position：－250px－150px;}"。

此规则将背景图片向左移动了 250px 的距离，向上移动了 150px 的距离，将汽车图标显示在汽车文字链接的左侧，示意图如图 9-9 所示。由此，可以总结出定位图片在向各个方向移动时取值的正负关系，如图 9-10 所示。另外，在实际应用中并不是随意的拼合图片，而是要根据页面的整体需要进行规划考虑的。在使用 CSS Sprite 的时候需要注意以下几个方面。

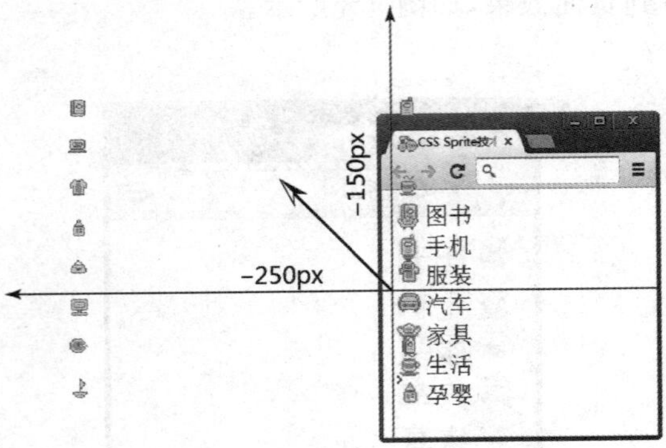

图 9-9　CSS Sprite 定位

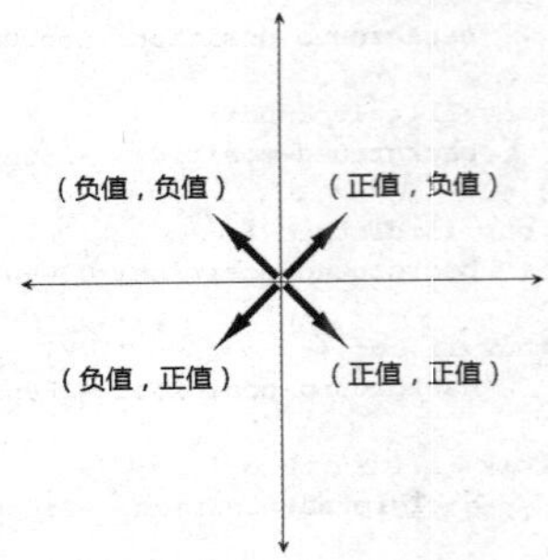

图 9-10　background-position 属性正负取值关系

(1) 容器的宽度和高度要固定。

(2) 超出容器宽度和高度的部分需要隐藏。

(3) 各个图片之间要留有空隙，以便调用时不会出现文字覆盖图片的情况。

9.2　CSS 3 伪类选择器

在之前的章节中，读者已经接触到一些选择器的使用方法，本节主要向读者介绍 CSS 3 中新增的伪类选择器，以便在工作中灵活运用。

9.2.1　:root、:not、:target 和::selection 选择器

1. :root 选择器

:root 选择器将样式与文档的根元素进行匹配。这里根元素指的是位于文档树中最顶层的元素，在 HTML 中，根元素始终是 html 元素。

【案例 9-2】　:root 选择器。

① 在 Dreamweaver CS6 中创建 HTML 5 文档，在新建的文档中创建如图 9-11 所示的文档结构。

② 在当前页面的 head 区域，编写相应的 CSS 规则。这里将 body 元素的背景颜色设置为红色，使用:root 选择器将根元素背景色设置为黄色，具体代码如图 9-12 所示。

```
<body>
<h1>root选择器</h1>
<p>该选择器将样式...</p>
</body>
```

图 9-11　案例 9-2 的页面结构

```
<style type="text/css">
:root {
    background: #FC0;
}/*设置根元素背景色为黄色*/
body {
    background: #F30;
}/*设置body元素背景色为红色*/
</style>
```

图 9-12　使用:root 选择设置背景色

③ 保存当前页面，通过浏览器预览即可看到效果，如图 9-13 所示。

2. :not 选择器

:not 选择器能够排除某个结构中的子元素，让它不继承当前样式。

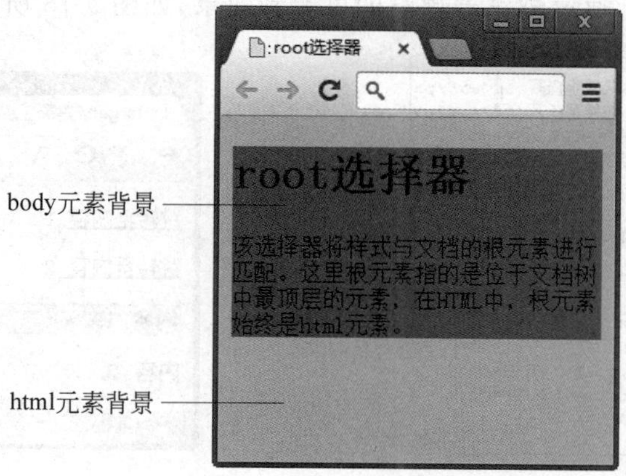

图 9-13　:root 选择器预览效果

【案例 9-3】　:not 选择器。

① 继续使用案例 9-2 中的页面结构。

② 在当前页面的 head 区域，修改相应的 CSS 规则，具体代码如图 9-14 所示。保存当前页面，通过浏览器预览即可看到效果，如图 9-15 所示。

```
<style type="text/css">
:root {
    background: #FC0;
}/*设置根元素背景色为黄色*/
body {
    background: #F30;
}/*设置body元素背景色为红色*/
body *:not(h1) {
    background: #696;
}/*设置除了h1元素以外，其他背景色为绿色*/
</style>
```

图 9-14　增加:not 选择器规则

图 9-15　:not 选择器预览效果

本案例中，先将 body 元素背景颜色设置为红色，又使用:not 选择器设置在 body 元素内除 h1 元素以外的背景色为绿色。根据当前页面结构分析可知，h1 元素背景色为红色，p 元素背景色为绿色。

3. :target 选择器

:target 选择器能够选取当前活动的目标元素。这里目标元素指的是，当页面中包含锚链接时，该锚链接所指向的某个具体的元素。

【案例 9-4】　:target 选择器。

① 在 Dreamweaver CS6 中创建 HTML 5 文档，在新建的文档中创建如图 9-16 所示的文档结构。

② 在当前页面的 head 区域，编写相应的 CSS 规则，具体代码如图 9-17 所示。

③ 保存当前页面，通过浏览器预览即可看到效果，如图 9-18 所示。

```
<body>
<p><a href="#news1">跳转至内容 1</a></p>
<p><a href="#news2">跳转至内容 2</a></p>
<p id="news1"><b>内容 1...</b></p>
<p id="news2"><b>内容 2...</b></p>
</body>
```

图 9-16 案例 9-4 的页面结构

```
<style type="text/css">
:target {
    border: 2px solid #D4D4D4;
    background-color: #e5eecc;
}/*设置边框和背景颜色*/
</style>
```

图 9-17 :target 选择器规则

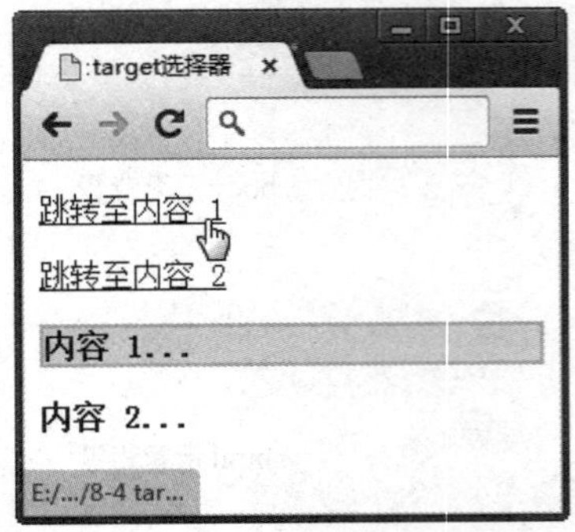

图 9-18 :target 选择器预览效果

4. ::selection 选择器

::selection 选择器能够匹配被用户选择时的部分内容应用别的样式。需要说明的是，目前只能向该选择器应用少量 CSS 样式(color、background、cursor 以及 outline)。

【案例 9-5】 ::selection 选择器。

① 在 Dreamweaver CS6 中创建 HTML 5 文档，在新建的文档中创建如图 9-19 所示的文档结构和 CSS 规则。

② 保存当前页面，通过浏览器预览即可看到效果，如图 9-20 所示。

```
<!doctype html>
<html>
<head>
<meta charset="utf-8">
<title>selection选择器</title>
<style type="text/css">
::selection {
    background: #FC0;
}/*设置背景颜色*/
</style>
</head>

<body>
<h1>请读者尝试选择此处部分文字，看看有什么效果</h1>
</body>
</html>
```

图 9-19 案例 9-5 的页面结构与 CSS 规则

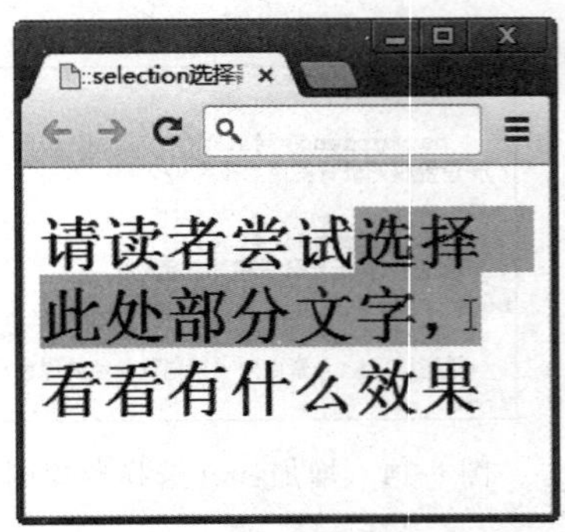

图 9-20 ::selection 选择器预览效果

9.2.2 :first-child、:last-child 和 :only-child 选择器

1. :first-child 选择器

:first-child 选择器用于选取隶属其父元素的首个子元素。

2. :last-child 选择器

:last-child 选择器用于选取隶属其父元素的最后一个子元素。

3. :only-child 选择器

:only-child 选择器用于选取当父元素有唯一子元素时的元素对象。

【案例 9-6】 :first-child、:last-child 和:only-child 选择器。

① 在 Dreamweaver CS6 中创建 HTML 5 文档，在新建的文档中创建如图 9-21 所示的文档结构。

② 在当前页面的 head 区域，编写相应的 CSS 规则，具体代码如图 9-22 所示。

③ 保存当前页面，通过浏览器预览即可看到效果，如图 9-23 所示。

```
<body>
<nav id="page_nav">
  <ul>
    <li><a href="#">首页0</a></li>
    <li><a href="#">导航1</a></li>
    <li><a href="#">导航2</a></li>
    <li><a href="#">导航3</a></li>
    <li><a href="#">导航4</a></li>
  </ul>
</nav>
<article>
  <h1>这里有1个h1</h1>
</article>
<article>
  <h1>这里有2个h1</h1>
  <h1>这里有2个h1</h1>
</article>
</body>
```

图 9-21 案例 9-6 的页面结构

```
<style type="text/css">
li:first-child {
    background-color: #0CF;
}/*设置第一个列表项的背景色*/
li:last-child {
    background-color: #6F9;
}/*设置最后一个列表项的背景色*/
article {
    border: 1px #0066FF solid;
    margin: 5px;
    padding: 5px;
}
h1:only-child {
    font-style: italic;
    font-family: "微软雅黑";
    font-weight: bolder;
    font-size: 30px;
    color:#F00;
}/*仅作用于父元素包含1个h1标题的元素*/
</style>
```

图 9-22 多种选择器规则

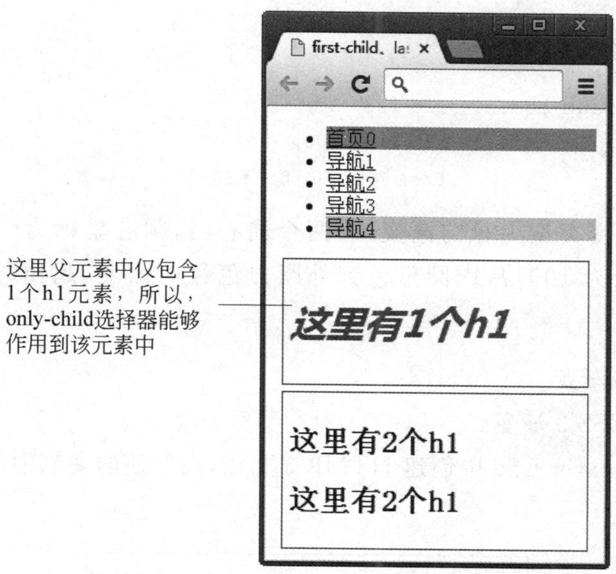

图 9-23 多种选择器预览效果

9.3 CSS 3 渐变

以往要在网页中实现渐变效果依赖于预先制作完成的图像渐变背景，这种办法虽然不那么灵活，但绝大多数设计者还必须这么去做，以便能给访问者安全地呈现出渐变效果。目前,使用 CSS 3 能够实现渐变效果,且支持无极缩放,但是该方法仅适用于 Webkit 和 Gecko 引擎的浏览器,而且在使用过程中的语法也有不同。本节仅向读者简单介绍基于 Webkit 引擎的浏览器实现的渐变效果,至于更多知识鉴于内容较多,请读者查阅相关资料。

1. Webkit 引擎支持的 CSS 渐变语法

(1) 线性渐变

-webkit-gradient 是 Webkit 引擎对渐变的实现参数,例如下面的线性渐变语句:

```
-webkit-gradient(linear, left top, left bottom, from(#000), to(#fff), color-
stop(0.4, #666));
```

第一个参数表示渐变类型(type),可以是 linear(线性渐变)或者 radial(径向渐变)。

第二个参数和第三个参数,都是一对值,分别表示渐变起点和终点。这对值可以用坐标形式表示,也可以用关键值表示,比如 left top(左上角)和 left bottom(左下角)。

第四个和第五个参数,分别表示渐变颜色的开始颜色值和结束颜色值。

第六个参数是一个 color-stop 函数,该函数包含两个参数,第一个参数取值范围是 0.0～1.0,表示位置偏移量;第二个参数是停靠颜色值。当前对象中包含两个以上的渐变,color-stop 函数才能使用。

(2) 径向渐变

例如,有如下径向渐变语句:

```
-webkit-gradient(radial, 125 125, 50,
                 125 125, 100,
                 from(#000), to(#FFF));
```

这里 radial 表示渐变类型为径向渐变,有两个同心圆,圆心坐标为(125,125),内圆半径为 50,外圆半径为 100,从内圆黑色到外圆白色径向渐变,超出外圆半径部分显示为白色。

2. 创建 CSS 3 渐变

【案例 9-7】 CSS 3 渐变。

① 在 Dreamweaver CS6 中创建 HTML 5 文档,在新建的文档中创建如图 9-24 所示的文档结构。

```
<body>
<div id="box-1" class="box">线性渐变</div>
<div id="box-2" class="box">径向渐变</div>
</body>
```

图 9-24　案例 9-7 的页面结构

② 在当前页面的 head 区域,编写相应的 CSS 规则,具体代码如图 9-25 所示。

③ 保存当前页面,通过浏览器预览即可看到效果,如图 9-26 所示。

```
<style type="text/css">
.box {
    width: 250px;
    height: 250px;
    margin: 10px;
    display: -webkit-box;
    -webkit-box-align: center;
    -webkit-box-pack: center;
    color: #FFF;
    font: 50px "微软雅黑";
}
#box-1 {
    background-image:
-webkit-gradient(linear, left top, left
 bottom, from(#ff4f02), to(#8f2c00),
color-stop(0.5, #FC0));
}
#box-2 {
    background-image:
-webkit-gradient(radial, 125 125, 50,
125 125, 100, from(#00C), to(#0CF));
}
</style>
```

图 9-25　创建渐变的 CSS 规则

图 9-26　渐变预览效果

9.4　CSS 3 过渡

在 CSS 2.1 之前，设计师通常依赖 JavaScript 脚本实现二维或三维动画，而现在借助 CSS 3 同样可以完成类似的效果。

CSS 3 过渡（transition 属性）是元素从一种样式逐渐改变为另一种效果的过程，通俗地讲就是一种动画的转换过程，例如渐显、渐隐和动画的快慢等。

9.4.1　transition 属性

transition 属性是一个复合属性，可以同时定义 transition-property、transition-duration、transition-timing-function 和 transition-delay 多种子属性。下面简单介绍各种属性的含义。

1. transition-property 属性

transition-property 属性规定应用过渡效果的 CSS 属性的名称，可以取 none（没有元素获得过渡效果）、all（所有属性都获得过渡效果）和 property（指定应用过渡效果的属性名称）三种属性值。

2. transition-duration 属性

transition-duration 属性规定完成过渡效果需要花费的时间（以秒或毫秒计）。默认状态下，动画的过渡时间为 0 秒，即访问者不会看到变化过程直接看到结果。如果将时间设置为 1 秒,则访问者会在 1 秒钟内看到变化效果。

3. transition-timing-function 属性

transition-timing-function 属性用来定义过渡动画的效果,可以取以下六种属性值。

(1) ease:慢速开始,中间变快,最后慢速结束的过渡效果。

(2) linear:以相同速度开始至结束的过渡效果。

(3) ease-in:渐显效果。

(4) ease-out:渐隐效果。

(5) ease-in-out:淡入淡出效果。

(6) cubic-bezier:特殊的立方贝塞尔曲线效果。

4. transition-delay 属性

transition-delay 属性规定过渡效果延迟多长时间开始。

5. transition 属性

transition 属性是以上 4 个属性的简写属性,例如"transition: all 1s ease-in-out 0.4s;"CSS 规则指的是当前对象获得过渡效果,其过渡时间为 1 秒,过渡效果为淡入淡出,并且延迟 0.4 秒再开始执行。

9.4.2 CSS 3 过渡动画的实现

为了让读者深入了解 CSS 3 过渡动画效果的实现过程,这里以案例的形式进行分析讲解。

【案例 9-8】 CSS 3 过渡动画。

本例想要完成的效果如图 9-27 所示,当鼠标悬停在圆形对象上时,紫色半透明的圆形从中间缩放至整个圆形对象,里面的文字延迟显示;当鼠标移除圆形对象时,紫色半透明的圆形逐渐消失,仅显示包含图像背景的立体边框。

图 9-27 CSS 3 过渡动画最终效果

① 在 Dreamweaver CS6 中创建 HTML 5 文档,在新建的文档中创建如图 9-28 所示的文档结构。

```
<body>
<div id="box-1">
  <div>
    <h3>我是谁？</h3>
    <p>我是一个4岁的宝宝，在幼儿园上中一班。</p>
  </div>
</div>
<div id="box-2">
  <div>
    <h3>我的家人</h3>
    <p>我爱我的家人，他们为我整天忙碌。</p>
  </div>
</div>
<div id="box-3">
  <div>
    <h3>成长日记</h3>
    <p>除了在幼儿园渡过每天，周末我还有外出活动。</p>
  </div>
</div>
</body>
```

图 9-28　案例 9-8 最初的页面结构

② 为了使 3 个块级 div 元素水平排列，这里拟使用浮动属性来解决这个问题。此外，为了使 3 个块级 div 元素外观相同，拟创建 box 类分别应用到 3 个 div 元素中，具体的 CSS 规则，以及对页面结构的修改如图 9-29 和图 9-30 所示。保存当前页面，通过浏览器预览后的效果如图 9-31 所示。

```
.fl {float: left;}
.box {
    width: 220px;
    height: 220px;
    color: #333;
    border-radius: 50%;/*设置圆角矩形，使正方形的外观显
示为圆型*/
    margin: 10px;
    cursor: pointer;/*鼠标悬停该对象时显示出手型鼠标外观*/
    box-shadow: inset 0 0 0 16px rgba(255,255,255,0.6),
 0 1px 2px rgba(0,0,0,0.1);/*设置边框的粗细、颜色和透明度*/
}
```

图 9-29　创建相关类规则

```
<body>
<div id="box-1" class="fl box" >
  <div>
    <h3>我是谁？</h3>
    <p>我是一个4岁的宝宝，在幼儿园上中一班。</p>
  </div>
</div>
<div id="box-2" class="fl box">
  <div>
    <h3>我的家人</h3>
    <p>我爱我的家人，他们为我整天忙碌。</p>
  </div>
</div>
<div id="box-3" class="fl box">
  <div>
    <h3>成长日记</h3>
    <p>除了在幼儿园渡过每天，周末我还有外出活动。</p>
  </div>
</div>
</body>
```

图 9-30　应用 f1 和 box 类后的页面结构

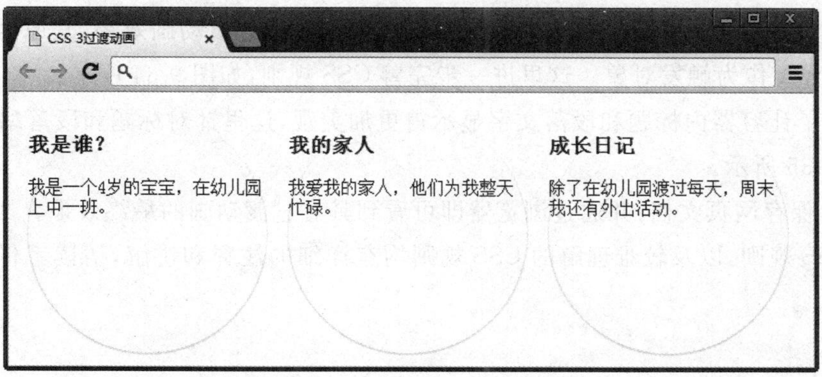

图 9-31　应用 f1 和 box 类后的预览效果

③ 为了方便地控制页面结构中的各个元素，这里再次修改页面结构，引入 ch-info 类作用在 div 元素上，使其作为紫色动画背景的容器出现，修改后的页面结构和对应的 CSS 规则，如图 9-32 和图 9-33 所示。

```
<body>
<div id="box-1" class="fl box">
  <div class="ch-info">
    <h3>我是谁？</h3>
    <p>我是一个4岁的宝宝，在幼儿园上中一班。</p>
  </div>
</div>
<div id="box-2" class="fl box">
  <div class="ch-info">
    <h3>我的家人</h3>
    <p>我爱我的家人，他们为我整天忙碌。</p>
  </div>
</div>
<div id="box-3" class="fl box">
  <div class="ch-info">
    <h3>成长日记</h3>
    <p>除了在幼儿园渡过每天，周末我还有外出活动。</p>
  </div>
</div>
</body>
```

图 9-32　引入 ch-info 类作用在 div 元素上

```
#box-1 {background-image: url(images/00.jpg);}
#box-2 {background-image: url(images/02.jpg);}
#box-3 {background-image: url(images/03.jpg);}
.ch-info {
    background: rgba(140,65,170, 0.6);/*设置紫色的背景色，其透明度为60%*/
    width: inherit;/*继承父级元素的宽度*/
    height: inherit;
    border-radius: 50%;/*设置圆角矩形，这里使正方形显示为圆型*/
    opacity: 0;/*设置对象的透明度，这里是完全透明，初始状态无法看到当前对象*/
    -webkit-transition: all 0.4s ease-in-out;/*设置当前对象动画效果为
淡入淡出，且动画时间为0.4秒*/
    transition: all 0.4s ease-in-out;
    -webkit-transform: scale(0);/*设置当前对象的缩放比例，这里为缩放到最小*/
    transform: scale(0);
}
```

图 9-33　ch-info 类规则

④ 通过预览可以发现，虽然图像已经载入，但是没有过渡动画效果，其原因是没有使用伪类:hover 作为触发对象。这里进一步完善 CSS 规则，如图 9-34 所示。

⑤ 为了让容器内标题和段落文字显示得更加美观，这里针对标题和段落编写 CSS 规则，如图 9-35 所示。

至此，保存网页文档，并通过浏览器即可看到具有过渡动画的最终效果。文中与过渡相关的 CSS 规则，以及较难理解的 CSS 规则均有详细的注释和讲解，请读者仔细体会其中的含义。

```
.box:hover {
    box-shadow: inset 0 0 0 1px rgba(255,255,255,0.1),
0 1px 2px rgba(0,0,0,0.1);
}/*当鼠标悬停时，边框的粗细、颜色和透明度*/
.box:hover .ch-info {
    -webkit-transform: scale(1);/*当鼠标悬停时，缩放比
例变为1，即原始大小*/
    transform: scale(1);
    opacity: 1;/*当鼠标悬停时，透明度为1，即完全显示*/
}
.box:hover .ch-info p {
    opacity: 1;/*当鼠标悬停时，透明度为1，即完全显示*/
}
```

图 9-34 与伪类 hover 相关的 CSS 规则

```
.ch-info h3 {
    letter-spacing: 2px;
    font-size: 30px;
    margin: 0 0 0 50px;
    padding: 70px 0 0 0;
    height: 50px;
    font-family: "微软雅黑";
}
.ch-info p {
    padding: 10px 5px;
    margin: 0 30px;
    font-size: 12px;
    border-top: 1px solid rgba(255,255,255,0.5);
    opacity: 0;
    -webkit-transition: all 1s ease-in-out 0.4s;
    /*设置段落p元素延迟0.4秒后淡入淡入显示，其过渡时间为1秒*/
    transition: all 1s ease-in-out 0.4s;
}
```

图 9-35 针对标题和段落的 CSS 规则

9.5 习题

1. 什么是 CSS Sprite 技术？它的优、缺点又是什么？
2. 什么是:not 选择器？什么是:target 选择器？
3. Webkit 引擎支持的 CSS 渐变语法是什么？
4. 使用 transition 属性能够实现何种效果？

第 10 章

站点测试、上传与维护

【本章导读】

在完成本地站点所有页面的制作工作以后，整个网站并不能直接投入使用，必须经过全面而完整的测试工作，当网站能够稳定地运行后，才能将站点上传到已准备好的空间中。本章将从网站的测试、上传和维护三个方面介绍相关的知识和操作方法。

【学习目标】

- 了解站点测试的相关知识以及基本测试方法；
- 了解注册域名、申请空间和站点上传的操作方法；
- 了解站点维护与推广的相关知识。

10.1 站点测试

网站制作完成后，需要经过反复测试、审核、修改，直到无误后才可以正式发布。实际上，在网站建设过程中，就应该经常对站点进行测试并解决所发现的问题，以便尽早发现问题，避免重复出错。在对站点进行测试时，应该注意以下几个方面的问题。

(1) 在不同的浏览器、不同的分辨率、不同的操作系统中预览站点页面，查看布局、颜色、字体大小有无混乱的现象。

(2) 检查站点是否有断开的链接，各个栏目内容与图片是否对应。

(3) 监测页面的文件大小以及下载这些页面所占用的时间。

(4) 验证代码，以定位标签或语法错误。

(5) 测试是否按照客户要求进行功能实现；数据库是否链接正常；各个动态生成链接是否正确；传递参数、内容是否正确。

(6) 测试人员不应仅限于网站开发人员，应适度扩大测试范围，以得到客观、全面的评价。

(7) 网站发布到服务器之后还需进行测试，主要防止因环境不同导致的错误。

10.1.1 浏览器兼容性测试

随着时间的推移，IE、Firefox 和 Opera 等浏览器对 CSS 的支持性越来越高，但它们仍在符合标准的基础上存在差异。在这种情况下，网页设计制作人员只有不断地进行测试，不断地充分了解各个浏览器才能让页面正确显示在各个浏览器中。

Dreamweaver CS6 提供的浏览器兼容性检查功能可以帮助设计者在浏览器中查找有问题的 HTML 和 CSS 部分，并提示设计者哪些标签属性在浏览器中可能出现问题，以便对文档进行修改。

默认情况下，浏览器兼容性检查功能可以对 Firefox 1.5、Internet Explorer 6.0 和 7.0、Netscape Navigator 8.0、Opera 8.0 和 9.0 以及 Safari 2.0 浏览器进行兼容性检查，其主要步骤如下。

(1) 在 Dreamweaver CS6 中打开待检查的网页文档，然后在菜单栏中执行"窗口"→"结果"→"浏览器兼容性"命令，打开"结果"面板。

(2) 在"结果"面板中，选择"浏览器兼容性"选项卡，然后单击"结果"面板左上角的绿色箭头，在弹出的子菜单中选择"设置"选项，弹出如图 10-1 所示的对话框。

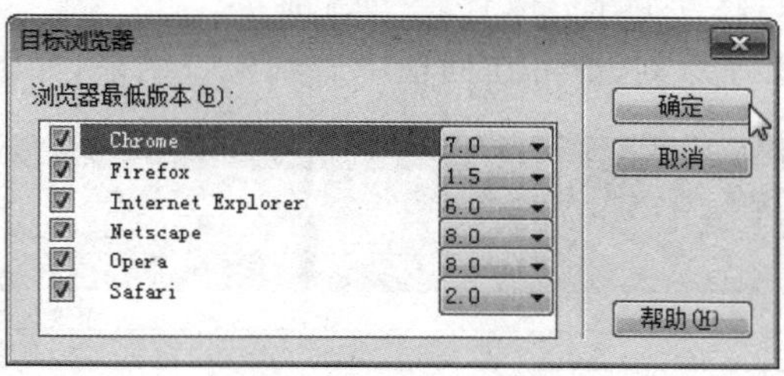

图 10-1　"目标浏览器"对话框

(3) 根据实际情况，选中目标浏览器旁边的复选框，对于每个选定的浏览器，从相应的下拉菜单中选择要检查的最低版本，最后单击"确定"按钮，经过一段时间的检查，软件将检查出来的潜在问题罗列在窗格中，如图 10-2 所示。

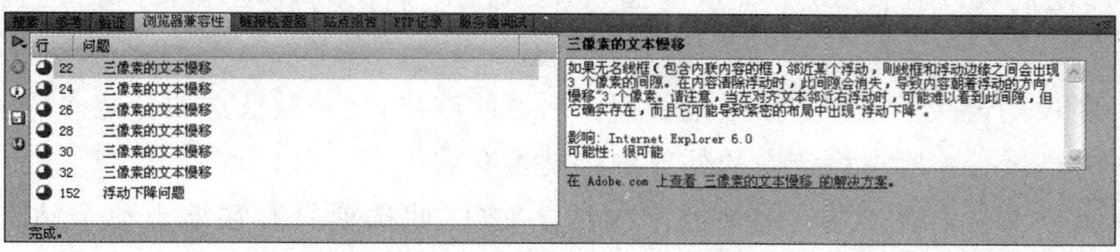

图 10-2　浏览器兼容性检查

(4) 在图 10-2 中，每个潜在问题前面都有一个填充的圆，用于表示当前错误发生的可能性，四分之一填充的圆表示可能发生，完全填充的圆表示非常可能发生。双击检查出来的潜在问题，软件将自动快速定位到该问题所在位置，供设计人员进行修改。

10.1.2　链接的测试

在浏览网页的时候，读者一定都遇到过"无法找到网页"的提示，出现此现象的原因一般是由链接文件的位置发生变化、被误删除或者文件名的拼写错误而造成的。为了避免出现无效链接的尴尬，树立良好的网站形象，无论是发布前的本地测试，还是发布后的远程测试，都应该认真地检查是否存在失效链接，以便及时修改。

1. 检查链接

Dreamweaver CS6 提供的“检查链接”功能可以检查当前打开的文件、本地站点的某一部分或者整个本地站点中断开的链接和孤立文件，具体的操作方法如下。

(1) 启动 Dreamweaver CS6，在“文件”面板中选择需要检查链接的站点名称，如图 10-3 所示。

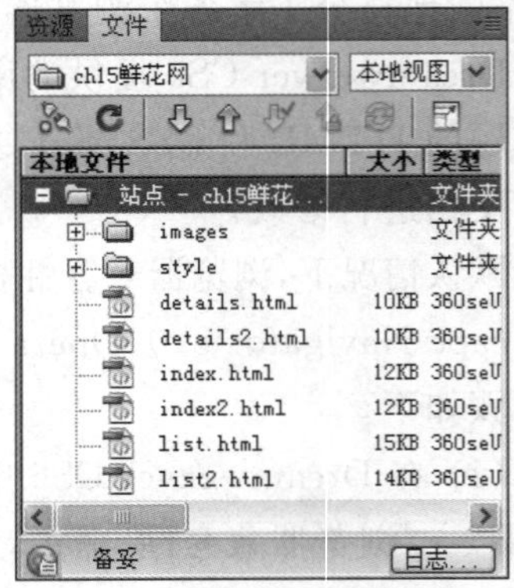

图 10-3　选择需要检查链接的站点

(2) 在菜单栏中执行“窗口”→“结果”→“链接检查器”命令，进入“结果”面板中的“链接检查器”选项卡。单击面板左上角的▷按钮，根据需要在弹出的子菜单中选择对应的选项，这里选择“检查整个当前本地站点的链接”选项。稍等片刻，即可在面板中看到检查结果，如图 10-4 所示。

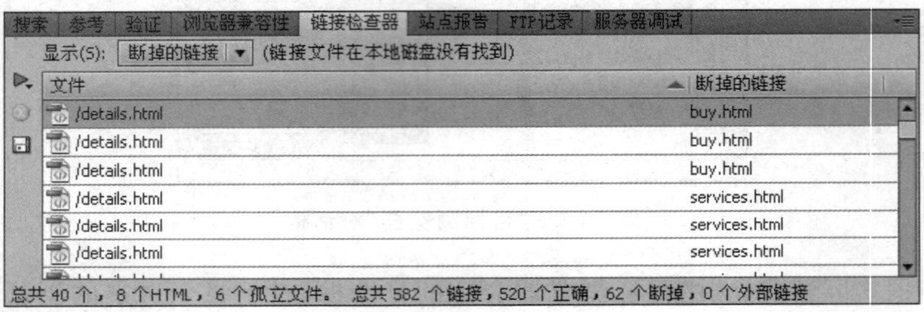

图 10-4　检查结果

此外，用户可以在图 10-4 所示的面板中“显示”下拉列表框中选择要检查链接的方式。

(1) 断掉的链接：检查文档中是否存在断掉的链接，这是默认选项。

(2) 外部链接：检查稳定中的外部链接是否有效。

(3) 孤立文件：检查站点中是否存在孤立文件，此选项只有在检查整个站点时才被激活。

2. 修复链接

在对站点进行链接检查后，用户可以直接在“链接检查器”面板中修复链接，也可以在属性检查器中修复链接。这里以修复“断掉的链接”为例进行讲解。

(1) 在“链接检查器”面板中修复链接

在“链接检查器”面板中的“断掉的链接”列内，选择某个断开的链接。此时，可以在“断掉的链接”列中直接输入正确的链接地址，或者单击链接地址旁边的文件夹图标，在弹出的对话框中选择正确的链接地址，如图 10-5 所示。

(2) 在属性面板中修复链接

在“链接检查器”面板中，双击“文件”列中的需要修复链接的文件名称。此时，软件自动打开待修复链接所在的文档，并在属性面板中高亮显示路径和文件名，如图 10-6 所示，

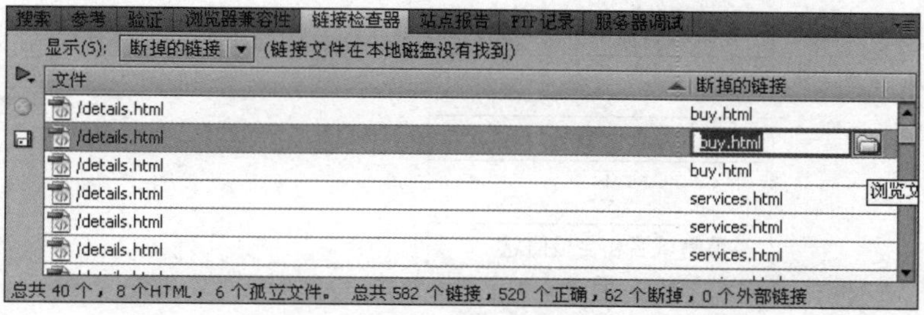

图 10-5　在"链接检查器"面板中修复链接

图 10-6　在"属性"面板中修复链接

在"链接"文本框中直接输入正确的链接地址，或者单击该文本框右侧的文件夹图标，在弹出的对话框中选择正确的链接地址即可。

10.2　站点上传

网站制作完成后，需要将站点上传至远端服务器上，这样接入互联网的所有用户都可以浏览网站了。在站点上传之前，应该在网上注册一个域名，申请一定的空间，最后借助软件工具将网站上传至服务器上。

10.2.1　注册域名

域名(Domain Name)是互联网上的一个服务器或一个网络系统的名字，它由一串用点分隔的名字组成，在全世界域名具有唯一性。

国内有许多正规的大型域名申请机构，如新网(http://www.xinnet.com/)、万网(http://www.net.cn/)、新网互联(http://www.dns.com.cn/)和 35 互联(http://www.35.com/)等。同样，国外也有非常著名的域名申请机构，如 godaddy(http://www.godaddy.com/)和 enom(http://www.enom.com/)等。

根据我国互联网域名管理办法，域名注册申请者应当提交真实、准确、完整的域名注册信息，对于未实名验证审核的国内域名，域名提供机构将暂停域名的解析功能。国内中英文域名注册的一般流程如图 10-7 所示。

下面以在新网上注册域名为例，演示注册域名的具体过程。

(1) 登录新网主页，单击页面导航栏中的"域名注册"文字连接，进入域名注册页面。

(2) 在此页面中首先要选择注册域名的类别，这里选择 .com.cn 类别，该类别的价格为 100 元/年，单击"购买"按钮后，进入英文域名注册页面。

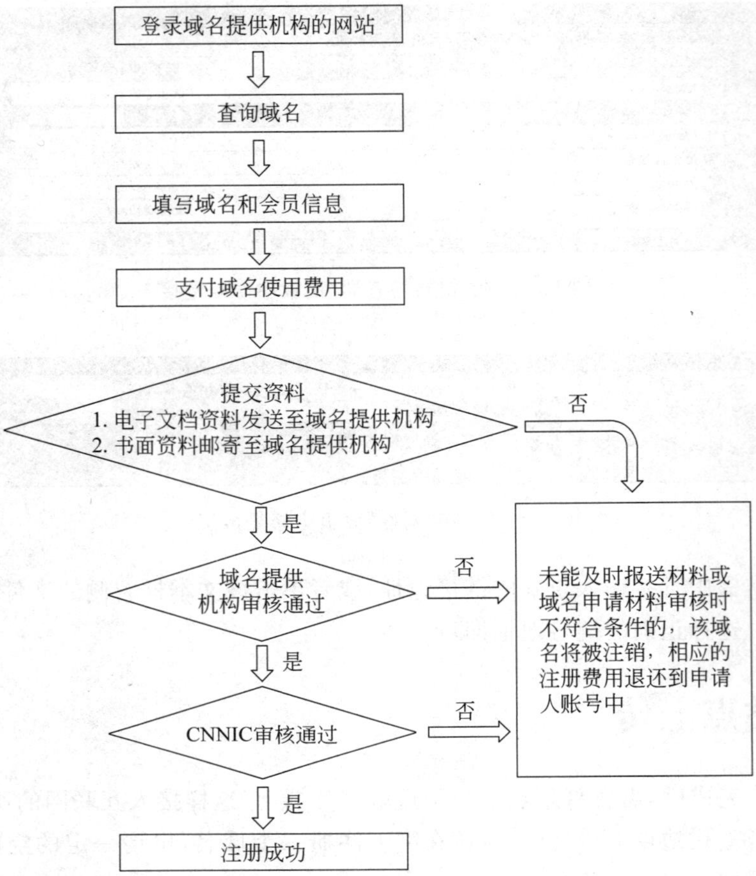

图 10-7 域名注册的一般流程

(3) 在此页面中，申请人需要先查询一下拟注册的域名是否已经被注册。在文本框中输入要查询的英文域名，在下方复选框中可以选中多个类型，最后单击“查询”按钮即可，如图 10-8 所示。查询结果如图 10-9 所示。

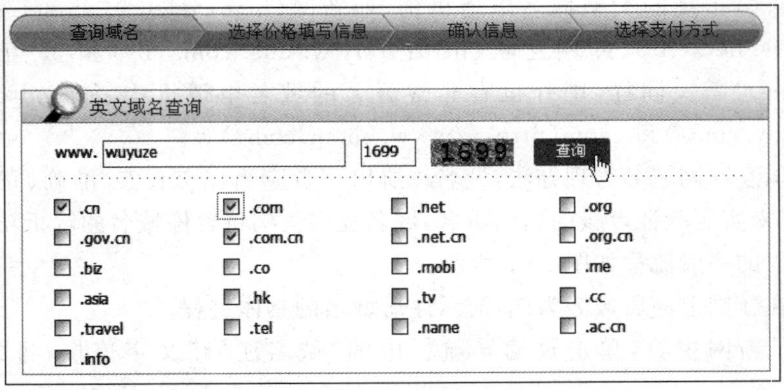

图 10-8 查询域名是否被注册

图 10-9　域名查询结果

(4) 在域名查询结果中，勾选要注册的域名，并单击后方的"注册"文字连接，进入选择价格并填写信息环节。

(5) 在填写完各种资料后，单击页面下方的"注册"按钮即可完成形式上的注册。此时注册的域名并没有生效，申请人还需将有关资料原件和复印件邮寄至域名注册服务提供商，待审核通过后域名才真正注册成功。

需要特别提醒的是，目前国内英文域名和国内中文域名仅限企业用户注册，个人用户不能注册。

10.2.2　申请网站空间

网站空间就是互联网中存放网站内容的空间。购买网站空间后，一般注册商会给空间分配一个 IP，这个 IP 就是域名要解析到的 IP。

1. 网站空间常见形式

目前常见的网站空间有以下几种形式。

(1) 自建服务器

自建服务器这种形式需要较高水平的软硬件专业技术人员，要投入较大的资金购置软硬件设备，还要向当地 Internet 接入商支付价格不菲的日常维护和线路通信费，建设周期相对较长。因为费用昂贵，这种形式适合那些有实力的大中型企业和专门的 ISP (Internet Service Provider，互联网服务提供商)。

(2) 服务器托管

与自建服务器形式不同，服务器托管是将自己购置的服务器及其相关设备托管到具有完善机房设施和运营经验的网络数据中心内，以便使系统达到安全、可靠、稳定、高效运行的目的。这种形式适合中小型企业使用。

(3) 服务器租用

服务器租用这种形式，用户无须自己购置设备，而是租用服务商提供的硬件设备，由服务商负责基本软件的安装、配置，并保证基本服务功能正常运行。相对于前两种方式，服务器租用方式的费用有所降低，适合中小型企业使用。

(4) 虚拟主机

虚拟主机指的是把一台运行在互联网上的真实主机资源，划分成多个"虚拟"的服务器,每一个虚拟主机都具有独立的域名和完整的 Internet 服务器功能,每个用户承受的硬件费用、网络维护费用、通信线路的费用都大幅度降低。它是目前最常见的网站空间形式。

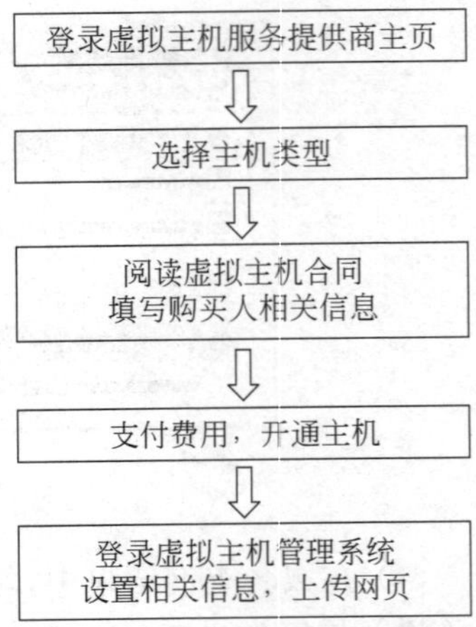

图 10-10　购买虚拟主机的流程

2. 虚拟主机购买的一般流程

虚拟主机的购买一般包括注册和开通两个阶段。首先,按照网站空间服务提供商的要求填写相关信息,然后根据实际需要选择服务提供商所提供的不同类型的产品,待确定好所需要的产品类型并缴纳所需费用后即可开通网站空间,流程图如图 10-10 所示。虚拟主机开通后,还需登录服务商提供的虚拟主机管理系统将之前申请的域名与主机绑定,如图 10-11 所示,这样任何人就可以通过域名访问站点了。

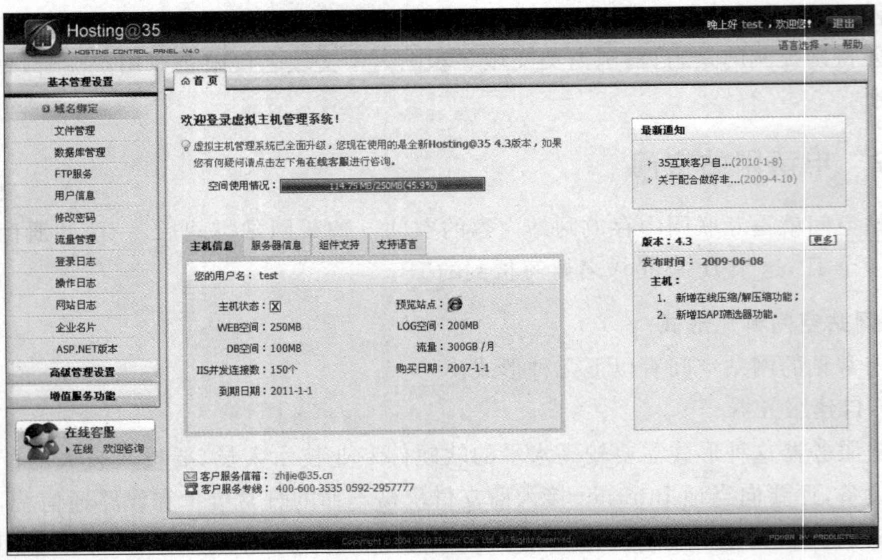

图 10-11　35 互联的虚拟主机管理系统

10.2.3　站点上传

站点上传就是将通过测试后的网站复制到远程 Web 服务器的过程,这样访问者才能通过浏览器浏览存储于服务器上的网页。上传站点一般是通过 FTP 类软件连接到 Internet 服务器后进行上传的,当然也可以通过 Dreamweaver 的站点管理器上传网页。

1. 通过 Dreamweaver 上传

通过 Dreamweaver 将本地站点上传至远程服务器上,需要在传输之前对站点服务器进行相关设置,具体操作如下所示。

(1) 启动 Dreamweaver CS6,在“文件”面板中的“文件”下拉列表框中选择需要上传的站点名称。

(2) 在菜单栏中执行“站点”→“管理站点”命令，打开“管理站点”对话框，如图 10-12 所示。

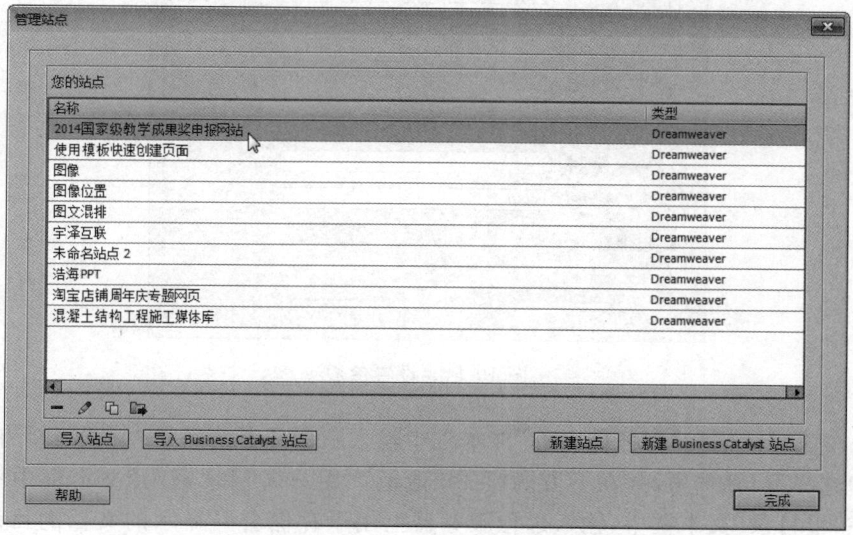

图 10-12 “管理站点”对话框

(3) 在“管理站点”对话框中，选择要上传的站点名称，然后单击“编辑”按钮。

(4) 此时弹出“站点设置对象”对话框。在此对话框左侧列表中选择“服务器”选项，如图 10-13 所示。

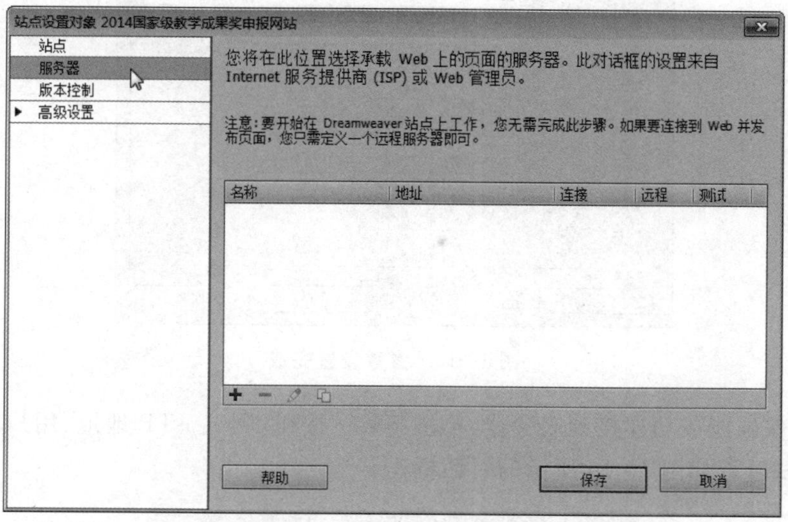

图 10-13 站点设置对象——服务器

(5) 在图 10-13 所示的对话框中，单击“添加新服务器”按钮，或者选择一个现有的服务器，然后单击“编辑现有服务器”按钮，即可对服务器进行设置。这里单击“添加新服务器”按钮，添加一个新服务器，此时弹出如图 10-14 所示的对话框。

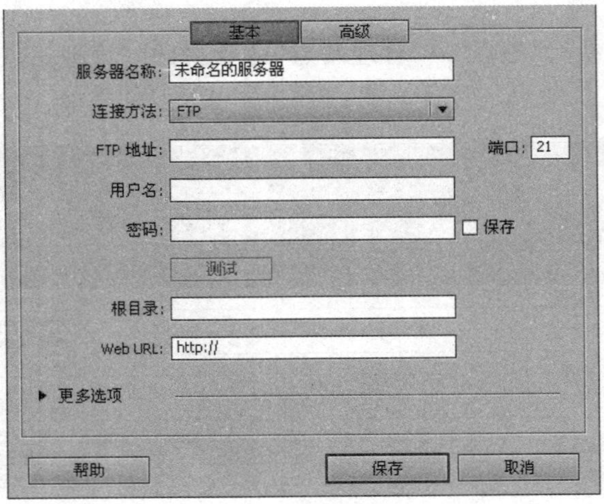

图 10-14　设置参数

(6) 在该对话框的“服务器名称”文本框中输入新服务器的名称。在“连接方法”下拉列表框中选择 FTP 选项,并在下方的“FTP 地址”“用户名”和“密码”文本框中输入相关信息。在“根目录”文本框中,输入远程服务器上用于存储公开显示的文档的目录。设置完成的参数界面如图 10-15 所示。

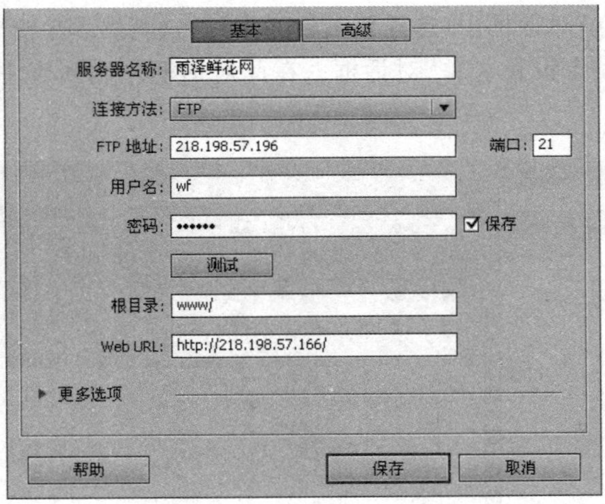

图 10-15　参数设置完成

(7) 为保证能成功连接到服务器,单击“测试”按钮,测试 FTP 地址、用户名和密码是否正确,测试过程如图 10-16 所示的对话框。

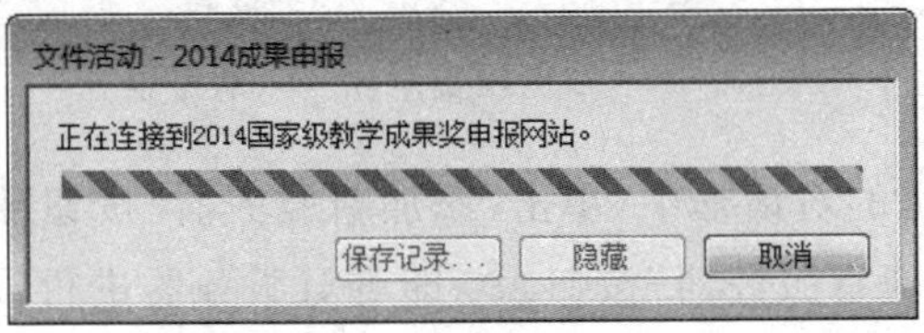

图 10-16　正在连接 Web 服务器

(8) 如果还需设置更多选项，单击“更多选项”文字链接进一步设置，这里保持默认设置即可。

(9) 待服务器测试成功后，单击“保存”按钮，返回“站点设置对象”对话框。根据需要在“服务器”类别中，指定刚添加的服务器为远程服务器、测试服务器，还是同时为这两种服务器，如图 10-17 所示。待所有设置完成后，单击“保存”按钮，返回软件主界面。

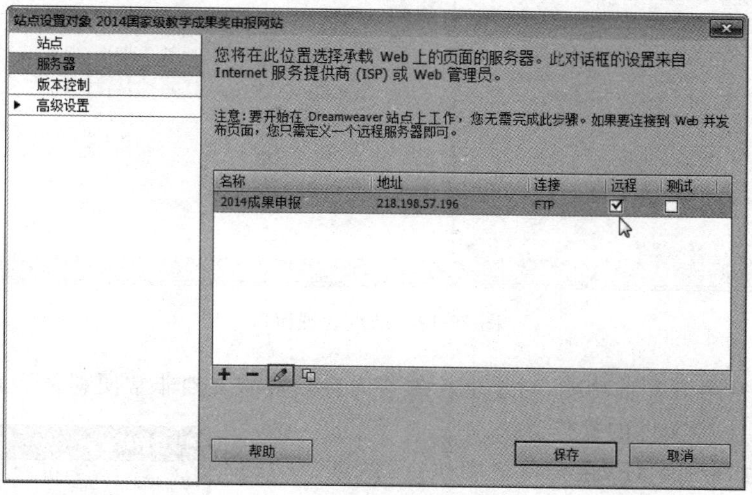

图 10-17　指定服务器类型

(10) 在“文件”面板中，单击“连接到远端主机”按钮，如图 10-18 所示，即可连接到服务器。

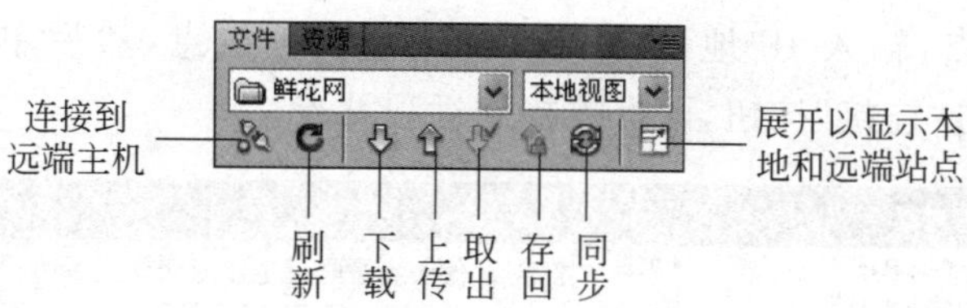

图 10-18　相关上传的按钮

为了更加直观地进行上传操作，单击“展开以显示本地和远端站点”按钮。此时，软件整个界面变为两个窗格的布局，左侧窗格用于显示远程服务器中的文件目录，右侧窗格用于显示本地文件的目录。在右侧窗格中选择整个站点或某些文件，单击“上传”按钮，即可将文件上传到服务器中，如图 10-19 所示。

如果需要从远端站点下载某些文件，可将它们从“远程服务器”窗格中拖放到“本地文件”窗格中，或者单击“下载”按钮即可。另外，由于网络速度的不同，上传或下载全部站点文件需要经过一段时间的等待。

2. 通过 FTP 类软件上传

通过 FTP 类软件（如 CuteFTP、FlashFXP 和 LeapFXP 等）上传文件是常用的上传方式，它不仅效率高，支持断电续传，可以跳过指定的文件类型，还可以缓存远端文件夹列

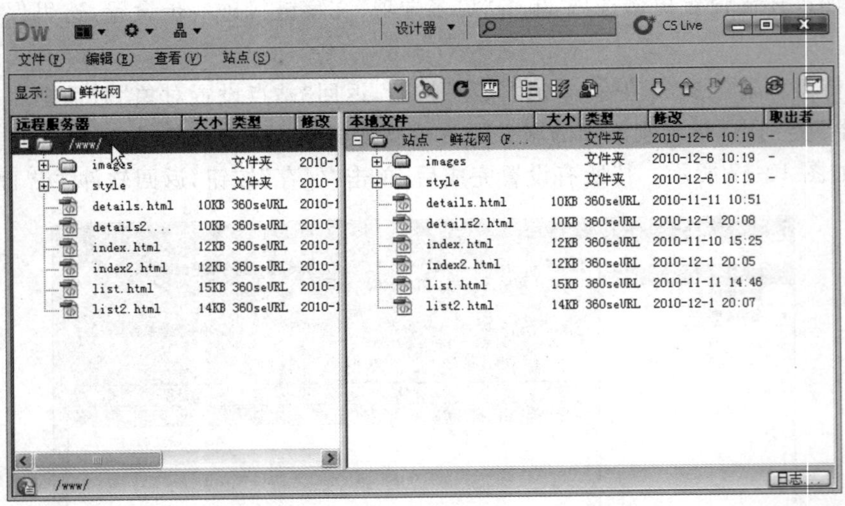

图 10-19　站点管理窗口

表,具有避免空闲等多种功能,对于上传那些内容较多的文档非常便利。下面详细介绍使用 FlashFXP 上传文件的操作方法。

(1) 启动 FlashFXP,在菜单栏中执行"站点"→"站点管理器"命令,打开"站点管理器"窗口。单击窗口左下角的"新建站点"按钮,在弹出的"创建新的站点"对话框中输入站点名称 myweb,如图 10-20 所示。

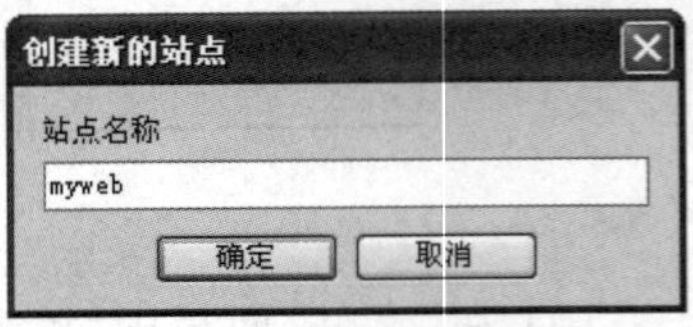

图 10-20　输入站点名称

(2) 单击"确定"按钮,返回到"站点管理器"窗口。选择刚才新建的站点,输入 IP 地址、用户名称、密码等信息,然后单击"应用"按钮,如图 10-21 所示。单击"连接"按钮,即可连接到远程站点。

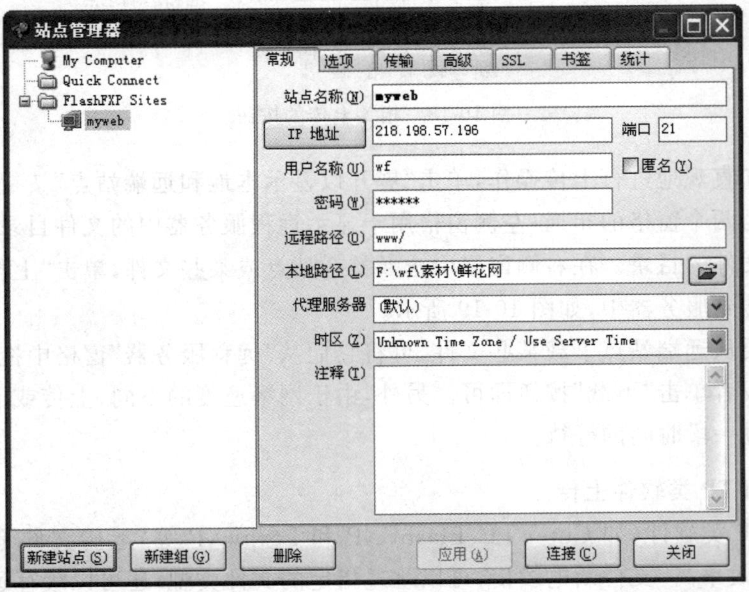

图 10-21　输入站点信息

(3) 连接成功后，在界面的左侧窗格中选择需要上传的文件或文件夹，右击，在弹出的右键菜单中选择“传输”命令，或者直接将选中的文件或文件夹拖放到右侧窗格远程服务器相应的目录下，如图 10-22 所示。

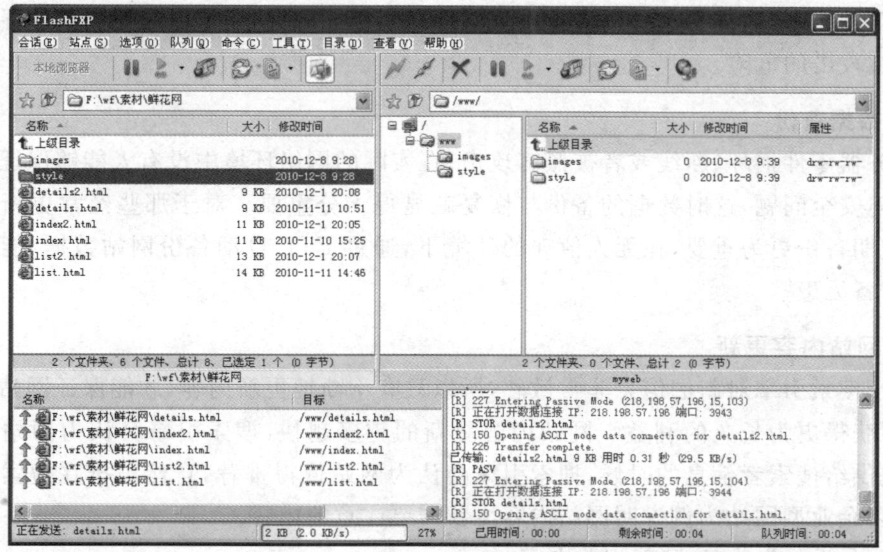

图 10-22　正在上传文件

至此，通过 Dreamweaver 上传的方法和使用 FTP 类软件上传的操作方法已经介绍完了，更多的操作过程这里不再赘述，读者可亲自体会学习。

10.3　维护与推广

随着网络应用的深入和网络营销的普及，网站建设并非一次性投资建立一个网站那么简单，更重要的工作在于网站建成后的长期维护、更新及推广过程。

10.3.1　站点维护

网站的维护是一项专业性较强的工作，其维护的内容种类也非常多，如页面修改、功能改进、安全管理、资料备份、网站推广等。

1. 服务器及相关硬件的维护

服务器、路由器和交换机以及通信设备是网络的关键设备，对这些硬件的维护主要是对硬件的运行状况进行监控，以确保网站的 24 小时不间断正常运行，发现运行问题及时解决。

相对于普通 PC 来说，服务器在稳定性、安全性、性能等方面都要求更高，CPU、芯片组、内存、磁盘系统、网络等硬件和普通 PC 有所不同。而放置这些硬件设备的机房要保持室内正常的温度和湿度以及良好的通风性，并确保电力系统的正常运转，因为这些因素将影响到服务器散热和性能的正常发挥。

2. 操作系统的维护

操作系统并不是绝对安全的,服务器操作系统的设置是否合理是网站能否长期良好运行的保证。维护操作系统的安全必须及时为系统更新升级,操作系统中的软件应该遵循少而精的原则,这样不仅可以防止各个软件之间相互冲突,还可以避免因软件存在漏洞而引起被攻击的危险。

3. 数据备份

服务器零件损坏、断线或者被黑客攻击,在实际的网络环境中没有人能够保证系统不出现任何安全问题,这时数据的备份与恢复就显得十分重要。对于那些经常更新的网站来说,定期备份更为重要,在无人值守的环境下,通过 FTP 自动备份网站数据,能够确保网站“有备无患”。

4. 网站内容更新

由于搜索引擎对新的信息非常敏感,所以只有不断地更新内容,才能保证网站的生命力,进而获得更为长久的利益。网站内容更新的越多越快,搜索引擎会认为网站生机勃勃,在提供给搜索者信息的时候,搜索引擎会认为网站值得推荐,自然被排在搜索结果的前列。以企业型网站为例说明网站内容更新需要注意的内容。

(1) 更新企业动态、完善相关内容。

(2) 网站原有栏目内容的增添与完善。网站建设初期,企业对网站的投资可能并不大,但随着网站的运行与推广,企业肯定会考虑增添某些功能或添加更多的产品或服务信息。

(3) 风格和版面布局的更新调整。风格是一个网站或企业形象,风格最好不要频繁变动,但这并不意味着永远不变。风格和版面布局调整,可以是全部改版更新,也可以是局部栏目、局部页面上的改进。

(4) 产品信息的更新。随着企业的发展,肯定会有新产品、新服务推出。此外,销售价格、销售策略、促销信息等内容也都需要及时更新。

(5) 及时回复客户留言与疑问的解答。

10.3.2 网站推广

网站推广是指通过一定的技术和方法将网站推广出去,达到一定的知名度,进而产生经济效益。常见的网站推广方案有以下几个方面。

1. 大众传媒推广

大众传媒主要包括电视、户外广告、报纸杂志以及其他印刷品等内容,利用这些手段能够让客户在短时间内加深对网站的了解。

2. 搜索引擎推广

搜索引擎推广是指利用搜索引擎、分类目录等具有在线检索信息功能的网络工具进行网站推广的方法。这种推广方法又有多种不同的形式,常见的有:搜索引擎优化、关键词广告、关键词竞价排名、网页内容定位广告等。

3. 电子邮件推广

这种推广的方法主要以电子邮件的方式，将会员通信、电子刊物等广告发送给用户，增强与客户的关系、提高品牌的忠诚度。但是未经用户许可的滥发邮件，必定给用户留下不好的印象，对提升网站的访问量没有实质性帮助。

4. 交换链接推广

交换链接是最简单的一种合作方式，也是新兴网站推广的有效方式之一。它在具有互补优势的网站之间建立起简单的合作形式，分别在自己的网站上放置对方网站的 LOGO 或网站名称并设置对方网站的超链接，使得用户可以从合作网站中发现自己的网站，达到互相推广的目。

5. 微信、博客和二维码推广

在微信和博客中发表观点是一种很好的宣传网站的方式。另外，智能手机和条形码或二维码扫描应用被广泛采用后，利用二维码的消费者大大增加，利用二维码传递站点信息也是非常好的做法。

10.4 习题

1. 站点测试主要包含哪些内容？
2. 如何使用 Dreamweaver 实现文件上传？
3. 网站空间的常见形式有哪些？
4. 什么是虚拟机租用？
5. 简述站点维护的主要内容。
6. 网站推广的方法有哪些？

第 11 章 综合案例解析——电子商务网站

【本章导读】

本章以设计并实现电子商务类网站的前台过程为依托，将整本教材的知识汇总、串接，侧重知识的迁移和设计思路的延续。

【学习目标】

➢ 了解建设网站前的相关工作；

➢ 掌握页面前期布局规划的思路和方法；

➢ 能够掌握网站静态页面开发的全过程。

11.1 电子商务网站的简易需求分析

在进行网站设计之前需要对网站的系统功能进行详细分析，以确保最终网站能够符合客户需求。

1. 网站简述

电子购物网站是集商品展示、商品搜索、商品购买于一体的大型网站，具有品种齐全、功能完善、操作简便等优点。

2. 需求分析

(1) 购物网首页

展示网站总体布局，发挥导航作用。它包括商品分类模块、个人登录模块、最新消息模块、最新商品推荐模块、特价商品模块、人气商品模块、商品搜索模块、商品排行模块等。以上模块便于顾客了解购物网站的主要功能，为顾客提供方便快捷的操作。

(2) 商品搜索页

电子购物网站中的商品对于顾客来讲无异于一个商品的海洋，要想在众多产品中选择符合客户意愿的商品，商品搜索功能必不可少。顾客可以通过输入关键字进行快速查找，检索自己需要的商品，这些商品以列表的形式展现在顾客面前，供顾客筛选。

(3) 商品展示页面

顾客如果想要查看商品的详细信息，就需要进入商品展示页面。该页面包含商品的各种详细信息，顾客可以根据商品的展示说明来选择是否购买。

（4）性能需求

由于整个网站涉及大量的商品信息以及用户信息发布，要求信息登录、修改、删除操作延迟时间短。搜索操作要求得到大量数据结构时延迟不能太长。

11.2　电子商务网站的布局分析

“宇泽美食”是以在线销售各类美食为主的购物平台，主要包括主页面、搜索页面和产品详细信息页面三部分，这里针对这三个页面进行分析。

1. 主页面布局规划

主页面应该包括网站的 Logo、导航、产品搜索框、个人账户、产品分类、部分产品推荐，以及广告位等栏目。通过成熟的构思与设计，“宇泽美食”主页面最终效果如图 11-1 所示，布局如图 11-2 所示。

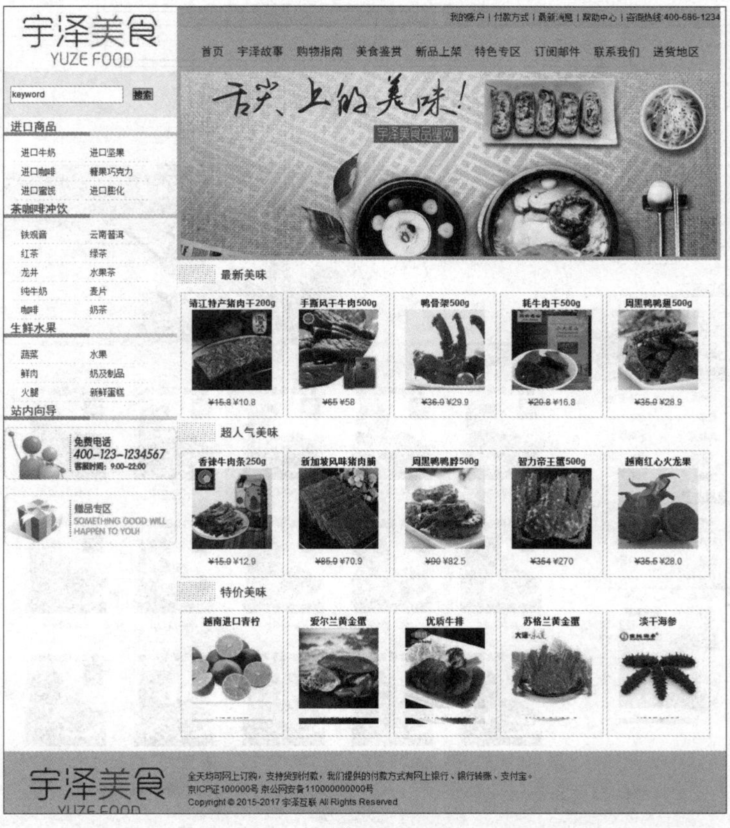

图 11-1　主页最终效果

2. 搜索页面布局规划

搜索页面是访问者在搜索栏中输入关键字后，通过系统搜索找出符合条件的产品列表页面。通过成熟的构思与设计，“宇泽美食”搜索页面最终效果如图 11-3 所示，布局如图 11-4 所示。

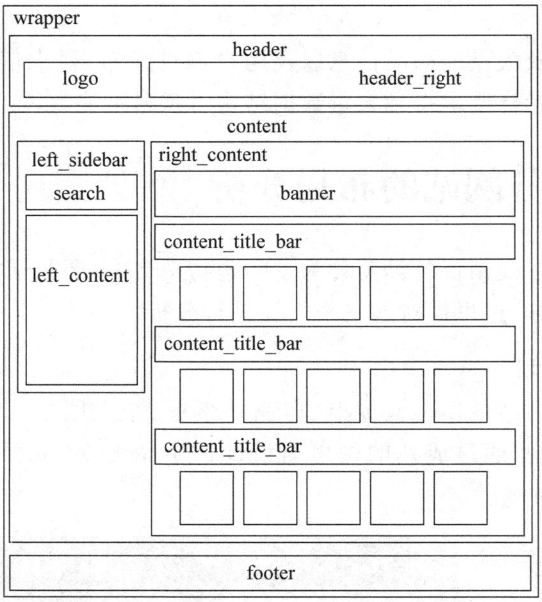

图 11-2　主页面布局示意图

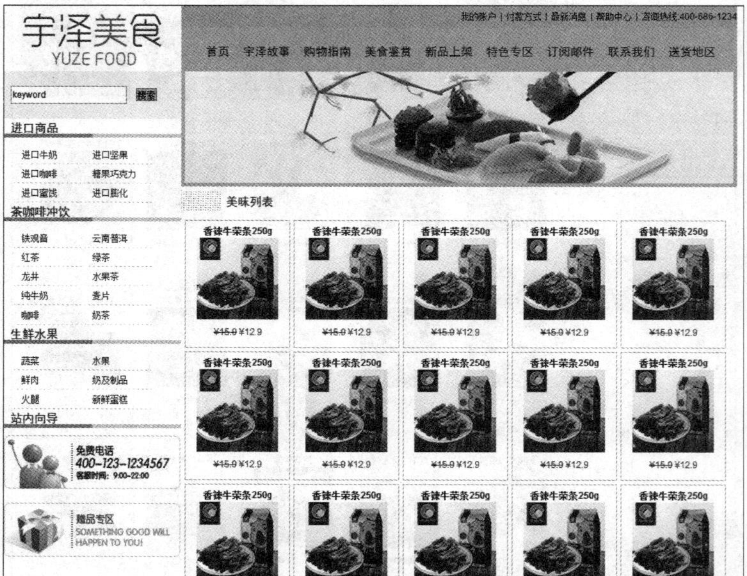

图 11-3　搜索页页面最终效果

3. 产品详细信息页面布局规划

产品详细信息页面是访问者查看具体产品时显示的页面，通过成熟的构思与设计，

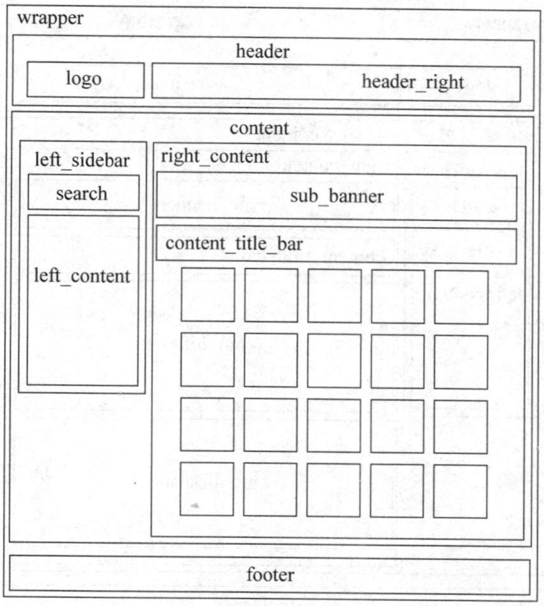

图 11-4　搜索页页面布局示意图

"宇泽美食"产品详细信息页面最终效果如图 11-5 所示，布局如图 11-6 所示。

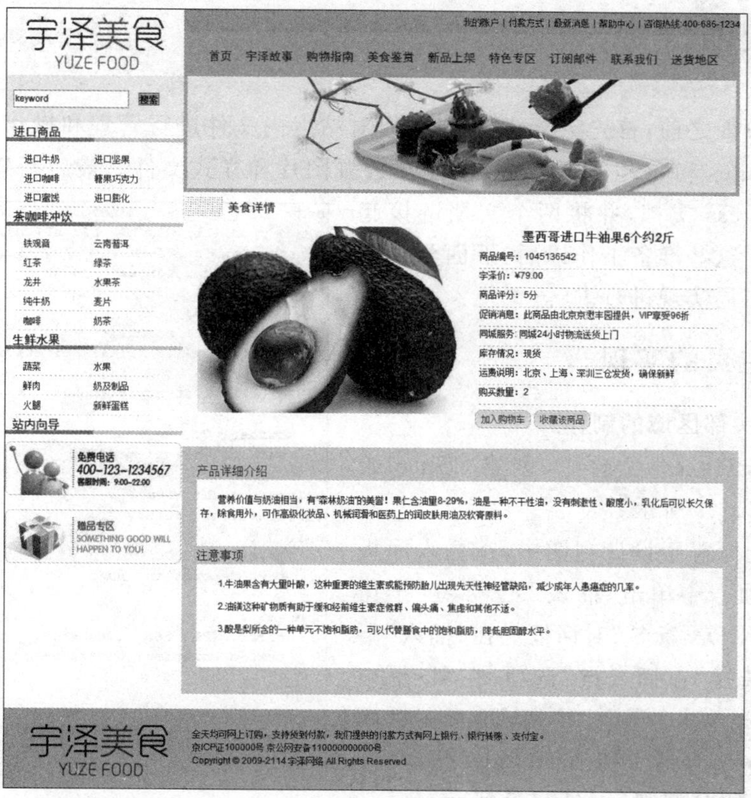

图 11-5　产品详细信息页面最终效果

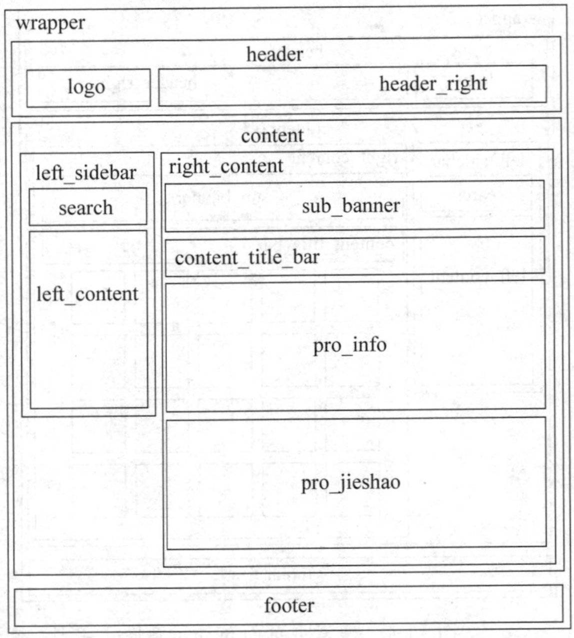

图 11-6　产品详细信息页面布局示意图

11.3　实现过程

在制作页面之前,首先定义站点,以方便对站点内文件进行管理和操作。其次,在站点中创建 images 和 style 两个文件夹,用于放置图片和样式文件。最后新建 index. html 文档和 style. css 文档,并将两个文档链接起来。在完成了这些准备工作以后,下面分别对各个页面的布局实现进行讲解。

11.3.1　主页的实现

1. 页面头部区域的制作

(1) 在 style. css 文件中,创建 CSS 初始化规则,如图 11-7 所示。

```
body, div, address, blockquote, iframe, ul, ol,
dl, dt, dd, li, dl, h1, h2, h3, h4, pre, table,
caption, th, td, form, legend, fieldset, input,
button, select, textarea {
    margin: 0;
    padding: 0;
    font-style: normal;
    font: 12px/1.5 Arial, Helvetica, sans-serif;
}
ol, ul, li {list-style: none;}
img {
    border: 0;
    vertical-align: middle;
}
p {text-indent: 2em;}
.clear {clear: both;}
a {
    color: #000000;
    text-decoration: none;
}
a:hover {
    color: #BA2636;
    text-decoration: underline;
}
body {
    color: #000000;
    background: #f4f4e8;
    background: #FFF;
}
```

图 11-7　CSS 初始化规则

(2) 将光标置于设计视图中,在插入面板的“常用”选项卡中单击“插入 Div 标签”按钮 ,弹出“插入 Div 标签”对话框。在“插入”下拉列表框中选择“在插入点”选项,在 ID 框中输入 wrapper,单击“确定”按钮,即可在页面中插入 wrapper 容器。切换到 style. css 文件中,创建相关 CSS 规则,如图 11-8 所示。

(3) 删除 wrapper 容器内多余的文字,在

```
#wrapper {
    width:1000px;
    margin:0 auto;
}
```

图 11-8 wrapper 容器的 CSS 规则

该容器内部使用 header 元素插入一个名为 page_header 的容器。在 page_header 容器内部，依次创建名为 logo 和 header_right 的 DIV 容器，并插入图像和相关文字内容，具体页面结构如图 11-9 所示。

```
<body>
<div id="wrapper">
  <header id="page_header">
    <div id="logo"><img src="images/logo.jpg" width="240" height="90" /></div>
    <div id="header_right">
      <div id="top"><a href="#">我的账户</a><span>|</span><a href="#">付款方式</a><span>|</span><a
href="#">最新消息</a><span>|</span><a href="#">帮助中心</a><span>|</span>咨询热线:400-686-1234</div>
    </div>
  </header>
</div>
</body>
```

图 11-9 page_header 容器的内容

(4) 在 style.css 文件中，创建相关 CSS 规则，如图 11-10 所示。切换回设计页面，页面效果如图 11-11 所示。

(5) 在 top 容器的后面使用 nav 元素插入名为 page_nav 的容器，再利用无序列表在该容器内部搭建导航栏，具体结构如图 11-12 所示。返回 style.css 文件中，创建相关 CSS 规则，如图 11-13 所示。

2. 主页左侧导航的制作

(1) 将光标定位在设计视图中，单击“插入”面板的“插入 Div 标签”按钮，弹出“插入 Div 标签”对话框，在“插入”下拉列表框中选择“在标签之后”选项，并在其后方下拉列表框中选择 <header id="page_header">选项，在 ID 框中输入 content，单击“确定”按钮，即可在 page_header 容器后面插入 content 容器，如图 11-14 所示。

(2) 在 content 容器内部使用 section 元素创建名为 left_sidebar 的容器，此时页面结构如图 11-15 所示。返回 style.css 文件中，创建相关 CSS 规则，如图 11-16 所示。

```
#page_header {
    width: 1000px;
    height: 90px;
    padding-top: 10px;
}
#logo {
    width: 240px;
    height: 90px;
    float: left;
}
#header_right {
    float: left;
    width: 750px;
    height: 90px;
    text-align: right;
}
#top {
    height: 30px;
    width: 750px;
    background: #CC0;
    line-height: 30px;
}
#top span {
    padding-left: 5px;
    padding-right: 5px;
}
```

图 11-10 页面头部的 CSS 规则

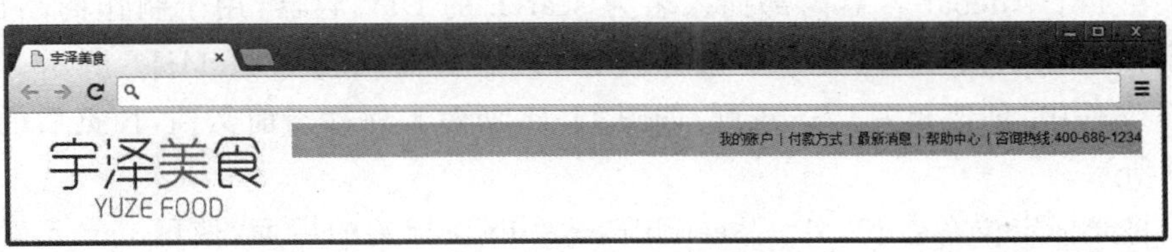

图 11-11 页面头部的预览效果

```
<body>
<div id="wrapper">
  <header id="page_header">
    <div id="logo"><img sr...</div>
    <div id="header_right">
      <div id="top"><a href...</div>
      <nav id="page_nav">
        <ul>
          <li><a href="#">首页</a></li>
          <li><a href="#">宇泽故事</a></li>
          <li><a href="#">购物指南</a></li>
          <li><a href="#">美食鉴赏</a></li>
          <li><a href="#">新品上架</a></li>
          <li><a href="#">特色专区</a></li>
          <li><a href="#">订阅邮件</a></li>
          <li><a href="#">联系我们</a></li>
          <li><a href="#">送货地区</a></li>
        </ul>
      </nav>
    </div>
  </header>
</div>
</body>
```

图 11-12　搭建导航

```
#page_nav {
    width: 750px;
    height: 60px;
    background: #d9cab2;
}
#page_nav ul {
    padding: 20px 15px
}
#page_nav ul li {
    float: left;
    margin-left: 18px;
}
#page_nav ul li a {
    color: #462323;
    font-size: 16px;
    font-family: "黑体";
}
```

图 11-13　导航栏的 CSS 规则

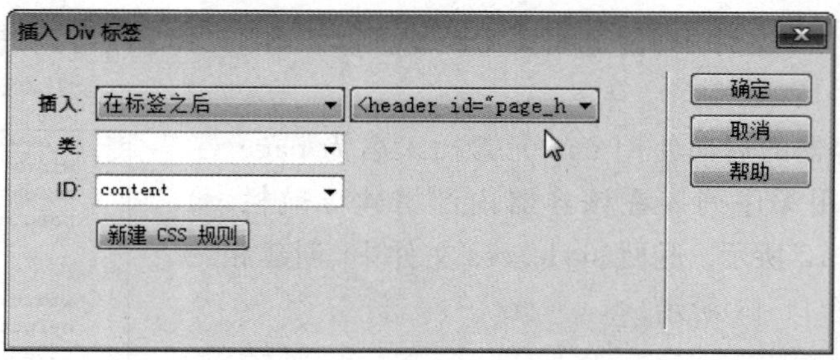

图 11-14　插入 content 容器

```
<body>
<div id="wrapper">
  <header id="page_header">
    <div i...
  </header>
  <div id="content">
    <section id="left_sidebar"> </section>
  </div>
</div>
</body>
```

图 11-15　创建 left_sidebar 容器

```
#content {
    width:1000px;
    float:left;
}
#left_sidebar {
    width:240px;
    height:500px;
    float:left;
}
```

图 11-16　left_sidebar 的 CSS 规则

(3) 在 left_sidebar 容器内部插入名为 search 的 DIV 容器,用于制作商品搜索栏。在该容器内部插入表单域、文本字段和按钮,具体页面结构如图 11-17 所示。切换到 style.css 文件中,创建相关 CSS 规则,如图 11-18 所示。保存当前文档,预览后的效果如图 11-19 所示。

(4) 将光标定位在<div id＝"search"></div>标签的后面,使用 nav 元素创建名为 left_nav 的容器。

```
<div id="content">
  <section id="left_sidebar">
    <div id="search">
      <form action="" method="get" >
        <input name="searchtext" type="text"
class="newsletter_input" id="searchtext" value=
"keyword" size="25"/>
        <input type="submit" name="button" id=
"button" class="button" value="搜索" />
      </form>
    </div>
  </section>
</div>
```

图 11-17　商品搜索栏的页面结构

```
#search {
    background:#f7f7f7;
    padding:20px 10px;
}
#searchtext {
    height:20px;
}
#button {
    color:#000;
    background:#ffc850;
    font:bold 11px Arial, Helvetica,
sans-serif;
    text-decoration:none;
    margin-left:10px;
    border:1px solid #5b7a92;
}
#button:hover {
    cursor:pointer;
    color:#fff;
    background:#663300;
    border:1px solid #ffc850;
}
```

图 11-18　商品搜索栏的 CSS 规则

(5) 在 left_nav 容器内部，依次创建应用 sider_title_box 类规则的 DIV 容器，以及应用 left_menu 类规则的无序列表，用于实现左侧商品分类导航栏，具体页面结构如图 11-20 所示。

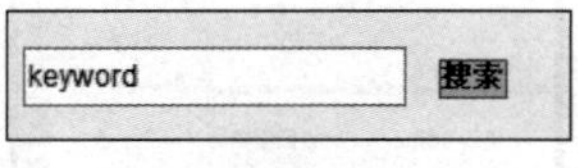

图 11-19　商品搜索栏的预览效果

```
<div id="content">
  <section id="left_sidebar">
    <div id="search">
      <form ...
    </div>
    <nav id="left_nav">
      <div class="sider_title_box">进口商品</div>
      <ul class="left_menu">
        <li><a href="#">进口牛奶</a></li>
        <li><a href="#">进口坚果</a></li>
        <li><a href="#">进口咖啡</a></li>
        <li><a href="#">糖果巧克力</a></li>
        <li><a href="#">进口蜜饯</a></li>
        <li><a href="#">进口膨化</a></li>
      </ul>
      <div class="clear"></div>
    </nav>
  </section>
</div>
```

图 11-20　左侧商品分类导航栏的页面结构

(6) 切换到 style. css 文件中，创建相关 CSS 规则，如图 11-21 所示。保存当前文档，预览后的效果如图 11-22 所示。

(7) 将光标定位在图 11-20 所示的<div class＝"clear"></div>标签后面，在当前位置插入应用 sider_title_box 类规则的 DIV 容器，以及应用 left_menu 类规则的无序列表，如图 11-23 所示。由于之前已经创建了对应的类规则，这里当页面结构创建完成时，页面效果自动呈现出来，如图 11-24 所示。

(8) 将光标定位在图 11-23 中<div class＝"clear"></div>标签后面，在当前位置插入应用 sider_title_box 类规则的 DIV 容器，以及应用 guide 类规则的 DIV 容器，将预

```
.sider_title_box {
    background:
url(images/sider_title_box_bg.gif)
no-repeat left bottom;
    height:25px;
    width:230px;
    font-size:16px;
    color:#663366;
    padding-left:10px;
    font-family:"黑体";
}
ul.left_menu {
    padding:10px;
}
ul.left_menu li {
    float:left;
    margin-left:5px;
}
ul.left_menu li a {
    width:80px;
    height:25px;
    line-height:25px;
    display:block;
    border-bottom:1px #e4e4e4
dashed;
    color:#504b4b;
    padding-left:10px;
}
ul.left_menu li a:hover {
    background:
url(images/a_hover_bg.gif)
no-repeat left center;
}
```

图 11-21　左侧商品导航栏的 CSS 规则

图 11-22　左侧商品导航栏的预览效果

```
<nav id="left_nav">
  <div class="sider_title_box">进口商品</div>
  <ul class="left_menu">
    <li><a...
  </ul>
  <div class="clear"></div>
  <div class="sider_title_box">茶咖啡冲饮</div>
  <ul class="left_menu">
    <li><a ...
  </ul>
  <div class="clear"></div>
  <div class="sider_title_box">生鲜水果</div>
  <ul class="left_menu">
    <li><a ...
  </ul>
  <div class="clear"></div>
</nav>
```

图 11-23　继续添加左侧商品导航栏内容的页面结构

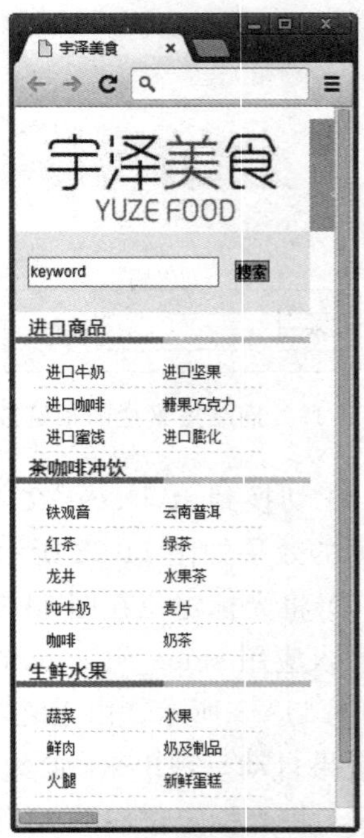

图 11-24　添加更多内容后的预览效果

先准备好的图像插入其中，其结构如图 11-25 所示。

(9) 切换到 style.css 文件中，创建相关 CSS 规则，如图 11-26 所示。保存当前文档，预览后的效果如图 11-27 所示。

```
        <div class="clear"></div>
        <div class="sider_title_box">站内向导</div>
        <div class="guide"> <img src="images/guide_01.jpg"
 width="240" height="71" /></div>
        <div class="guide"><img src="images/guide_02.jpg"
width="240" height="71" /></div>
        <div class="clear"></div>
```

图 11-25　插入图像

```
.guide {
    height:80px;
    margin:10px 0;
}
```

图 11-26　图像的 CSS 规则

3. 主页右侧主体区域的制作

(1) 将光标定位在<section id="left_sidebar"></section>标签的后面，使用 section 元素创建名为 right_content 的容器。

(2) 在 right_content 容器内部插入名为 banner 的 DIV 容器，切换到 style.css 文件中，创建相关 CSS 规则，如图 11-28 所示。保存当前文档，预览后的效果如图 11-29 所示。

图 11-27　左侧下部内容的预览效果

```
#right_content {
    float:left;
    width:750px;
}
#banner {
    width:740px;
    height:255px;
    background: url(images/banner.jpg)
no-repeat left bottom;
    border-left:5px #663366 solid;
    border-bottom:5px #663366 solid;
    border-right:5px #663366 solid;
}
```

图 11-28　banner 容器的 CSS 规则

图 11-29　插入 banner 容器后的预览效果

(3) 在 banner 容器后面插入应用 content_title_bar 类的 DIV 容器,此时页面结构如图 11-30 所示。切换到 style. css 文件中,创建相关 CSS 规则,如图 11-31 所示。

```
<div id="content">
  <section id="left_sidebar">
    <div id...
  </section>
  <section id="right_content">
    <div id="banner"></div>
    <div class="content_title_bar">最新美味</div>
  </section>
</div>
```

图 11-30　插入应用 content_title_bar 类的 DIV 容器

```
.content_title_bar {
    height:30px;
    background:#FFF
url(images/content_title_bar_bg.gif)
no-repeat left center;
    padding-left:60px;
    line-height:30px;
    font-family:"黑体";
    font-size:16px;
    color:#663366;
    margin:5px 0;
}
```

图 11-31　content_title_bar CSS 规则

(4) 在应用 content_title_bar 类的 DIV 容器后面,插入应用 prod_box 类的 DIV 容器,用于盛放商品简要信息,具体页面结构如图 11-32 所示。

```
<section id="right_content">
  <div id="banner"></div>
  <div class="content_title_bar">最新美味</div>
  <div class="prod_box">
    <div class="product_title"><a title="靖江特产猪肉干" href="#" target="_blank">靖江特产猪肉干200g</a></div>
    <div class="product_img"><img src="images/001.jpg" width="110" height="110" /></div>
    <div class="prod_price"><span class="reduce">&yen;15.8</span> <span class="price">&yen;10.8</span></div>
  </div>
</section>
```

图 11-32　插入商品的简要信息

(5) 切换到 style. css 文件中,创建相关 CSS 规则,如图 11-33 和图 11-34 所示。保存当前文档,预览后的效果如图 11-35 所示。

```
.prod_box {
    width:120px;
    height:160px;
    border:1px #D4D4D4 solid;
    float:left;
    padding:5px 10px;
    margin-left:5px;
    margin-top:5px;
}
.product_title {
    text-align:center;
}
.product_title a {
    text-decoration:none;
    color: #333;
    padding:5px 0 5px 0;
    font-weight:bold;
    border:0;
}
```

图 11-33　商品简单信息的 CSS 规则(1)

```
.product_title a:hover {
    color:#064E5A;
}
.product_img {
    text-align:center;
    margin-bottom:8px;
}
.prod_price {
    text-align:center;
}
span.reduce {
    color:#666666;
    text-decoration:line-through;
}
span.price {
    color:  #DE1010;
}
```

图 11-34　商品简单信息的 CSS 规则(2)

(6) 将图 11-35 所示的代码复制,然后执行多次粘贴操作,即可制作出多个商品超链接,如图 11-36 所示。

(7) 参照步骤(3)～(6)的方法,制作出主页剩余商品的超链接,如图 11-37 所示。

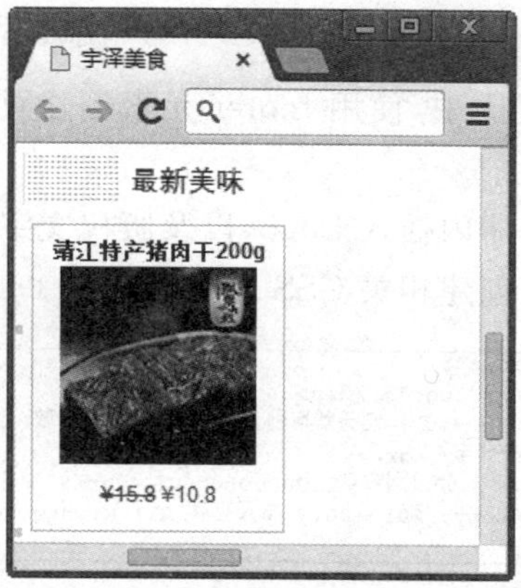

图 11-35　插入商品简要信息后的预览效果

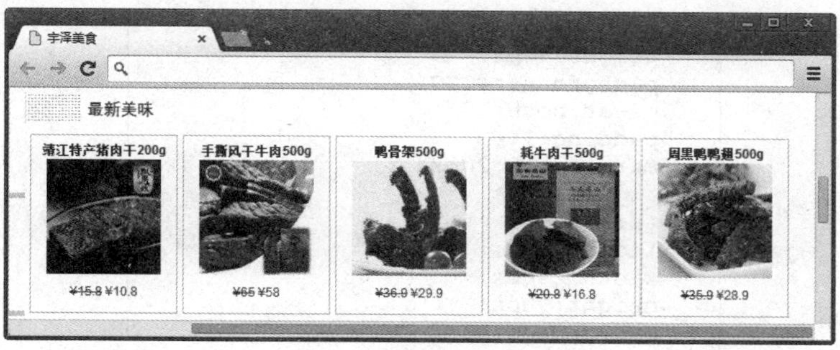

图 11-36　插入新商品后的预览效果

图 11-37　插入剩余商品简要信息后的预览效果

4. footer 区域的制作

(1) 将光标定位在设计视图中,使用 footer 元素创建页面版权区域,并将该区域(容器)命名为 footer。

(2) 根据需要在 footer 容器内插入 Logo,以及版权文字内容,具体结构如图 11-38 所示。切换到 style.css 文件中,创建相关 CSS 规则,如图 11-39 所示。

```
<footer id="footer">
  <div id="footer_logo"></div>
  <div id="footer_mid"> 全天均可网上订购,支持货到付款,我们提供的付款方式有
网上银行、银行转账、支付宝。<br/>
    京ICP证100000号 京公网安备110000000000号 <br/>
    Copyright &copy; 2015-2017 宇泽互联 All Rights Reserved </div>
</footer>
```

图 11-38　footer 区域的页面结构

```
#footer {
    height:90px;
    background:#CCC;
    clear:both;
    padding:10px;
    margin-top:20px;
}
#footer_logo {
    float:left;
    width:240px;
    height:90px;
    background:
url(../images/foot_logo.gif) no-repeat;
}
#footer_mid {
    float:left;
    width:730px;
    height:60px;
    padding:15px 5px;
    font:12px;
}
```

图 11-39　footer 区域的 CSS 规则

(3) 保存当前文档,根据预览效果细微调整某些 CSS 规则。

至此,“宇泽美食”主页的布局已经全部实现完成。下面通过模板功能快速创建网站其他页面。

11.3.2　检索页的实现

之前已经创建了网站主页,根据最初的网站规划可知,网站检索页的布局与主页有部分相似之处,这里拟采用“模板”功能快速创建检索页。

1. 将主页另存为模板

(1) 打开 index.html 页面,执行“文件”→“另存为模板”命令,打开“另存模板”对话框。

(2) 在对话框中的“站点”下拉列表框中选择站点“模板示例”,在“另存为”文本框中输入模板名称 muban。单击“保存”按钮,将当前页面 index.html 保存为用于创建其他页面的模板。

(3) 在模板文档 muban. dwt 中选择右侧主体区域中名为 right_content 的 DIV 容器。

(4) 执行菜单栏中的“插入”→“模板对象”→“可编辑区域”命令，或者按 Ctrl+Alt+V 键，此时打开“新建可编辑区域”对话框。在该对话框的“名称”文本框中输入可编辑区域的名称 right_content，单击“确定”按钮，即可建立可编辑区域。

2. 根据模板创建 list. html 文档

(1) 执行“文件”→“新建”命令，打开“新建文档”对话框。选择“模板中的页”选项卡，在“站点”列表中选择当前站点下的模板文件 muban，单击“创建”按钮，即可基于模板创建一个新页面。

(2) 删除 right_content 容器内部所有内容，然后在其内部插入名为 sub_banner 的 DIV 容器，具体结构如图 11-40 所示。

(3) 切换到 style. css 文件中，创建相关 CSS 规则，如图 11-41 所示。

```
<div id="right_content">
  <div id="sub_banner"></div>
</div>
```

图 11-40　插入 sub_banner 容器

```
#sub_banner {
    width: 740px;
    height: 150px;
    background:
url(../images/sub_banner_bg.jpg)
no-repeat left center;
    border-left: 5px #d9cab2 solid;
    border-bottom: 5px #d9cab2 solid;
    border-right: 5px #d9cab2 solid;
}
```

图 11-41　sub_banner CSS 规则

(4) 参照主页中制作商品信息列表的方法，在当前二级页面中创建相同结构的信息列表，使之呈现出如图 11-42 所示的效果。

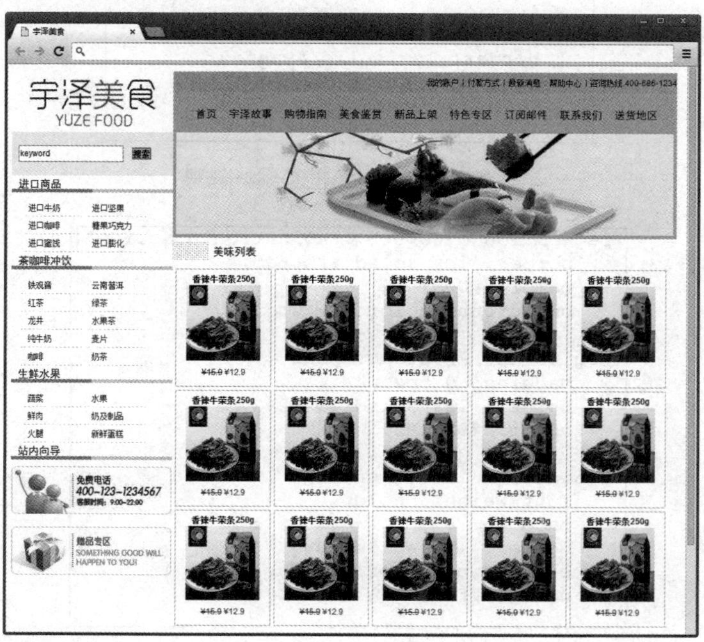

图 11-42　二级页面的预览效果

(5) 在商品信息列表的后面插入应用 pagination 类的 DIV 容器，并在其中插入一组无序列表，页面结构如图 11-43 所示。

```
<div class="pagination">
  <ul>
    <li class="disablepage">上一页</li>
    <li class="currentpage">1</li>
    <li><a href="#">2</a></li>
    <li><a href="#">3</a></li>
    <li><a href="#">4</a>...</li>
    <li><a href="#">5</a></li>
    <li><a href="#">6</a></li>
    <li><a href="#">7</a></li>
    <li><a href="#">8</a></li>
    <li><a href="#">下一页</a></li>
  </ul>
</div>
```

图 11-43　插入应用 pagination 类的容器

(6) 切换到 style.css 文件中，创建相关 CSS 规则，如图 11-44 和图 11-45 所示。

```
.pagination {
    height:25px;
    margin-top:10px;
}
.pagination ul {
    margin: 0;
    padding: 0;
    text-align: right;
    font-size: 12px;
}
.pagination li {
    list-style-type: none;
    display: inline;
    padding-bottom: 1px;
}
.pagination a, .pagination a:visited {
    padding: 0 5px;
    border: 1px solid #9aafe5;
    text-decoration: none;
    color: #2e6ab1;
}
```

图 11-44　pagination 相关 CSS 规则(1)

```
.pagination a:hover, .pagination a:active {
    border: 1px solid #2b66a5;
    color: #000;
    background-color: #FFC;
}
.pagination li.disablepage {
    padding: 0 5px;
    border: 1px solid #929292;
    color: #929292;
}
.pagination li.currentpage {
    font-weight: bold;
    padding: 0 5px;
    border: 1px solid navy;
    background-color: #2e6ab1;
    color: #FFF;
}
```

图 11-45　pagination 相关 CSS 规则(2)

（7）保存当前文档，预览后的效果如图 11-46 所示。

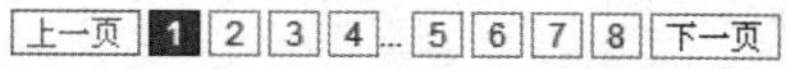

图 11-46　页脚预览效果

11.3.3　产品信息页的实现

当访问者选中某个产品时，网站将自动跳转到该产品的详细信息页面。在此页面中，主要对产品的各种信息加以描述，使得浏览者深入了解要购买的产品。由于此页面与首页的布局有一定相似之处，这里同样可以使用模板功能创建该页面。

（1）使用模板创建新页面，删除 right_content 容器内部所有内容，然后在其内部插入名为 sub_banner 的 DIV 容器。

（2）在 sub_banner 容器后面插入应用 content_title_bar 类的 DIV 容器。在该容器后面插入名为 pro_info 的 DIV 容器，并根据需要添加相关图像和文字信息，具体页面结构如图 11-47 所示。

```
    <div id="right_content">
      <div id="sub_banner"></div>
      <div class="content_title_bar">美食详情</div>
      <div id="pro_info">
        <div class="product_bigimg"><img src=
"images/product_bigimg_01.jpg" width="350" height="250" /></div>
        <div class="details_big_box">
          <h3>墨西哥进口牛油果6个约2斤</h3>
          <ul>
            <li>商品编号: 1045136542</li>
            <li>宇泽价: &yen;79.00</li>
            <li>商品评分: 5分</li>
            <li>促销消息: 此商品由北京京懋丰园提供，VIP享受96折</li>
            <li>同城服务: 同城24小时物流送货上门</li>
            <li>库存情况: 现货</li>
            <li>运费说明: 北京、上海、深圳三仓发货，确保新鲜</li>
            <li>购买数量: 2</li>
          </ul>
          <a href="#" class="prod_buy">加入购物车</a> <a href="#"
class="prod_buy">收藏该商品</a> </div>
      </div>
    </div>
```

图 11-47　插入应用 content_title_bar 类的 DIV 容器

（3）切换到 style.css 文件中，创建相关 CSS 规则，如图 11-48 和图 11-49 所示。

（4）保存当前文档，预览后的效果如图 11-50 所示。

（5）在 pro_info 容器后面，插入名为 pro_jieshao 的 DIV 容器，并在其中输入商品的详细信息，具体结构如图 11-51 所示。切换到 style.css 文件中，创建相关 CSS 规则，如图 11-52 所示。保存当前文档，通过浏览器即可看到最终效果。

至此，“宇泽美食”主要类型网页已经全部制作完成，读者可以根据自己的喜好修改相关的 CSS 规则，进一步美化整个页面。

```
#pro_info {
    height:280px;
    padding:5px 20px;
}
.product_bigimg {
    width:350px;
    height:250px;
    float:left;
}
.prod_buy {
    width:75px;
    height:24px;
    display:block;
    float:left;
    background:
url(../images/link_bg.gif)
no-repeat center;
    margin:2px 0 0 5px;
    text-align:center;
    line-height:24px;
    text-decoration:none;
    color: #006600;
}
```

图 11-48　产品信息内容相关的 CSS 规则(1)

```
.details_big_box {
    width:340px;
    float:left;
    margin-left:20px;
    text-align:left;
}
.details_big_box h3 {
    color:#663366;
    text-align:center;
    font-size:16px;
    font-weight:bold;
}
.details_big_box ul {
    padding:5px 10px 5px 10px;
}
.details_big_box li {
    border-bottom:1px #CCC dashed;
    height:25px;
}
```

图 11-49　产品信息内容相关的 CSS 规则(2)

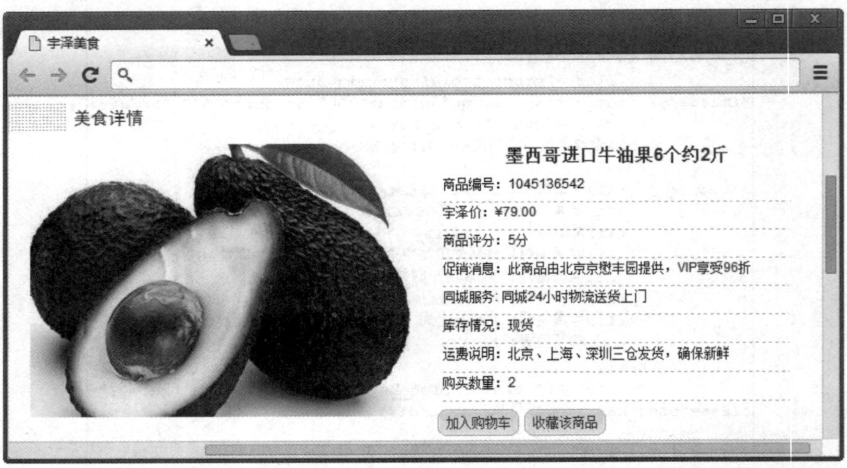

图 11-50　产品信息预览效果

```
<div id="pro_jieshao">
  <h3>产品详细介绍</h3>
  <div class="jieshao">
    <p>营养价值与奶油...</p>
    <br>
  </div>
  <h3>注意事项</h3>
  <div class="jieshao">
    <p>1.牛油果含有...</p>
    <p>2.油镁这种矿...</p>
    <p>3.酸是梨所含...</p>
    <br>
    <br>
  </div>
</div>
```

图 11-51　输入商品的介绍内容

```
#pro_jieshao {
    height:300px;
    margin-top:10px;
    background:#e7e3de;
    padding:20px;
}
#pro_jieshao h3 {
    color:#663366;
    font-size:16px;
}
.jieshao {
    background:#FFF;
    padding:5px;
}
```

图 11-52　商品介绍内容相关的 CSS 规则

11.4　习题

1. 使用 DIV+CSS 的方式制作如图 11-53 所示的页面。

图 11-53　操作题 1 图

2. 策划一个电子商务网站，并撰写网站策划，要求使用 DIV+CSS 的方式制作出网站的一些子页面，如图 11-54～图 11-56 所示。

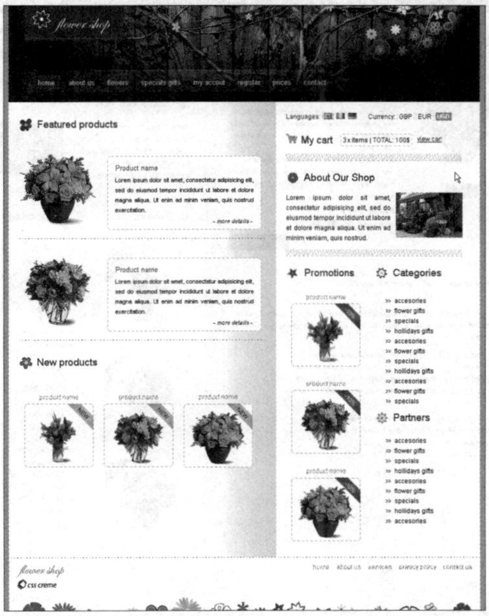

图 11-54　网站主页面

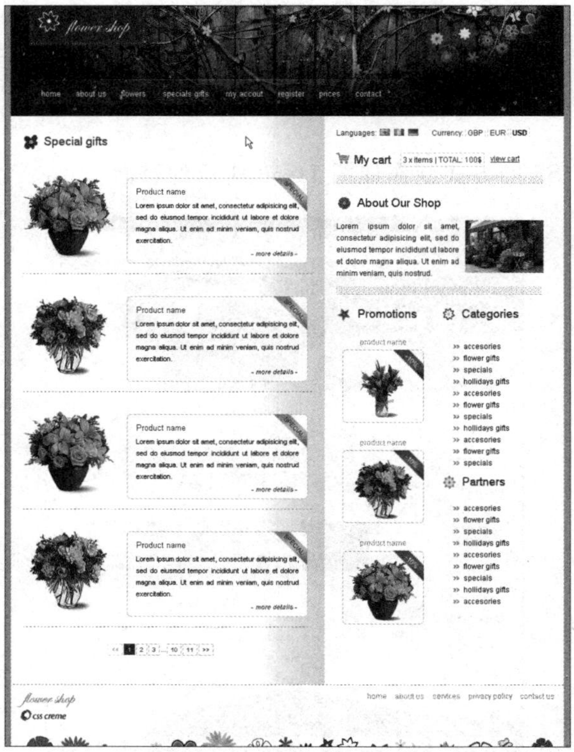

图 11-55　网站查询列表页

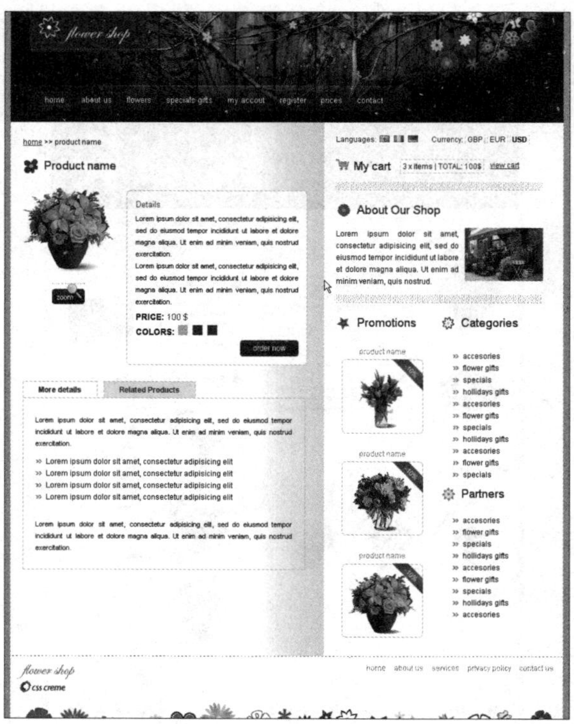

图 11-56　产品详细信息页面

第12章 实训指导

【本章导读】

本章拟采用独立完成整个实训的形式，锻炼读者独立思考、开发和解决困难的能力。并使其通过综合实训的锻炼，能够快速找到自身不足，为进一步独立找准方向。

【学习目标】

➢ 掌握网站前台开发的基本流程；

➢ 提高团队协同工作的基本素养。

12.1 实训的意义和目的

1. 意义

根据教学计划的要求，在教师的统筹指导下对学生进行网页制作专项技能的训练，培养学生综合运用理论知识分析和解决实际问题的能力，实现由理论知识向操作技能和经验的增强转化。因此，有成效的实训教学，对实现本专业的培养目标，提高学生的综合素有着重要的作用。

2. 目的

通过综合实训进一步巩固、深化和扩展学生的理论知识与专业技能，具体包括以下几个方面。

(1) 熟练掌握网页布局规划、分析的方法。

(2) 熟练掌握 HTML 5 的基本语法和新增元素知识，并且能够熟练使用网页制作软件 Dreamweaver CS6 的使用方法。

(3) 熟练掌握在网页中插入文字、图像、表单和表格等多种元素的方法。

(4) 熟练掌握 CSS 样式的基本使用方法，以及 CSS 3 中新增属性的使用方法，达到灵活运用 CSS 美化页面元素的能力。

(5) 掌握网站测试的方法。

(6) 培养学生获取信息和处理信息的能力，例如通过网络、书籍等方式搜集前沿技术和特效代码等。

(7) 培养学生理论联系实际的工作作风、严肃认真的科学态度以及独立工作的能力，树立自信心。

(8) 培养团队协作精神和共同开发网站的综合能力。

12.2 实训要求与步骤

1. 总体要求

(1) 制作网页前,必须做好网站的需求分析,策划好网站的主题,规划好网站的风格和结构,创建完善的目录结构。

(2) 在确定网站主题的情况下,搜集所需的文字资料、图像资料。

(3) 制作的网站建议包括 3 个页面,第一个为首页,第二个为二级子页,第三个为内容页。其中,首页必须包含导航栏,二级子页与内容页之间必须通过模板进行制作。若网站制作较为复杂,可以仅制作首页。

(4) 所有页面根据规划合理插入图像、Flash 动画和视频等元素,使得内容充实、布局合理、颜色搭配协调、美观大方。

(5) 页面尺寸符合当前设计潮流和规范,站点中文件或文件夹的命名应当规范,达到见名知意、容易理解的程度。

(6) 小组成员之间,既要分工明确,又要密切合作,培养良好的互助、协作精神。

(7) 独立完成规定的实训内容,不得弄虚作假,不准抄袭或复制他人的网页或内容。

2. 实训步骤

(1) 分组:建议独立完成整个实训全部内容,若自身实力较弱,可以 2～3 人为一组,每一组选定一名组长,主要负责本组所有事务。

(2) 选题:组内成员相互讨论,确定适合的网站主题,例如:

- 班级活动专题网。
- 教学资源共享网站。
- 新闻类综合网站。
- 公司类网站。
- 响应式布局类网站。
- 团购类网站。
- 博客类网站。

(3) 分工:若本组中包含多人,则由教师根据每组成员之前的学习情况,合理分配具体的任务,但每个成员必须完成一个页面的制作。

(4) 根据不同分工,成员分头行动搜集所需素材、制作页面。

(5) 页面整合与测试。

(6) 撰写实训报告书。

12.3 考核标准

根据实训期间的纪律考核情况、对待实训的态度,站点的目录结构,各个页面的布局结构、颜色搭配,文字、图像、动画的合理搭配,网页之间的链接是否顺畅,网页制作技术的应用，网站的整体浏览效果等方面进行综合评分。评分参考标准如表 12-1 所示。

表 12-1　考核标准

序号	考核细则		分值比例
1	网站效果	网站内容：主题鲜明，内容健康，图像、动画等元素能够正确反映网站主题	70%
		版面布局：布局合理，色彩搭配协调、美观	
		CSS 样式：书写命名规范，应用合理无冗余	
		技术含量：根据网站主题，合理选择相关技术	
2	实训纪律	实训期间组织纪律性强，无迟到、早退、缺课现象	5%
3	成员协作	小组成员间分工明确，所有的成员在规定时间内完成实训任务，无雷同或抄袭现象	20%
4	实训报告	书写规范，内容翔实，有实际收获	5%
合计			100%

参 考 文 献

[1] 韩少云. Dreamweaver CS6 网页设计入门、进阶与提高[M]. 北京：电子工业出版社，2013.

[2] 何丽. 精通 DIV+CSS 网页样式与布局[M]. 2 版. 北京：清华大学出版社，2014.

[3] 胡崧，吴晓炜，李胜林. Dreamweaver CS6 中文版从入门到精通[M]. 北京：中国青年出版社，2013.

[4] 晁代远. Dreamweaver CS6 完全学习手册[M]. 北京：清华大学出版社，2014.

[5] 黄玉春. CSS+DIV 网页布局技术教程[M]. 北京：清华大学出版社，2012.

[6] 李晓斌，李萃，口永红. Dreamweaver CS6 完全自学一本通（中文版）[M]. 北京：电子工业出版社，2013.

[7] 林兆胜. Photoshop CS6 白金手册[M]. 北京：电子工业出版社，2013.

[8] 刘贵国. Dreamweaver CS6 网页设计与网站建设课堂实录[M]. 北京：清华大学出版社，2014.

[9] 孟霞. 网站制作[M]. 沈阳：沈阳出版社，2011.

[10] 杨烨. Dreamweaver CS6 网页设计实用教程[M]. 武汉：华中科技大学出版社，2013.

[11] 杨颖，杨秀萍，胡国生. Dreamweaver CS6 网页设计与制作项目驱动教程[M]. 重庆：西南师范大学出版社，2014.

[12] 张国勇，邹蕾. Dreamweaver CS6 白金手册[M]. 北京：清华大学出版社，2013.